西北工业大学精品学术著作培育项目资助出版

人工智能理论、算法与工程技术丛书

基于强化学习的无人系统智能决策

张建东　杨啟明　史国庆
张耀中　陆　屹　郑力会　著

国防工業出版社
·北京·

内 容 简 介

无人系统正逐渐成为现代社会各领域中的重要组成部分。自主决策能力是无人系统智能化的重要体现,也是无人系统智能化执行任务的关键技术。强化学习是当前人工智能技术中无人系统实现从环境中自主学习行为策略的有效途径,经过近些年的研究,强化学习的算法研究取得了丰富的成果,涵盖从单智能体到多智能体,从离散状态到连续空间,从低维到高维的决策建模,能够适应无人系统的各种任务决策的建模。本书从工程应用的视角出发,分析了强化学习进行无人系统自主决策的一般性方法,主要研究基于强化学习实现无人系统执行空战决策和集群协同等各类任务环节的智能决策,实现从任务背景到仿真验证。本书内容尽可能结合工程应用背景,以期对该领域的工程实践具有较好的参考性。

本书不仅适用于强化学习应用建模的初学者阅读,也可作为从事无人系统工作的科研人员及高校师生的教材和主要参考书籍使用。

图书在版编目(CIP)数据

基于强化学习的无人系统智能决策/张建东等著.
北京:国防工业出版社,2024.9.—ISBN 978-7-118-13495-7

Ⅰ.TP18

中国国家版本馆 CIP 数据核字第 20243QK244 号

※

国防工业出版社出版发行

(北京市海淀区紫竹院南路 23 号 邮政编码 100048)

北京凌奇印刷有限责任公司印刷

新华书店经售

*

开本 710×1000 1/16 **插页** 4 **印张** 17¼ **字数** 310 千字

2024 年 9 月第 1 版第 1 次印刷 **印数** 1—2000 册 **定价** 108.00 元

(本书如有印装错误,我社负责调换)

国防书店:(010)88540777 书店传真:(010)88540776

发行业务:(010)88540717 发行传真:(010)88540762

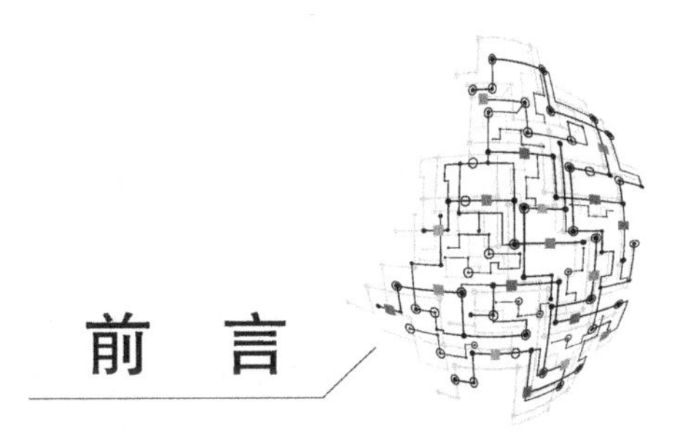

前 言

无人系统已经成为现代战场上不可或缺的重要作战力量,伴随着科学技术的进步,战场环境日趋复杂化,对无人系统的智能化水平提出了更高的要求。智能决策作为无人系统智能化的研究重点,能够让无人系统在复杂战场环境下根据任务目标和当前态势做出合理有效的动作,从而进一步拓展无人系统执行任务的能力,提升作战效能。人工智能技术的不断发展和进步为无人系统智能化提供了有力的理论基础和实现条件。强化学习是智能体在与环境交互的过程中根据交互的经验学习行为策略的学习方法,更接近人类的学习方式,特别适用于陌生环境下行动策略的学习。

本书是一本论述强化学习与无人系统智能决策的应用型专著,主要研究基于强化学习实现无人系统执行侦察跟踪、导航飞行、空战决策和集群协同等各类任务环节的智能决策,研究基于仿真的智能决策应用实践。本书反映了采用强化学习进行无人系统自主决策的一般性方法,具有通用性、灵活性和可移植性等特点。作者试图为国内高等院校师生和相关研究人员提供一本强化学习原理框架下深度强化学习、分层强化学习、多智能体强化学习等主要方向与单平台、多平台、多维度的无人系统自主决策相结合的书籍。本书可作为有关高等院校、相关研究所及科研单位的参考书,读者对象主要是有关院校本科生、研究生、教师和工程技术人员。

全书共分为8章。第1章介绍无人系统智能化的意义、无人系统智能化的趋势,以及强化学习与无人系统等基本概念。第2章介绍了强化学习理论,作为后续章节应用建模的理论基础。从强化学习的基本概念和要素出发,分别以马尔可夫决策过程和部分可观测马尔可夫决策过程介绍了强化学习建模的数学工具和理论基础,在此基础上进一步介绍了深度强化学习、分层强化学习和多智能体强化学习的理论基础和技术特点。第3章~第8章为无人系统面向不同任务背景,基于强化学习进行决策建模的应用篇。从任务背景看,分别有跟踪保持、避障导航、机动占位等单一任务,以及涵盖探测决策、武器决策、干扰决策等多维的空战综合决策,还有编队聚集、队形保持、围捕等集群协同任务。从单一维度的决策到多维度的决策，从单一平台控制决策到多平台的协同任务，每一章均详细介绍了从任务特点到决策方法的选择，以及模型的搭建和实例化的仿真验证。

作者在近20年关于控制决策智能化问题的艰苦探索过程中，多次否定自己的认识，又重新构建自己的思路，始终在犹豫和徘徊间前行。本书经历3年，先后四易其稿，直到今天面世，作者仍然认为本书还是探索之作，在强化学习与自主决策应用的许多方面还有待进一步完善。再加上作者本身的能力和水平所限，其中错误、疏漏在所难免，恳请广大读者朋友提出宝贵意见和建议，以利于我们继续研究。

本书的出版得到陕西省自然科学基金、航空科学基金及西北工业大学精品学术著作培育项目的资助，在此深表谢意。本书得以撰写，得益于西北工业大学吴勇教授带领项目团队取得的丰厚研究成果，吴勇教授在内容编排、书稿审定等工作中给了很多建设性的意见，感谢吴勇教授对本书出版的全力支持。感谢沈阳飞机设计研究所刘健研究员、苑占敏研究员、刘明阳高级工程师、李阳高级工程师，成都飞机设计研究所林文祥工程师，中国飞行试验研究院宋海浪研究员、陈华研究员、杜梓冰高级工程师及洛阳电光设备研究所闫文利高级工程师等各位老师，他们的思想和建议为本书内容提供了宝贵思路和指导。感谢姚康佳、许佳林、郭语坤、王鼎涵等研究生，他们为本书收集整理了大量资料和图片。感谢曹毅、姜永辛、纪龙梦、刘孝良、郭珺潇、周世曦、王梓涵、何佳欣等研究生，他们参与了书稿的整理工作。本书编写过程中吸收了国内外许多专家学者的著作、教材、论文等研究成果，在此对相关资料的原著作者特致谢意。

作者
2024年2月
于西北工业大学

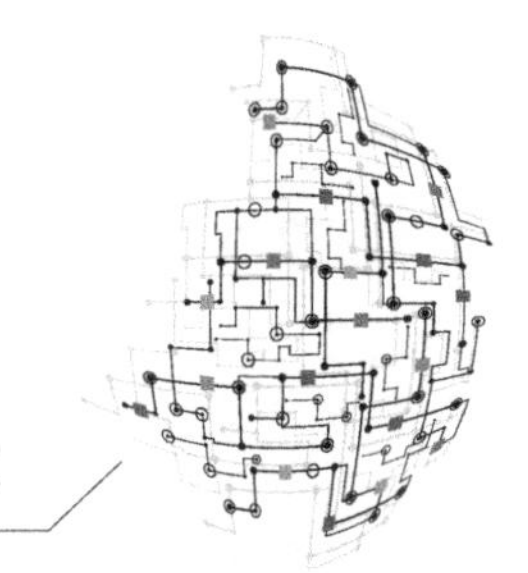

目　录

第1章 绪 论

1.1 引 言

随着装备智能化理念的不断深入，从航空到航天，从陆地到海洋，从物理系统到信息系统，以智能化牵引或具有智能化特征的各种无人机系统、无人车系统、无人舰船系统、无人水下潜航器系统以及各类仿生机器人系统为代表的智能无人系统大量涌现，并逐步从技术验证到列装应用，开始登上战争舞台，并发挥至关重要的作用。智能无人作战系统可以很好地助人、代人甚至替人完成更多、更为艰巨的作战任务，因此其必将逐步取代诸多传统力量而成为未来战争特别是具有智能化特征的信息化战争和智能化战争的主要作战装备。

智能无人平台是智能无人系统的主体。提高无人平台的智能化水平是当前的研究热点。无人平台智能化程度是指无人平台系统拥有自主能力的程度。以无人机为例，如图1-1所示，有研究机构在2000年从对人参与的独立性、任务的复杂性和环境的复杂性三个方面对无人机的自主能力进行评估，将其从最低级的单机遥控到最高级的完全自主集群控制划分为10个等级[1-2]。

从图1-1可以看出，目前在役的全球鹰、捕食者等无人机，其自主化能力也只接近第3级，部分实现了故障和环境的自适应。按照自主化能力分级，接下来无人机的自主化应该向着自主航路规划（第4级）和多机协同（第5级）发展。

根据态势和任务目标对自身运动进行自主决策控制是无人平台自主执行复杂任务的基础。另外，在网络化和体系化对抗的需求引领下，多无人平台协同作战的概念被提出，围绕无人平台编队协同作战的理论研究和工程项目已经开展并逐步成为热点[3]，而人工智能技术的不断发展和突破更为无人系统迈上自主能力的更高台阶提供了有力的技术支撑。

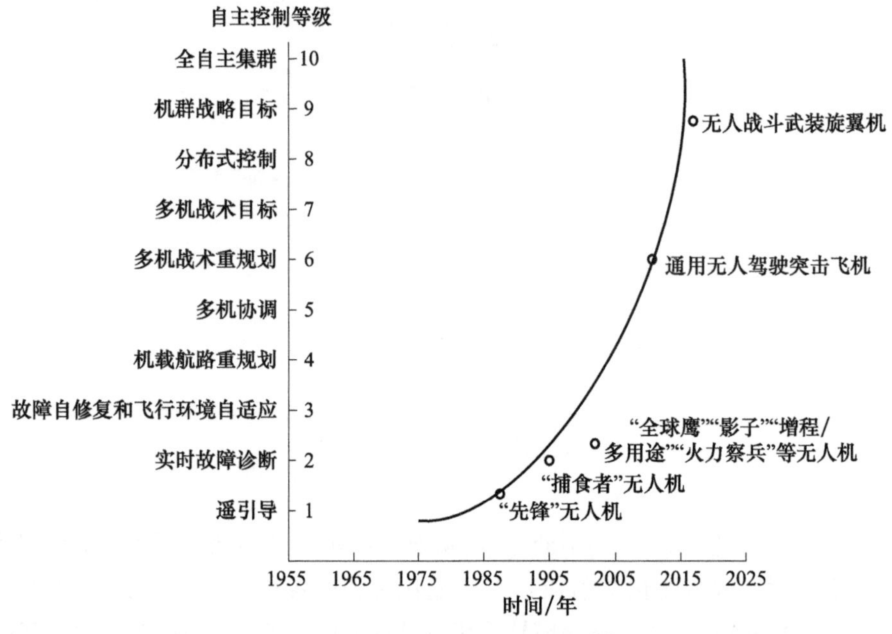

图 1-1 无人机自主能力分级[1]

无人系统的任务环境多是动态陌生环境，因此用于自主决策的人工智能方法不仅要适应多变的战场环境，而且还要实时高效地提供科学合理的决策方案，在动态变化的环境中调整自身的行动策略，确保任务完成。人脑是解决这类决策问题的专家，能够基于经验、推理和试探在环境不确定的情况下做出合理决策[2]，与之类似，强化学习[4]是智能体(Agent)在与环境交互的过程中根据交互的经验学习行为策略的学习方法，是一种更接近人类的学习方式，特别适用于陌生环境下行动策略的学习。

基于无人系统智能化和协同化的发展趋势，本书拟以无人机作为主要研究对象，就无人机智能化的自主决策问题展开研究。同时，作为当前自主决策应用最为广泛的算法，强化学习在很多智能系统中得到很好的应用，并取得了瞩目的效果。本书基于强化学习框架建立各个任务环节下的决策模型，设计合适的算法和相关机制来有效求解决策模型中的各类问题，实现无人机在不同任务背景下的运动策略的自主学习功能。相关研究工作对强化学习在无人系统智能决策的应用方面起到了推进作用，同时还能进一步拓展无人系统智能决策的应用场景，在理论研究和工程应用上都具有重要意义。

1.2 无人作战系统

无人作战系统是由机械、控制、计算机、通信、材料等多种技术融合而成的复杂作战系统,人工智能技术是发展智能无人作战系统的关键技术。自主性和智能性是智能无人系统最重要的两个要素,人工智能中的图像识别、语音识别、智能决策等新技术是实现无人系统这两个要素最有效的方法。

自古以来,人类就发明了多种多样的无人系统,随着科学和生产力的不断发展,人类的知识范围随之不断扩大,所创造的无人系统的技术水平也逐渐提高。尤其是近年来,随着人工智能技术的显著提升,使得无人系统的智能化达到了更高的水平。各种类型的智能无人作战系统相继出现,包括无人车、无人机、地面机器人、航天机器人、水面机器人、无人潜航器等,其中不少已经列装部队甚至参与战斗。

1.2.1 空中无人作战系统

从空中平台来看,军用无人机最近几年呈爆发式发展,不断有新的平台装备,还有一大批项目投入研发和测试。

西方国家在无人机的研发和使用方面处于世界领先水平,在战术、战役与战略不同层次均拥有无人侦察机,也有可执行攻击、电子对抗与中继通信等不同任务的无人机。目前已经装备包括“死神”“捕食者”“微星”“全球鹰”等各类无人作战飞机,共约80种、7000余架,已有约80%的无人机用于完成反恐作战中的侦察监视和打击任务。

在无人智能装备突破性研究与开发方面,2021年10月,美国国防高级研究计划局(DARPA)的“小精灵”项目成功实现了无人机空中回收。验证该项目已经具备3种能力:无人机的自主编队飞行能力和安全功能;被运输机回收的能力;重新装配被回收的无人机,并在短时间内进行二次飞行的能力。“小精灵”项目理论上应在第三阶段后结束,但由于其作战潜力较大,DARPA和空军决定增加第四阶段,聚焦作战能力验证,在两年时间内使无人机能执行压制/摧毁防空任务。

在无人僚机方面,2020年“天空博格人”项目正全面统筹无人僚机发展,计划投入4亿美元经费,大有快速进入型号研制阶段之势。“天空博格人”项目旨在开发低成本可消耗智能无人机,与有人机配合执行各种任务,包括察打一体、近距空中支援、火力投送、进攻/防御性制空和空中截击等任务。2020 年 3 月，项目组织使用喷气式航模进行了飞行试验测试，验证了机器学习自主软件的可行性。在此基础上，项目组织方发布了“天空博格人”原型化、试验和自主能力发展(SPEAD)项目的跨部局通告(BAA)。SPEAD 项目作为“天空博格人”项目下属的子项目，旨在将低成本可消耗无人机平台与自主能力相融合，开发自主核心系统的智能控制系统，以加速原型机的开发。

欧洲的无人作战飞机尚处于概念研究和技术演示验证阶段，比较有代表性的研究包括“神经元”(Neuron)无人作战飞机计划、“天空”(SKY - X)计划，“塔拉尼斯”(TARANIS)计划，“瑞典高级先进研究布局方案”(SHARC)等，其中，“神经元”项目计划于 2011 年首飞。苏霍伊设计局研发的最新重型无人机 S - 70“猎人”(图 1 - 2)已经于 2019 年 8 月 3 日完成首飞。在外形上，S - 70“猎人”与 X - 47B 颇为相似，作为隐形飞翼布局无人机，S - 70“猎人”拥有一个内部弹仓，可装载大型巡航导弹和反舰导弹。该项目团队表示，未来 S - 70“猎人”将作为无人僚机，与苏 - 57 配合作战。

图 1 - 2　S - 70“猎人”无人机

中国的航空工业虽然起步较晚，但是随着近些年来中国综合国力和科技水平的不断增强，中国自主研发的军用无人机开始崭露头角，在国际市场上赢得了良好的口碑。中航工业成都飞机设计研究所研制的“翼龙”无人战略侦察机能够在中低空持续巡航 20 小时，可携带多种侦察、电子对抗设备以及小型空地打击武器，目前，“翼龙”家族已形成体系化产品，能够面向各类任务需求。除了“翼龙”系列，中国无人机领域内另一大家族为中国航天科技集团研发的“彩虹”系列无人机。其中，颇负盛名的“彩虹” - 3 无人机能够携带两枚空对地导弹连续巡航12小时执行察打任务，已经出口到多个国家，成为首款批量出口的察打一体无人机。此外，在有人-无人机协同作战体系装备建设方面，中国也取得了显著进展，歼-20双座型的问世为无人僚机提供了优秀的隐身指挥平台，而隐身无人僚机为歼-20提供了更加强大的战场感知能力和武器携带水平，这种装备体系将极大地提高编队的作战效能，拓展作战样式，如图1-3所示。

图1-3 歼-20与无人僚机协同作战概念图

1.2.2 地面无人作战系统

地面无人作战系统是未来陆军的重要力量，用以代替人在高危险环境下完成各种任务，相对于空中无人机，地面的无人系统对保存有生力量、提高作战效能具有更加重要的意义。

和空中平台一样，西方国家在研究地面无人作战系统方面起步早、投入多，所取得的研究成果也是最前沿的，目前已有一些平台具备实战能力。目前地面无人装备正从以往单个、零散向集群、规模运用转变。

由iRobot公司开发制造的510PackBot军事安防机器人，外形小巧，可随身携带，如图1-4所示。该机器人集成了多种通信系统，并安装了多个高分辨率摄像机，可用于进行远程操控和图像数据传输。这个远程控制的机器人可以用一个能旋转360°的机械臂，捡起重达约7kg的棒球大小的物体，能够执行监视、侦察、建筑和路线探测、排爆、危险品处理等任务。除此之外，西方国家地面无人装备的典型代表还有魔爪、角斗士、大狗、猎豹等系列，其中，角斗士作为世界上第一个多用途作战机器人，配备了机枪、反坦克导弹、榴弹发射器等武器装备，于2007年开始入列，执行复杂环境下的作战任务。大狗仿生机器人是一款四足仿生机器人，具有150kg的负重能力，可以在不规则和不平坦的地形环境中自如运动，并且突破崎岖地形中的障碍物，保持平衡和稳定，能够有效减少士兵的负重，跨越危险区域输送物资，提高复杂环境下的后勤供应效率。

图 1－4　PackBot 多用途机器人

在地面无人机系统的发展方面，东欧国家也不遑多让，2011—2016 年，地面机器人数量增加了 2 倍，到 2025 年，域内国家计划所拥有的无人装备数量将占武器装备总量的 30%，初步形成立体无人化装备体系。目前典型地面无人平台主要有“金龟子”无人侦察车、球形无人侦察球、MRK－61 三防无人侦察车等主要用于执行侦察任务的无人平台，“眼镜蛇”1600 工兵无人车、“巨蜥”工兵无人车、MRK－46M 履带式无人车、“火星”A－800 无人保障车等主要用于执行清除爆炸装置等保障任务的无人平台，以及“金属人”轮式无人战车、“狼”2 侦察打击无人战车、打击自主无人战车、“旋风”中型无人战车、“天王星”系列无人战车、“战友”无人战车、“寄食者”无人战车、“平台”－M 无人战车、“暗语”轮式无人战车等侦察打击一体的无人平台。

除西方和欧洲外，其他国家也研制了大量地面无人装备。例如“先锋卫兵”履带式地面无人战车、无人化改进的“梅卡瓦”4 型战车、“地雷狼”系列扫雷车等。这些地面无人系统的主要任务包括侦察监视、巡逻输送、排雷排爆、火力输出等四个方面，随着技术的进步，地面无人系统的智能化和自主化水平正在不断提升。

1.2.3　海上无人作战系统

海洋是资源宝库和交通枢纽，因此也是兵家必争的战场。近代以来的强国无一不是通过争取和控制海权实现崛起。从 20 世纪末起，世界军事强国开始普遍关注海上智能无人作战系统，随着各国海军的战略重点向近海海域转移，无人水面艇（Unmanned Surface Vessel，USV）、无人潜艇器（Unmanned Underwater Vessel，UUV）、无人水下智能反水雷或布水雷机器人等逐渐开始应用，其主要使命是情报/监视/侦察，反水雷、反潜战、保护部队，以集群方式对重点目标进行精确打击等。

无人艇主要通过在地面基站或母船上的控制中心完成指挥控制。基于无线链路通信系统，控制中心接收无人艇发回的传感器测量信息和状态信息，通过对数据和状态的分析向无人艇发回指挥控制指令。随着技术的进步，部分无人艇已经逐步脱离了完全遥控的指控方式，具有自主规划、自主航行能力，并可自主完成环境感知、目标探测等任务。

西方国家已经拥有一大批正式服役的水面无人艇，主要包括“海上猫头鹰”“斯巴达侦察兵”“X－2”号“幽灵卫士”“海上猎手”等。

“海上猎手”无人艇是西方国家现役最大的无人艇，长39.6m，高4.3m，满载时重量约147.5t，其为“反潜作战持续追踪无人艇”（ACTUV）计划的原型艇，主要用于反潜作战，如图1－5所示。由于“无人”的优势，艇内可以尽可能多地储存燃料，最多可容纳40t燃料，支持“海上猎手”在海上持续巡航70～90天，拥有出众的自持续航能力，完全具备了现役反潜机、水面战舰和潜艇的广域巡航能力，可以在无人维护的条件下长期部署。此外，基于人工智能技术自主导航和人机协作的加持可以让其轻松实现对潜艇的搜索和跟踪，大大提高了反潜作战的效费比。

图1－5　美国“海上猎手”无人艇

欧洲和中东等国也在积极推进研制无人艇,发展设想体现出较高的技术水平和良好的前瞻性。例如:“卫兵”无人艇,采用隐身设计和喷水推进技术,用于情报侦察和港口周边警戒巡逻;“检察员”无人艇,配备探雷声呐和一次性灭雷具,主要承担反水雷任务。“保护者”无人艇,排水量4t,最大航速50kn,装备有舰炮、机枪、自动榴弹发射器和火控系统,主要完成舰队保护和监视侦察任务。

无人潜航器依靠自带能源,通过遥控或自主控制可以长期在水下执行作战或作业任务。无人潜航器系统包括无人潜航器本体和母船支持/指控系统。无人潜航器具有目标特征小、隐蔽性好、使用风险低、作战使用灵活、任务重构能力强、可执行多种任务等特点。

目前西方国家装备的无人潜航器主要包括“金枪鱼”系列,该系列根据不同任务需要,分别衍生出不同的任务型号,主要用于反水雷和反潜任务。其中,“金枪鱼”系列的Bluefin -21型主要用于该国濒海战斗舰在浅水海域执行水雷战任务,是该型舰在研的制式装备。除此之外,相继开始服役的还有“雷摩斯”、“阿利斯特”和挪威“休金”-1000等无人潜航器。

近年来,国内也已经已初步建立了无人潜航器谱系。从便携型、轻型、中型、到重型潜航器,都有成熟的产品。在便携型潜航器方面有中国船舶集团有限公司的“海神”100和哈尔滨工程大学的“微龙”3。轻型无人潜航器的典型代表包括沈阳自动化研究所的“海翼”水下滑翔器、中国船舶集团有限公司702研究所的“海翔”水下滑翔器等无人潜航器。中型无人潜航器的典型代表包括中国船舶集团有限公司的700kg级、1500kg级、“海神”300-Ⅰ,沈阳自动化研究所的“潜龙一号”“潜龙二号”等无人潜航器。重型无人潜航器典型代表包括“海神”6000、哈尔滨工程大学的“智水”系列等无人潜航器。

1.3 无人作战系统发展趋势

未来的战场环境日趋复杂,作战双方将在激烈的博弈和对抗中较量。因此,快速变化的环境和威胁,通过遥控的方式由人对无人系统进行控制与决策,无论反应时间还是决策质量,均不能完全满足高对抗环境对装备的要求。因此,未来的无人作战系统必须能与有人作战系统或其他无人作战系统实现紧密耦合,同时无人作战系统自身的自主控制决策能力需要进一步提升,以实现在动态环境中独立完成复杂任务。

目前,无人作战系统主要在危险区域内代替人执行“枯燥”任务,例如情报侦察、监视巡逻及对静止或低速目标的攻击任务,而无法在强对抗作战环境下执行主要对抗作战任务,根本原因在于装备的智能水平和自主能力不足。因此,未来的无人系统若要在强对抗、融合区域进行作战,智能化是关键,而智能化的主要体现则是控制决策的自主化。虽然目前对无人作战系统的自主化尚无统一认可的标准和定义,但领域内的工程人员正在逐步达成共识,即应将自主化视为无人作战系统独立于人工控制而达到的某种程度。各国在提高无人作战系统的自主化程度方面均采用循序渐进,由远程遥控、预编程自动控制到自主控制的发展模式。

随着无人作战系统的自主能力提升,其对控制站和操作人员的依赖逐步减少。因此,无人作战系统的控制模式,由过去多个控制终端操作一个平台的"多对一"模式转变为一个控制终端操控多个平台的"一对多"模式。除了操控系统综合技术的提升外,分布式协同作战的概念的提出和逐步实践,也促使无人作战系统由单平台向多平台、由同构系统向异构系统、由集中控制向分布式协同控制的方向发展。在未来日益复杂的作战环境下,单平台所能发挥的作战效能将极为有限,因此,无人作战系统的作战模式由单平台逐步发展为更灵活的多平台集群作战、有人/无人协同作战方式。无人作战系统和有人系统协同作战,多平台协同作战,可以充分发挥两者的优势,弥补彼此的不足,更加有效地完成作战任务,从而成为未来无人作战系统作战模式的重要方向。

1.4 强化学习与无人系统

实现完全自主控制是构建智能无人系统的最终目标,控制与决策的自主化程度是无人系统智能化的关键和核心。目前无人系统的研发,主要采用基于规则或者基于模型的方法,通过具体的任务约束和场景进行算法的开发,这种方法带来的问题是通用性和适应性较差,存在验证的场景多,标定和校正的时间长,难以覆盖实际的使用工况和场景,并满足智能系统开发周期等问题。以智能车辆为例,目前L4~L5级别的智能车辆在开发阶段,算法无法覆盖全部复杂多变的驾驶场景,需要算法具备自学习、自适应的算法更新能力。

复杂动态场景和任务背景下无人作战系统合理决策和控制是目前智能化提升的主要挑战。由于决策问题往往较为抽象、复杂,难以建模,且往往是一个序贯决策和动态博弈的过程,导致系统难以在复杂场景中自适应决策,难以确保在变化环境下的任务使命完成,且难以实现安全性的保证。强化学习作为典型的交互式机器学习方法，可以有效通过环境反馈信息学习系统的控制决策策略，被认为是实现智能决策和控制自学习能力进而提升系统自主性的有效方法。

强化学习(Reinforcement Learning，RL)是机器学习的一个子领域，学习如何在环境中行动的策略，即场景(环境状态)到动作的映射，以获取能够反映任务目标的最大数值型奖赏信号。同深度学习(Deep Learning，DL)等监督学习不同，在强化学习的过程中，智能体不事先知道执行哪个动作最好，而是通过不断与环境交互，从而试错学习到当前任务次优、最优的策略。虽然强化学习的框架使之具备解决序贯决策的原理基础，但在复杂序贯决策问题上始终没有显著的突破，直到深度学习技术的发展，在复杂数据驱动任务中展现出强大特征表征能力，融合深度学习特征表征能力和强化学习策略探索能力的学习范式 - 深度强化学习(Deep Reinforcement Learning，DRL)逐渐发展并成为强化学习的主要研究方向。深度强化学习在无人系统自主策略的学习中取得了很多令人瞩目的成果，基于深度强化学习的智能系统在游戏、棋类等领域战胜了人类顶尖选手。

伴随着深度强化学习在单平台任务中的有效应用，人们又开始将深度强化学习的研究成果扩展到了多平台任务的应用中，逐步发展形成了多智能体深度强化学习(Multi - agent DRL，MADRL)。多智能体深度强化学习是深度强化学习在多智能体中应用的研究分支。多智能体系统，由一组利用传感器感知共享环境的自治、交互的个体组成，每个智能体独立地感知环境，根据个人目标采取行动，进而改变环境，如何让个体的学习结果与集体的任务目标一致是多智能体强化学习研究的关键技术。

无人系统作战模式的研究促使人工智能的研究从单体智能向有人 - 无人混合智能、群体智能的方向发展。本书以无人机作为无人系统的典型代表，以强化学习作为理论工具，分别对路径规划、目标跟踪、单机空战机动、多机协同空战机动、空战多域决策、集群任务协同等任务背景下的自主决策问题展开分析研究，涵盖了强化学习中模糊强化学习、深度强化学习、分层强化学习、多智能体强化学习等主要细分方向在无人系统自主决策具体任务场景下的应用，章节内容遵循了从理论基础到具体运用、从低维到高维、从单域到多域、从个体到群体的研究过程。

第2章 强化学习理论

连接主义学习理论认为学习的方式主要有监督学习、非监督学习和强化学习。

监督学习也称有导师的学习,这种学习方式需要外界存在一个“教师”,它可对给定一组输入提供应有的输出结果,这种已知的输入-输出数据称为训练样本集,学习的目的是减少系统产生的实际输出和预期输出之间的误差,所产生的误差反馈给系统来指导学习。在神经网络学习中,称之为最小误差学习规则,或称之为δ规则[5]。

非监督学习又称无导师学习,它是指系统不存在外部教师指导的情形下构建其内部表征。这种类型的学习完全是开环的,在神经网络中,网络的权值调节不受任何外来教师指导,但在网络内部对其性能进行自适应调节。

研究者发现,生物进化过程中为适应环境而进行的学习有两个特点:人从来不是静止且被动地等待而是主动地对环境作试探;而是环境对试探动作产生的反馈是评价性的,生物根据环境的评价来调整以后的行为,是一种从环境状态到行为映射的学习,具有以上特点的学习就是强化学习(或称再励学习、评价学习)。

强化学习是一种半监督的机器学习算法,学习过程不需要先验的教师信号,而是依靠智能体与环境的交互获取的回报值来更新行动策略,形成状态到行动的映射。强化学习以马尔可夫决策过程为理论框架,是解决未知环境或不确定性动态系统中最优化决策的有效方法。本章从强化学习的基本原理开始,沿着理论研究的发展脉络系统地介绍强化学习理论研究中的主要方法,分析各类方法的技术要点,为后续章节开展基于强化学习理论的无人系统控制决策提供理论研究支撑。

2.1 强化学习的概念

2.1.1 基本概念

在想到学习的时候,大概首先想到的就是人们与所处的环境进行交互的学习方法。当一个婴儿在玩耍的时候,挥动胳膊或者观察周围情况,这个过程中没有老师,但却与环境存在一个直接的感知运动关联。这个关联关系的不断运行产生了大量关于原因和效果的信息,即行动的效果和如何行动能够达到目标。在生活中,这样的交互过程无疑是人类获取环境和自身知识的主要来源。无论是在学习驾驶车辆还是在与他人交谈,人们总是敏锐地认识到环境对自己行为的反馈,并寻求通过自身的行动来影响将要发生的现象。从交互中学习是几乎所有学习和智力理论的基础思想[5]。

强化学习是学习如何去行动,即如何将状态映射到行动以便将数字化的奖励信号最大化[6]。学习者不会被告知要采取哪些行动,而必须通过主动尝试去发现哪些行动会产生最大的回报。其中最有意思但也最具挑战性的情况是,行动不仅会影响直接的回报,而且会影响下一个情况,并因此影响所有后续的回报。试错法和延迟回报这两个特征是强化学习的两个最重要的区别特征[7]。

强化学习的早期历史有两条主线,这两条线在与现代强化学习交织之前是独立研究的。一个主题是基于反复试错来学习,这一思路是从动物学习的心理学[8]开始的。该主题贯穿于人工智能的一些早期工作,并带动 20 世纪 80 年代初强化学习[9-10]的复兴。另一个主题涉及最优控制问题及其使用值函数和动态规划[11-12]的解决方案。在大多数情况下,该主题不涉及学习。尽管这两个主题在很大程度上是独立的,但是围绕着与时间差方法有关的第三个主题[13,15],这三条脉络在 20 世纪 80 年代后期汇聚在一起,产生了现代的强化学习领域[16-17]。

2.1.2 强化学习的要素

强化学习是智能体与环境交互学习的过程,除了智能体和环境之外,强化学习系统的四个主要子元素为:策略、奖励(回报)信号、值函数以及环境模型(可选,可以分为模型已知和模型未知的强化学习问题)。

2.1.2.1　策略

策略定义了正在学习的智能体在给定时间的行为方式。概略地说,策略是从感知到的环境状态到处于这些状态时要采取的行动的映射关系。它对应于心理学上的刺激-响应规则。在某些情况下,策略可能是简单的函数或查找表,而在其他情况下,策略可能涉及大量的计算,如搜索过程。策略是强化学习智能体的核心,因为仅凭借策略就可以完全确定行为。通常,策略是随机的函数。

2.1.2.2　奖励信号

奖励信号定义了强化学习问题的目标。在每个时间步骤中,环境都会向智能体发送一个称为奖励的数值。智能体的唯一目标是使长期内获得的奖励累加值最大化。因此,奖励信号定义了智能体的状态好坏。在生物系统中,可以认为奖励类似于愉悦或痛苦的感受。它们是智能体面临问题的直接确定的特征反馈。奖励信号是更新策略的主要依据,如果该策略选择的行动带来低的奖励,则将来可能会更改该策略以选择该状态下的其他行动。通常,奖励信号可能是环境状态和所采取行动所决定的随机函数。

2.1.2.3　值函数

奖励信号在即时意义上指示行动的好坏,而值函数则是从长远上指示策略的优劣。粗略地说,状态的值是智能体从该状态开始可以期望在未来累加的奖励金额总和。奖励决定了环境状态的即时,内在的可取性,而值考虑了该状态后续可能遵循的状态以及这些状态中可获得的奖励后,状态的长期可取性。例如,一个状态可能总是产生低的立即奖励,但仍然具有很高的值,因为它固定跟随其他产生高回报的状态。如果用人类做一个类比,奖励有点像快乐(如果很高)和痛苦(如果很低),而价值则对应于人对所处环境处于特定状态的满意或不满意程度的更审慎且有远见的判断。

奖励在某种意义上是首要的,而值作为对奖励的预测是次要的。没有奖励就没有值,估计值的唯一目的是获得更多奖励。然而,在制定和评估决策时,最关心的是值,根据值的判断做出行动选择,寻求能够带来最高值而不是最高奖励状态的行动,因为从长远来看,这些行动会带来最大的回报。不幸的是,确定值比确定奖励要困难得多。奖励基本上是由环境直接给出的,但是值必须根据智能体在其整个生命周期内进行的观察序列进行估计。实际上,几乎所有强化学习算法中最重要的组成部分都是有效估计值的方法。

2.1.2.4　环境模型

一些强化学习系统的第四个也是最后一个要素是环境模型。这是一种模拟环境行为的方法,或更笼统地说,建立模型来推断环境的行为方式。例如,给定状态和动作,环境模型可以预测下一个状态和下一个奖励。模型用于规划,即在实际发生前提前通过模型考虑潜在的未来情况来决定行动方案。使用模型和规划来解决强化学习问题的方法被称为基于模型的方法,与简单的无模型方法不同,后者明确地采用试错学习。

2.2　马尔可夫决策过程

2.2.1　定义

马尔可夫决策过程(Markov Decision Process,MDP)[16]是强化学习问题的理想数学形式,可以基于 MDP 对强化学习问题进行精确的理论说明。

2.2.1.1　智能体-环境交互

MDP 旨在直接解决从交互中学习以实现目标的问题。学习者和决策者称为智能体(Agent),与之交互的事物(智能体外部的所有事物)称为环境(Environment)。二者不断地相互作用,智能体根据当前自身所处环境的状态选择动作,环境响应这些动作并向智能体呈现新状态。环境还产生奖励,即智能体通过选择行动而力求使之最大化的数值。

智能体和环境在离散的每一个时间步长($t=0,1,2,3,\cdots$)中进行交互。如图 2-1 所示,在每一个时间步 t,智能体收到环境状态的某种表示,$S_t \in \mathcal{S}$,在此基础上选择一个行动 $A_t \in \mathcal{A}(s)$ 执行。一个时间步长后,作为行动执行的结果,智能体在收到一个奖励值 $R_{t+1} \in \mathcal{R} \subset \mathbb{R}$ 的同时,处于一个新的状态 S_{t+1}。因此,MDP 和智能体产生了像这样开始的序列轨迹

$$S_0,A_0,R_1,S_1,A_1,R_2,S_2,A_2,R_3,\cdots \tag{2-1}$$

MDP 中,随机变量 R_t 和 S_t 具有确定的离散概率分布,概率分布仅取决于先前的状态和动作,也就是说,对于这些随机变量 $s' \in \mathcal{S}$ 和 $r \in \mathcal{R}$ 的特定值,给定先前状态和动作的特定值,这些值有可能在时间 t 出现的概率为

$$p(s',r \mid s,a) = \Pr\{S_t = s',R_t = r \mid S_{t-1} = s,A_{t-1} = a\} \tag{2-2}$$

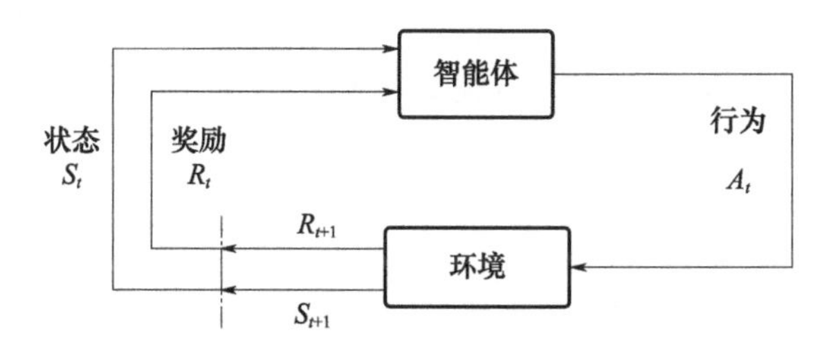

图2－1　MDP中智能体－环境交互过程

函数 $p:\mathcal{S}\times\mathcal{R}\times\mathcal{S}\times\mathcal{A}\to[0,1]$ 是四个参数的普通确定性函数，对于所有 $s\in\mathcal{S}$，$a\in\mathcal{A}(s)$，有

$$\sum_{s'\in\mathcal{S}}\sum_{r\in\mathcal{R}}p(s',r\mid s,a)=1 \tag{2-3}$$

四参数函数 p 给出的概率完全表征了MDP的动力学特性（也可记为状态转移模型 T），由此可以计算出想要了解的有关环境的任何其他信息，如状态转换概率，即

$$p(s'\mid s,a)=\Pr\{S_t=s'\mid S_{t-1}=s,A_{t-1}=a\}=\sum_{r\in\mathcal{R}}p(s',r\mid s,a) \tag{2-4}$$

或者将状态－动作对的预期奖励计算为两个参数的函数 $r:\mathcal{S}\times\mathcal{A}\to\mathbb{R}$，即

$$r(s,a)=E[R_t\mid S_{t-1}=s,A_{t-1}=a]=\sum_{r\in\mathcal{R}}r\sum_{s'\in\mathcal{S}}p(s',r\mid s,a) \tag{2-5}$$

由此，一个MDP模型可以描述为由状态集合 S，行动集合 A，奖励集合 R 和状态转移模型 T 组成的四元组 (S,A,T,R)。

2.2.1.2　返回值和回合

前面提到强化学习中，智能体的目标是使得远期的累加奖励值最大化。如果 t 时刻后收到的奖励序列为 $R_{t+1},R_{t+2},R_{t+3},\cdots$，那么需要定义一个准确的形式，让其最大化。通常寻求回报期望的最大化，回报记为 G_t，被定义为奖励序列的某些特定函数，其中最简单的形式是奖励值的和，即

$$G_t=R_{t+1}+R_{t+2}+R_{t+3}+\cdots+R_T \tag{2-6}$$

式中 T 表示最终时间步。这种回报的形式在存在自然时间步长概念的应用中很有意义，也就是说，当智能体与环境之间的相互作用自然分解为子序列时，将其称为回合，每个回合以被称为终端状态的特殊状态结束，然后重置为标准起始状态继续进行新的一回合。

另一方面，在许多情况下，智能体与环境的互动不会自然地分解为可识别的事件，而是持续不断地进行。在这种情况下，回报式（2－6）存在问题，因为最终

时间步长为 $T=\infty$，所以试图最大化的回报值则变得无穷大。在这种情况下，引入折扣的概念，智能体选择行动，以使其在未来获得的折扣奖励的总和最大化。定义折扣率为 γ，$0\leqslant\gamma\leqslant 1$，则折扣回报为

$$G_t = R_{t+1} + \gamma R_{t+2} + \gamma^2 R_{t+3} + \cdots = \sum_{k=0}^{\infty} \gamma^k R_{t+k+1} \tag{2-7}$$

折扣回报值是目前强化学习领域中使用最为普遍的回报值形式。

2.2.1.3 策略和值函数

作为强化学习的要素之一，几乎所有的强化学习算法都包括值函数估计。通常为状态值函数或行动-值函数，状态值函数用来估计智能体在一个给定的状态中“好的程度”，行动-值函数用来评估在一个给定状态中智能体执行一个给定行动的“好的程度”，“好的程度”则由未来可以预期的回报值来定义。由于智能体未来期望获得的回报取决于其将采取的行动，因此，值函数是根据智能体特定的行为方式定义的，智能体的行为方式即为策略。

策略是从状态到智能体所能选择的各个行动的概率的映射，在 t 时刻，如果智能体服从策略 π，则 $\pi(a\mid s)$ 是状态 $S_t=s$ 时行动 $A_t=a$ 的概率。强化学习方法指定了智能体的策略如何根据其经验进行更新。

基于策略 π，状态 S 的值函数记为 $v_\pi(s)$，根据值函数的定义，有

$$v_\pi(s) = \mathbb{E}_\pi[G_t \mid S_t = s] = \mathbb{E}_\pi\left[\sum_{k=0}^{\infty} \gamma^k R_{t+k+1} \mid S_t = s\right] \tag{2-8}$$

称 $v_\pi(s)$ 为策略 π 的状态值函数。同理，定义基于策略 π，在状态 s 下执行行动 a 的值函数 $q_\pi(s,a)$ 为

$$q_\pi(s,a) = \mathbb{E}_\pi[G_t \mid S_t = s, A_t = a] = \mathbb{E}_\pi\left[\sum_{k=0}^{\infty} \gamma^k R_{t+k+1} \mid S_t = s, A_t = a\right] \tag{2-9}$$

称 $q_\pi(s,a)$ 为策略 π 的行动-值函数。

在强化学习和动态规划中使用的值函数的基本属性是它们满足递归关系，由式(2-7)可知，$G_t = R_{t+1} + \gamma R_{t+2} + \gamma^2 R_{t+3} + \cdots = R_{t+1} + \gamma G_{t+1}$，则有

$$\begin{aligned}
v_\pi(s) &= \mathbb{E}_\pi[G_t \mid S_t = s] \\
&= \mathbb{E}_\pi[R_{t+1} + \gamma G_{t+1} \mid S_t = s] \\
&= \sum_a \pi(a \mid s) \sum_{s'} \sum_r p(s', r \mid s, a)\left[r + \gamma \mathbb{E}_\pi[G_{t+1} \mid S_{t+1} = s']\right] \\
&= \sum_a \pi(a \mid s) \sum_{s', r} p(s', r \mid s, a)\left[r + \gamma v_\pi(s')\right]
\end{aligned} \tag{2-10}$$

式(2-10)即为值函数 v_π 的贝尔曼公式[16],表征了当前状态的值与后续状态值之间的关系。

2.2.1.4　最优策略和最优值函数

求解强化学习问题的最终目的,是找到一种获得更多回报的策略。在MDP中,如果定义一个策略 π 优于另一个策略 π',则各个状态下策略 π 的值函数大于等于策略 π' 的值函数,即对于所有 $s\in\mathcal{S}$,当且仅当 $v_\pi(s)\geqslant v_{\pi'}(s)$ 时,有 $\pi\geqslant\pi'$。如果一个策略优于所有其他策略,那么该策略即为最优策略,记为 π_*,最优策略对应的状态值函数被称为最优状态值函数,记为 v_*,对于所有 $s\in\mathcal{S}$,有

$$v_*(s)=\max_\pi v_\pi(s) \tag{2-11}$$

同理,行动-值函数被定义为

$$q_*(s)=\max_\pi q_\pi(s,a) \tag{2-12}$$

根据贝尔曼公式,式(2-11)分别展开为

$$\begin{aligned}v_*(s) &= \max_{a\in\mathcal{A}(s)} q_\pi(s)\\ &= \max_a \mathbb{E}[R_{t+1}+\gamma v_*(S_{t+1})\mid S_t=s,A_t=a]\\ &= \max_a\sum_{s',r}p(s',r\mid s,a)[r+\gamma v_*(s')]\end{aligned} \tag{2-13}$$

同理,式(2-12)也可以展开为如下形式

$$\begin{aligned}q_*(s,a) &= \mathbb{E}[R_{t+1}+\gamma\max_{a'}q_*(S_{t+1},a')\mid S_t=s,A_t=a]\\ &= \sum_{s',r}p(s',r\mid s,a)[r+\gamma\max_{a'}q_*(s',a')]\end{aligned} \tag{2-14}$$

对于有限MDP,v_π 的贝尔曼最优方程式(2-13)具有与策略无关的唯一解。贝尔曼最优方程实际上是一个方程组,每个状态一个方程,因此,如果有 $|\mathcal{S}|$ 个状态,则有 $|\mathcal{S}|$ 个方程。如果环境的动力学模型 p 是已知的,那么原则上可以使用多种求解非线性方程组的方法中的任何一种来求解 v_* 的方程组。同理可以求解 q_*。

2.2.2　基于值函数的求解方法

从贝尔曼公式直观理解,MDP的求解就是获得使值函数最大的策略。这种基于值函数的MDP求解思路主要可以归结为三种方法,分别为动态规划法[18-23],蒙特卡罗法[24]和时间差分法[13,25-29]。

2.2.2.1　动态规划法

经典的动态规划算法[18]在强化学习中的作用有限,这既是因为其只能解决

模型已知的强化学习问题,同时这种方法计算量很大,对于大规模的问题求解效率较低,但是它们在理论上仍然很重要。动态规划的关键思想是使用值函数来组织和构造对最优策略的搜索。

对于模型 p 已知的问题,如式(2-13)和式(2-14)所示,动态规划算法是通过将诸如此类的贝尔曼方程转化为赋值,即转化用于改善所需值函数的近似值的更新规则而获得的。式(2-13)中,唯一的未知数为值函数,因此式(2-13)可以看作是值函数的线性方程组,其未知数个数为状态的个数 $|\mathcal{S}|$,采用高斯-赛德尔迭代算法进行求解,有

$$
\begin{aligned}
v_{k+1}(s) &= \mathbb{E}[R_{t+1} + \gamma v_k(S_{t+1}) \mid S_t = s] \\
&= \sum_a \pi(a \mid s) \sum_{s',r} p(s',r \mid s,a)[r + \gamma v_k(s')]
\end{aligned}
\tag{2-15}
$$

在每次迭代中都对状态集进行一次遍历以便评估每个状态的值函数。当 $k \to \infty$ 时,序列 $\{v_k\}$ 逐步收敛于 v_π,这个过程被称为策略评估。

计算值函数的目的是利用值函数找到最优策略。在策略评估的同时,应该利用值函数进行策略改善,从而得到最优策略。一个很自然的方法是当已知当前策略的值函数时,在每个状态采用贪婪策略对当前策略进行改进,即

$$
\begin{aligned}
\pi'(s) &= \arg\max_a q_\pi(s,a) \\
&= \arg\max_a \mathbb{E}[R_{t+1} + \gamma v_\pi(S_{t+1}) \mid S_t = s, A_t = a] \\
&= \arg\max_a \sum_{s',r} p(s',r \mid s,a)[r + \gamma v_\pi(s')]
\end{aligned}
\tag{2-16}
$$

这一通过相对于原始策略的值函数贪婪地制定新策略以对原始策略进行改进的过程称为策略改进。

根据策略评估过程和策略改进过程,如果使用 v_π 对策略 π 进行了改进以产生更好的策略 π',则可以计算 $v_{\pi'}$ 并再次对其进行改进以产生更好的策略 π'',因此,可以获得一系列单调改进的策略和值函数

$$
\pi_0 \xrightarrow{E} v_{\pi_0} \xrightarrow{I} \pi_1 \xrightarrow{E} v_{\pi_1} \xrightarrow{I} \pi_2 \xrightarrow{E} \cdots \xrightarrow{I} \pi_* \xrightarrow{E} v_*
\tag{2-17}
$$

式中:$\xrightarrow{E}$表示策略评估;$\xrightarrow{I}$表示策略改进。这种查找最佳策略的这种方式称为策略迭代。

策略迭代的一个缺点是其每次迭代都涉及策略评估,策略评估本身可能是大量的迭代计算,需要对状态集进行多次扫描。实际上,可以以多种方式截断策略迭代的策略评估步骤,而不丢失策略迭代的收敛性保证。一种重要的方法是,仅扫描一次(每个状态一次更新)后就停止策略评估,此算法称为值迭代,即将策略改进和缩短的策略评估步骤结合在一起,即

$$
\begin{aligned}
v_{k+1}(s) &= \max_a \mathbb{E}[R_{t+1} + \gamma v_k(S_{t+1}) \mid S_t = s, A_t = a] \\
&= \max_a \sum_{s',r} p(s',r \mid s,a)[r + \gamma v_k(s')]
\end{aligned} \tag{2-18}
$$

对于任意 v_0,序列$\{v_k\}$在保证 v_* 存在的相同条件下可以收敛到 v_*。

和策略评估一样,值迭代在形式上需要无限次迭代才能精确收敛到 v_*,在实际算法操作中,如果值函数在两次扫描之间仅发生少量变化,则停止迭代。

2.2.2.2　蒙特卡罗法

采用动态规划方法可以解决环境模型已知的马尔可夫决策问题,但是现实中更多的问题往往不具备先验的环境模型,解决无模型的马尔可夫决策问题是强化学习算法的精髓。粗略地讲,解决无模型的问题,就是利用强化学习的交互探索,从大量的探索经验中凝练行动策略,蒙特卡罗法[24]就是其中的一种方法。

值函数的定义是计算返回值的期望,在动态规划的方法中,值函数的计算如式(2-15)所示,计算状态的值函数时利用了模型 $p(s',r \mid s,a)$,而在无模型强化学习中,模型 $p(s',r \mid s,a)$是未知的。在没有模型时,可以采用蒙特卡罗的方法计算该期望,即利用随机样本来估计期望。在计算值函数时,蒙特卡罗方法是利用经验平均代替随机变量的期望。

评估智能体的当前策略时,利用策略产生很多次试验,每次试验都是从任意的初始状态开始直到终止状态,计算一次试验中状态 s 处的折扣回报值为

$$
G_t(s) = R_{t+1} + \gamma R_{t+2} + \cdots + \gamma^{T-1} R_T \tag{2-19}
$$

基于该策略进行多次试验后,利用经验数据求解状态 s 处的值函数,在利用蒙特卡罗方法求值函数时,又可以分为第一次访问蒙特卡罗法和每次访问蒙特卡罗法。

第一次访问蒙特卡罗法是指,在计算状态 s 处值函数时,只利用每次试验中第一次访问到状态 s 时的返回值。设 $G_{xy}(s)$表示第 x 次试验中,状态 s 第 y 次出现时的返回值,则第一次访问蒙特卡罗法的计算公式为

$$
v(s) = \frac{G_{11}(s) + G_{21}(s) + \cdots}{N(s)} \tag{2-20}
$$

每次访问蒙特卡罗法是指,在计算状态 s 处值函数时,利用所有访问到状态 s 时的返回值,即

$$
v(s) = \frac{G_{11}(s) + G_{12}(s) + \cdots + G_{21}(s) + \cdots}{N(s)} \tag{2-21}
$$

根据大数定理,当 $N(s) \to \infty$ 时,$v(s) \to v_\pi(s)$。

蒙特卡罗方法是利用经验平均来估计值函数。所以能否得到正确的值函数,完全取决于经验。而如何获得充足的经验,保证每个状态都能被访问到是无模型强化学习的核心所在。

2.2.2.3 时间差分法

如果必须将一种思想确定为强化学习的核心和新颖之处,这一定是时间差分(Temporal Difference,TD)学习。TD 学习是蒙特卡罗思想和动态规划思想的结合[25]。TD 方法可以和蒙特卡罗方法一样,直接从原始经验中学习,而无须依靠环境模型,同时和动态规划方法一样,通过自举的方法,TD 方法也是部分基于已经学习的结果来更新估计,更新过程无须等待最终结果。

动态规划算法计算值函数估计的计算公式为

$$v(S_t) \leftarrow \mathbb{E}[R_{t+1} + \gamma v(S_{t+1})] = \sum_a \pi(a \mid S_t) \sum_{s',r} p(s',r \mid S_t,a)[r + \gamma v(s')] \tag{2-22}$$

可以看出,在计算值函数时用到了当前状态 s 的所有可能的后续状态 s' 的值函数 $v(s')$,后续状态可由模型公式 p 计算得出。

当没有模型时,后继状态无法全部得到,只能通过试验的方法每次试验得到一个后继状态 s',采用蒙特卡罗方法利用多次试验的回报值来平均估计状态的值函数,而一次试验要等到终止状态出现才结束,一个简单的蒙特卡罗预测的公式可以写作

$$v(S_t) \leftarrow v(S_t) + \alpha[G_t - v(S_t)] \tag{2-23}$$

式中 G_t 为时间 t 之后到本次样本终止时间的奖励总和。由于只有在一轮试验(回合)结束后才能得出 G_t,因此蒙特卡罗方法必须等到回合结束才能确定 $v(S_t)$ 的增量,相比较而言,TD 方法只需等到下一个时间步,在下一步行动前就可以基于获得的奖励值 R_{t+1} 和估计值 $v(S_{t+1})$ 进行估计的更新,一个简单的 TD 学习的公式可以写作

$$v(S_t) \leftarrow v(S_t) + \alpha[R_{t+1} + \gamma v(S_{t+1}) - v(S_t)] \tag{2-24}$$

式中,$R_{t+1} + \gamma v(S_{t+1})$ 称为 TD 目标,与式(2-23)的 G_t 相对应。时间差分方法结合了蒙特卡罗的采样方法(即做试验采样)和动态规划方法的自举(利用后继状态的值函数估计当前值函数),其中将 $R_{t+1} + \gamma v(S_{t+1}) - v(S_t)$ 称为时间差分误差(TD Error)。

在所有 TD 算法中,Q 学习算法是最为经典的一种,其算法定义为

$$Q(S_t,A_t) \leftarrow Q(S_t,A_t) + \alpha[R_{t+1} + \gamma \max_a Q(S_{t+1},a) - Q(S_t,A_t)] \tag{2-25}$$

在Q学习中,估计后续状态的值函数 $Q(S_{t+1},A_{t+1})$ 使用了贪婪策略。

2.2.3 基于策略的求解方法

按照学习的方式,强化学习可以分为三类,基于值的,基于策略的,以及基于行动者-评论家(Actor-Critic,AC)架构的。基于值的强化学习学习值函数,进而间接地从值函数中得出策略;基于策略的强化学习没有值函数学习,直接学习策略;行动者-评论家架构既学习值函数,同时也学习策略。

在2.2.2节,论述了基于值函数求解策略的方法,即从动作的值中学习策略,然后基于策略估计的值来选择动作。除了这种方式外,本小节介绍另一类求解策略的思路和方法,即在不参考值函数的情况下直接学习一个参数化的策略。在这种方法里,值函数可以被用于学习策略参数,但是在选择动作的时候不需要考虑值函数。将策略的参数向量记为 $\boldsymbol{\theta}\in\mathbb{R}$,则在参数 $\boldsymbol{\theta}$ 下,在 t 时刻状态 s 的情况下,动作 a 被执行的概率为 $\pi(a\mid s,\boldsymbol{\theta})=\Pr\{A_t=a\mid S_t=s,\boldsymbol{\theta}_t=\boldsymbol{\theta}\}$。

本节介绍基于一些性能度量 $J(\boldsymbol{\theta})$ 的梯度学习策略参数的方法。这些方法都寻求最大化表现,所以都在 J 上更新近似梯度上升,即

$$\boldsymbol{\theta}_{t+1}=\boldsymbol{\theta}_t+\alpha\,\nabla J(\boldsymbol{\theta}_t) \tag{2-26}$$

式中 $\nabla J(\boldsymbol{\theta}_t)$ 是一个随机估计,其期望近似于性能度量相对于其参数 $\boldsymbol{\theta}_t$ 的梯度。

2.2.3.1 策略梯度

用函数近似的方法可以利用参数 $\boldsymbol{\theta}$ 对强化学习中的值函数或行动-值函数近似,即

$$V_{\boldsymbol{\theta}}(s)\approx V^{\pi}(s) \tag{2-27}$$

$$Q_{\boldsymbol{\theta}}(s,a)\approx Q^{\pi}(s,a) \tag{2-28}$$

策略可以间接从值函数中产生,例如 ε-贪婪算法。策略也可以直接参数化近似,通过更新参数的方法,直接学习策略,即

$$\pi_{\boldsymbol{\theta}}(s,a)=P[a\mid s,\boldsymbol{\theta}] \tag{2-29}$$

基于策略的强化学习的优势主要有以下三点:

(1)较好的收敛性;

(2)可适用于高维或连续行动空间;

(3)可以学习随机策略。

不足有以下两点:

(1)容易进入局部最优而不是全局最优;

(2)对策略的评估低效而且存在很大的方差。

对于策略 $\pi_{\boldsymbol{\theta}}(s,a)$，其目标是寻找最佳的 $\boldsymbol{\theta}$ 使得策略最优。在回合环境中，可以使用初始状态值来描述策略的质量：

$$J_1(\boldsymbol{\theta}) = V^{\pi_\theta}(s_1) = E_{\pi_{\boldsymbol{\theta}}}[v_1] \tag{2-30}$$

在连续环境中，可以使用平均值来描述策略质量：

$$J_{avV}(\boldsymbol{\theta}) = \sum_s d^{\pi_\theta}(s) V^{\pi_\theta}(s) \tag{2-31}$$

或者使用单步平均奖励来描述策略质量：

$$J_{avR}(\boldsymbol{\theta}) = \sum_s d^{\pi_\theta}(s) \sum_a \pi_{\boldsymbol{\theta}}(s,a) R_s^a \tag{2-32}$$

式中，$d^{\pi_\theta}(s)$ 是马尔可夫链在策略 $\pi_{\boldsymbol{\theta}}$ 下的平稳分布。

设 $J(\boldsymbol{\theta})$ 为策略目标函数，策略梯度算法就是沿着参数 $\boldsymbol{\theta}$ 对策略的梯度上升方向搜索在 $J(\boldsymbol{\theta})$ 中的局部最大值，即

$$\Delta\boldsymbol{\theta} = \alpha \nabla_{\boldsymbol{\theta}} J(\boldsymbol{\theta}) \tag{2-33}$$

其中，$\nabla_{\boldsymbol{\theta}} J(\boldsymbol{\theta})$ 是策略梯度，α 是步长参数。

$$\nabla_{\boldsymbol{\theta}} J(\boldsymbol{\theta}) = \begin{bmatrix} \dfrac{\partial J(\boldsymbol{\theta})}{\partial \boldsymbol{\theta}_1} \\ \vdots \\ \dfrac{\partial J(\boldsymbol{\theta})}{\partial \boldsymbol{\theta}_n} \end{bmatrix} \tag{2-34}$$

计算策略梯度，可以采用有限差分法。对于 $\boldsymbol{\theta}$ 的每一个维度 $k \in [1,n]$，计算其方向上 $J(\boldsymbol{\theta})$ 的偏导数。在 $\boldsymbol{\theta}$ 的第 k 维上增加一个小的增量，即

$$\frac{\partial J(\boldsymbol{\theta})}{\partial \boldsymbol{\theta}_k} \approx \frac{J(\boldsymbol{\theta} + \varepsilon \boldsymbol{u}_k) - J(\boldsymbol{\theta})}{\varepsilon} \tag{2-35}$$

其中 $\boldsymbol{u}_k$ 是与 $\boldsymbol{\theta}$ 相同格式的单位向量，第 k 维为 1，其余元素均为 0。

这种方法计算烦琐，但是方式简单有效，能对任意策略进行计算，甚至该策略不可微。

下面开始解析地计算策略梯度。假设策略 $\pi_{\boldsymbol{\theta}}$ 是可微且非零的，记策略梯度为 $\nabla_{\boldsymbol{\theta}}\pi_{\boldsymbol{\theta}}(s,a)$。根据似然比推出如下等式

$$\nabla_{\boldsymbol{\theta}}\pi_{\boldsymbol{\theta}}(\mathrm{s,a}) = \pi_{\boldsymbol{\theta}}(s,a)\frac{\nabla_{\boldsymbol{\theta}}\pi_{\boldsymbol{\theta}}(s,a)}{\pi_{\boldsymbol{\theta}}(s,a)} = \pi_{\boldsymbol{\theta}}(s,a)\nabla_{\boldsymbol{\theta}}\log\pi_{\boldsymbol{\theta}}(s,a) \tag{2-36}$$

式中，$\nabla_{\boldsymbol{\theta}}\log\pi_{\boldsymbol{\theta}}(s,a)$ 为得分函数。

对于一个单步的 MDP 过程，从状态 $s \sim d(s)$ 开始，在执行一步获得奖励 $r = R_{s,a}$ 后结束。利用似然比计算策略梯度，即

$$J(\boldsymbol{\theta}) = E_{\pi_{\boldsymbol{\theta}}}[r] = \sum_{s\in S} d(s) \sum_{a\in A} \pi_{\boldsymbol{\theta}}(s,a) R_{s,a} \tag{2-37}$$

$$\begin{aligned}\nabla_{\boldsymbol{\theta}} J(\boldsymbol{\theta}) &= E_{\pi_{\boldsymbol{\theta}}}[r] \\ &= \sum_{s \in S} d(s) \sum_{a \in A} \pi_{\boldsymbol{\theta}}(s,a)\ \nabla_{\boldsymbol{\theta}} \log \pi_{\boldsymbol{\theta}}(s,a) R_{s,a} \\ &= \mathrm{E}_{\pi_{\boldsymbol{\theta}}}[\nabla_{\boldsymbol{\theta}} \log \pi_{\boldsymbol{\theta}}(s,a) r] \end{aligned} \tag{2-38}$$

策略梯度理论是将似然比方法推广至多步 MDP 中。将瞬时奖励值 r 用长期值 $Q^{\pi}(s,a)$ 代替。

策略梯度理论:对于任意一个可微分策略 $\pi_{\boldsymbol{\theta}}(s,a)$,采用任意一种策略目标函数 $J=J_1, J_{avR}$,或者$\frac{1}{1-\gamma}J_{avV}$,策略梯度为

$$\nabla_{\boldsymbol{\theta}} J(\boldsymbol{\theta}) = \mathrm{E}_{\pi_{\boldsymbol{\theta}}}[\nabla_{\boldsymbol{\theta}} \log \pi_{\boldsymbol{\theta}}(s,a) Q^{\pi_{\boldsymbol{\theta}}}(s,a)] \tag{2-39}$$

2.2.3.2　确定策略梯度

确定策略梯度拥有一个简单的形式:它等于行动-值函数的梯度的期望值。这种形式意味着相对于随机策略梯度,确定策略梯度可以被更加有效地估计。

1)随机策略梯度理论

策略梯度算法是当前最流行的一类连续行动强化学习算法。这类算法的基本思路是向表现梯度$\nabla_{\boldsymbol{\theta}} J(\pi_{\boldsymbol{\theta}})$的方向调整策略参数 $\boldsymbol{\theta}$。这类算法的基础是策略梯度理论,即

$$\begin{aligned}\nabla_{\boldsymbol{\theta}} J(\pi_{\boldsymbol{\theta}}) &= \int_S \rho^{\pi}(s) \int_A \nabla_{\boldsymbol{\theta}} \pi_{\boldsymbol{\theta}}(a \mid s) Q^{\pi}(s,a) \mathrm{d}a\mathrm{d}s \\ &= \boldsymbol{E}_{s \sim \rho^{\pi}, a \sim \pi_{\boldsymbol{\theta}}}[\nabla_{\boldsymbol{\theta}} \log \pi_{\boldsymbol{\theta}}(a \mid s) Q^{\pi}(s,a)] \end{aligned} \tag{2-40}$$

策略梯度的形式简单,有非常重要的实践价值,因为它将表现梯度的计算减小为一个简单的期望。通过基于采样估计期望值的形式,策略梯度理论已经派生出不同的策略梯度算法。这些算法需要解决的问题是如何估计行动-值函数 $Q^{\pi}(s,a)$。其中最简单的方法是用一个采样的回报 r_t^{γ} 来估计 $Q^{\pi}(s,a)$。

2)随机行动者-评论家算法

行动者-评论家架构在基于策略梯度理论的算法中广泛使用。行动者-评论家由两部分组成,行动者按式(2-40)的随机梯度上升方向调节随机策略 $\pi_{\boldsymbol{\theta}}(s)$的参数 $\boldsymbol{\theta}$;评论家用参数 ω 构建一个近似的行动-值函数 $Q^{\omega}(s,a)$代替式(2-40)中真实的行动-值函数 $Q^{\pi}(s,a)$,通过合适的策略评价算法,如时间差分学习估计行动-值函数 $Q^{\omega}(s,a) \approx Q^{\pi}(s,a)$。

通常,用函数近似器 $Q^{\omega}(s,a)$代替真实值 $Q^{\pi}(s,a)$会引入偏差,然而,如果函数近似器是兼容的,即满足:①$Q^{\omega}(s,a) = \nabla_{\boldsymbol{\theta}} \log \pi_{\boldsymbol{\theta}}(a|s)^T \omega$;②参数 ω 被选择使得均方误差 $\varepsilon^2(\omega) = E_{s \sim \rho^{\pi}, a \sim \pi_{\boldsymbol{\theta}}}[(Q^{\omega}(s,a) - Q^{\pi}(s,a))^2]$最小,则近似函数是

无偏的。

$$\nabla_{\boldsymbol{\theta}} J(\pi_{\boldsymbol{\theta}}) = E_{s\sim\rho^{\pi},a\sim\pi_{\boldsymbol{\theta}}}[\nabla_{\boldsymbol{\theta}}\log\pi_{\boldsymbol{\theta}}(a|s)Q^{\omega}(s,a)] \tag{2-41}$$

可以更加直观地看出，条件①指出兼容的函数近似器与随机策略的“特征”$\nabla_{\boldsymbol{\theta}}\log\pi_{\boldsymbol{\theta}}(a|s)$呈线性关系，条件②要求参数是这些特征中估计$Q^{\pi}(s,a)$线性回归问题的解。在实际情况中，条件②通常被放宽支持策略评估算法，通过时间差分学习来估计值函数。事实上，如果条件①和条件②同时满足的情况下，整个算法相当于没有使用评论家。

3）确定策略的梯度

从策略梯度的架构如何扩展至确定策略得到确定策略梯度理论，首先是非正式直观地给出确定策略梯度的形式，然后再给出确定策略梯度理论的一个正式的证明，可以看出，确定策略梯度事实上是随机策略梯度的一种极限形式。

（1）行动－值函数梯度。

绝大多数模型的强化学习算法都是基于广义的策略迭代：即将策略评价与策略更新交替进行。策略评价采用蒙特卡罗估计或者时间差分学习等方法估计行动－值函数$Q^{\pi}(s,a)$或$Q^{\mu}(s,a)$。策略更新方法根据估计的行动－值函数$Q^{\pi}(s,a)$或$Q^{\mu}(s,a)$更新策略，最为广泛的方法是贪婪最大化行动－值函数，即$\mu^{k+1}(s)=\arg\max_{a} Q^{\mu^k}(s,a)$。

在连续行动空间的情况下，贪婪策略更新在每一步求取全局最大化存在问题，因此使用一种简单且计算负担较小的方法来替代贪婪算法，即让策略在Q的梯度方向移动，而不是获得全局最大的Q。特别地，对于每一个访问到的状态s，策略参数$\boldsymbol{\theta}^{k+1}$的更新幅度与梯度$\nabla_{\boldsymbol{\theta}}Q^{\mu^k}(s,\mu_{\boldsymbol{\theta}}(s))$成正比。每一个状态推荐一个不同的策略更新方向，可以基于状态分布$\rho^{\mu}(s)$取期望值，完成更新方向的平均，即

$$\boldsymbol{\theta}^{k+1}=\boldsymbol{\theta}^{k}+\alpha E_{s\sim\rho^{\mu^k}}[\nabla_{\boldsymbol{\theta}}Q^{\mu^k}(s,\mu_{\boldsymbol{\theta}}(s))] \tag{2-42}$$

通过采用链式法则，可以看出策略更新可以分解为行动－值相对于行动的梯度和策略相对于策略参数的梯度。

$$\boldsymbol{\theta}^{k+1}=\boldsymbol{\theta}^{k}+\alpha E_{s\sim\rho^{\mu^k}}[\nabla_{\boldsymbol{\theta}}\mu_{\boldsymbol{\theta}}(s)\nabla_{a}Q^{\mu^k}(s,a)|_{a=\mu_{\boldsymbol{\theta}}(s)}] \tag{2-43}$$

按照惯例，$\nabla_{\boldsymbol{\theta}}\mu_{\boldsymbol{\theta}}(s)$是一个雅可比矩阵，其中每一列是行动空间中第$d$个维度值对策略参数$\boldsymbol{\theta}$的梯度$\nabla_{\boldsymbol{\theta}}[\mu_{\boldsymbol{\theta}}(s)]_d$。直观理解，改变策略后，访问到的状态和状态分布$\rho^{\mu}$会发生改变，从而导致在不考虑分布改变时，这一方法不能明显迅速地保证策略得到提升。然而，和随机策略梯度定理一样，确定策略梯度定理同样指出不用计算状态分布的梯度。

(2)确定策略梯度定理。

对于一个确定策略 $\mu_{\boldsymbol{\theta}}: S \rightarrow A$,其参数向量 $\boldsymbol{\theta} \in R^n$,定义目标函数 $J(\mu_{\boldsymbol{\theta}}) = E[r_1^{\gamma} \mid \mu]$,概率分布 $p(s \rightarrow s', t, \mu)$ 与折扣型的状态分布 ρ^{μ} 和随机策略的情况类似,基于上述定义,目标函数可以写为期望的形式,即

$$J(\mu_{\boldsymbol{\theta}}) = \int_S \rho^{\mu}(s) r(s, \mu_{\boldsymbol{\theta}}(s)) \mathrm{d}s = E_{s \sim \rho^{\mu}}[r(s, \mu_{\boldsymbol{\theta}}(s))] \tag{2-44}$$

确定策略梯度定理:假设马尔可夫决策过程,$\nabla_{\boldsymbol{\theta}} \mu_{\boldsymbol{\theta}}(s)$ 和 $\nabla_a Q^{\mu}(s,a)$ 存在且确定策略梯度存在,则有

$$\begin{aligned} \nabla_{\boldsymbol{\theta}} J(\mu_{\boldsymbol{\theta}}) &= \int_S \rho^{\mu}(s) \nabla_{\boldsymbol{\theta}} \mu_{\boldsymbol{\theta}}(s) \nabla_a Q^{\mu}(s,a) \big|_{a=\mu_{\boldsymbol{\theta}}(s)} \mathrm{d}s \\ &= E_{s \sim \rho^{\mu}}[\nabla_{\boldsymbol{\theta}} \mu_{\boldsymbol{\theta}}(s) \nabla_a Q^{\mu}(s,a) \big|_{a=\mu_{\boldsymbol{\theta}}(s)}] \end{aligned} \tag{2-45}$$

(3)随机策略梯度的极限。

确定策略梯度定理第一眼看上去与随机策略梯度(式(2-40))不同,然而,从广义的随机策略角度看,包括许多凹凸函数,确定策略梯度确实是一种随机策略梯度的特别(极限)情况。将一个随机策略 $\pi_{\mu_{\boldsymbol{\theta}},\sigma}$ 由一个确定策略 $\mu_{\boldsymbol{\theta}}: S \rightarrow A$ 和一个方差 σ 参数化构成,当方差 $\sigma = 0$ 时,随机策略与确定策略相等,即 $\pi_{\mu_{\boldsymbol{\theta}},0} \equiv \mu_{\boldsymbol{\theta}}$。当 $\sigma \rightarrow 0$ 时,随机策略梯度收敛为确定性的梯度,即

$$\lim_{\sigma \rightarrow 0} \nabla_{\boldsymbol{\theta}} J(\pi_{\mu_{\boldsymbol{\theta}},\sigma}) = \nabla_{\boldsymbol{\theta}} J(\mu_{\boldsymbol{\theta}}) \tag{2-46}$$

4)确定行动者-评论家算法

分别用确定策略梯度定理来产生在策略和离策略的行动者-评论家算法,采用 sarsa[4] 评论家来阐述在策略算法,用 Q 学习评论家阐述离策略算法。

(1)在策略确定行动者-评论家。

通常,基于一个确定策略的行为不能保证充分的探索,从而导致进入局部最优解。然而,在这里首先介绍一个基于确定策略的在策略行动者-评论家算法。这一算法事实上能在存在大量噪声的环境中确保有效探索,即使采用确定的行为策略。

与随机行动者-评论家算法相似,确定行动者-评论家由两部分组成。评论家估计行动-值函数,行动者提升行动-值函数的梯度。特别地,行动者基于式(2-45)调整确定策略 $\mu_{\boldsymbol{\theta}}(s)$ 的参数 $\boldsymbol{\theta}$。和随机行动者-评论家方法类似,用一个可微的行动-值函数 $Q^{\omega}(s,a)$ 代替真实的行动-值函数 $Q^{\mu}(s,a)$。评论家采用合适的策略评价算法估计行动-值函数 $Q^{\omega}(s,a) \approx Q^{\mu}(s,a)$。例如,在下面的确定行动者-评论家算法,评论家采用 sarsa[4] 来更新估计行动-值函数。

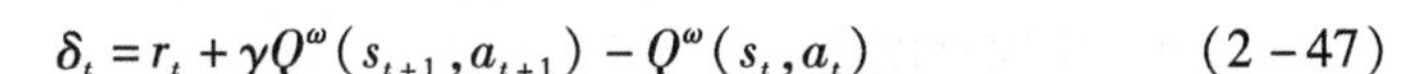

$$\delta_t = r_t + \gamma Q^{\omega}(s_{t+1}, a_{t+1}) - Q^{\omega}(s_t, a_t) \tag{2-47}$$

$$\omega_{t+1} = \omega_t + \alpha_{\omega}\delta_t \nabla_{\omega} Q^{\omega}(s_t, a_t) \tag{2-48}$$

$$\boldsymbol{\theta}_{t+1} = \boldsymbol{\theta}_t + \alpha_{\boldsymbol{\theta}} \nabla_{\boldsymbol{\theta}} \boldsymbol{\mu}_{\boldsymbol{\theta}}(s_t) \nabla_a Q^{\omega}(s_t, a_t) \mid_{a=\mu_{\boldsymbol{\theta}}(s)} \tag{2-49}$$

(2)离策略确定行动者－评论家。

离策略方法是从一个任意随机行为策略 $\pi(s,a)$ 产生的轨迹中学习一个确定的目标策略 $\boldsymbol{\mu}_{\boldsymbol{\theta}}(s)$。和之前一样,修改目标函数为目标策略的值函数,通过行为策略的状态分布进行平均,即

$$J_{\beta}(\boldsymbol{\mu}_{\boldsymbol{\theta}}) = \int_S \rho^{\beta}(s) V^{\mu}(s)\mathrm{d}s = \int_S \rho^{\beta}(s) Q^{\mu}(s, \boldsymbol{\mu}_{\boldsymbol{\theta}}(s))\mathrm{d}s \tag{2-50}$$

$$\begin{aligned}\nabla_{\boldsymbol{\theta}} J_{\beta}(\boldsymbol{\mu}_{\boldsymbol{\theta}}) &\approx \int_S \rho^{\beta}(s) \nabla_{\boldsymbol{\theta}} \boldsymbol{\mu}_{\boldsymbol{\theta}}(a \mid s) Q^{\mu}(s,a)\mathrm{d}s \\ &= E_{s\sim\rho^{\beta}}[\nabla_{\boldsymbol{\theta}} \boldsymbol{\mu}_{\boldsymbol{\theta}}(a \mid s) \nabla_a Q^{\mu}(s,a) \mid_{a=\mu_{\boldsymbol{\theta}}(s)}]\end{aligned} \tag{2-51}$$

公式给出了离策略确定策略梯度。基于上述内容,可以设计一个行动者－评论家算法,在离策略的确定策略梯度方向上更新策略。用一个可微的行动－值函数 $Q^{\omega}(s,a)$ 代替式(2－51)中真实的行动－值函数 $Q^{\mu}(s,a)$。评论家基于合适的策略评价算法估计行动－值函数 $Q^{\omega}(s,a) \approx Q^{\mu}(s,a)$,其中离策略的轨迹由 $\boldsymbol{\beta}(a|s)$ 产生。在下面的离策略确定行动者－评论家算法中,评论家采用 Q 学习更新估计行动－值函数。

$$\delta_t = r_t + \gamma Q^{\omega}(s_{t+1}, \boldsymbol{\mu}_{\boldsymbol{\theta}}(s_{t+1})) - Q^{\omega}(s_t, a_t) \tag{2-52}$$

$$\omega_{t+1} = \omega_t + \alpha_{\omega}\delta_t \nabla_{\omega} Q^{\omega}(s_t, a_t) \tag{2-53}$$

$$\boldsymbol{\theta}_{t+1} = \boldsymbol{\theta}_t + \alpha_{\boldsymbol{\theta}} \nabla_{\boldsymbol{\theta}} \boldsymbol{\mu}_{\boldsymbol{\theta}}(s_t) \nabla_a Q^{\omega}(s_t, a_t) \mid_{a=\mu_{\boldsymbol{\theta}}(s)} \tag{2-54}$$

值得注意的是,随机的离策略行动者－评论家算法通常对行动者和评论家均使用重要性采样。然而,由于确定策略梯度去除了对于行动的积分,因此可以避免在行动者中进行重要性采样,通过采用 Q 学习,避免了在评论家中采用重要性采样。

2.3 部分可观测的马尔可夫决策过程

2.3.1 定义

2.2 节讲述了基于 MDP 的强化学习模型及相关求解方法,MDP 为解决强化学习问题提供了简单有效的建模架构,但其中的前提是智能体对自身所处的环境状态是完全可观测的,然而很多现实问题不满足这一前提,例如很多“传感器-行动器”的决策系统中,传感器的观测值有一定的测量范围,因此不能完全反映智能体所处的整体环境,此外传感器的测量中存在噪声,其测量值难免存在误差,这也会造成智能体对环境状态的理解偏差。部分可观测的马尔可夫决策过程(Partially Observable Markov Decision Process,POMDP)将MDP中的“状态-行动”模式扩展为“观测-状态-行动”模式,为这类部分可观测的问题提供了灵活的数学架构[30]。

POMDP模型的构成一般可以定义为一个7元组(S,A,T,R,O,Z,B),其中(S,A,T,R)与MDP的4个元素相同,S表示状态集合,A表示行动集合,R表示奖励集合,T表示环境的状态转移模型,(O,Z,B)分别定义为:

(1)Z为观测空间,即智能体所有可能获得的观测集合。

(2)O为观测函数,给出智能体执行完行动a_t后,状态转移至S_{t+1}后获得观测值z_{t+1}的概率,即$O(s,a,z)=P(z_{t+1}=z \mid s_{t+1}=s,a_t=a)$。

B为信念状态空间,信念状态指智能体基于过去观察、行动的历史统计值对当前所处环境状态的概率估计。

设信念状态为b,$b(s)$给出当前环境处于状态s的概率,$b_t(s)=P(s_t=s \mid z_t, a_{t-1},\cdots,a_0)$,当前的信念状态可以递归地根据贝叶斯推理方法唯一确定,即

$$b_t(s') = \frac{O(s',a_{t-1},z_t)\sum_{s\in S}T(s,a_{t-1},s')b_{t-1}(s')}{\Pr(z_t \mid b_{t-1},a_{t-1})} \tag{2-55}$$

式中$\Pr(z_t \mid b_{t-1},a_{t-1})$是一个归一因子,表示智能体在信念点$b_{t-1}$处采取行动$a_{t-1}$得到观察值$z_t$的概率,即

$$\Pr(z_t \mid b_{t-1},a_{t-1}) = \sum_{s'\in S}O(s',a_{t-1},z_t)\sum_{s\in S}T(s,a_{t-1},s')b_{t-1}(s) \tag{2-56}$$

信念状态更新的优势是在知道前一步状态和相应的行动及观察,就可以计算出当前的信念状态,无须之前的历史信息,根据式(2-55)就可以计算当前状态的概率分布估计。因此POMDP可以看作是定义在信念空间上的MDP,策略π可以表示为信念到动作的映射$\pi:B\to A$。

设初始信念状态为b_0,智能体在给定策略后的任务是反复执行三个基本动作:基于现在时刻所处的信念点采取行动,进而获得观察和奖励值,再更新信念状态。定义智能体在策略π下的值函数为

$$V_\pi(b) = \mathbb{E}\left[\sum_{t=t_0}^{T}\gamma^{t-t_0}r(b_t,\pi(b_t))\right] \tag{2-57}$$

则POMDP的求解过程就是在POMDP模型完全已知的情况下计算最优策略π^*

使得获得的远期回报最大化,即

$$\pi^*(b)=\arg\max_\pi[V_\pi(b)] \tag{2-58}$$

2.3.2 求解方法

POMDP 的求解算法大致可以分为离线求解算法和在线求解算法两大类。

1)离线求解算法

离线求解算法的目的是建立整个信念空间上的完整策略,代表算法有值迭代算法和基于信念点的算法。

(1)值迭代法。

在 MDP 的值迭代法可以直接应用于 POMDP 模型,根据信念状态的值函数,可以基于贝尔曼方程迭代得到最优策略,POMDP 的值函数更新公式为

$$V_{k+1}(b)=\max_{a\in A}\left[\sum_{s\in S}b(s)r(s,a)+\gamma\sum_{z\in Z}P(z\mid b,a)V_k(b)\right] \tag{2-59}$$

与之对应的最优策略可以表示为

$$\pi_{k+1}(b)=\arg\max_{a\in A}\left[\sum_{s\in S}b(s)r(s,a)+\gamma\sum_{z\in Z}P(z\mid b,a)V_k(b)\right] \tag{2-60}$$

由式(2-60)可以看出 POMDP 的最优策略的值函数表达公式与 MDP 相似,但是 POMDP 的信念空间定义在多维连续空间上,这使得精确求解过程不能像解决 MDP 问题的方式一样直接列出 $|\mathcal{S}|$ 个方程组来进行求解。为了解决这个问题,Sondik 证明了在有限步的 POMDP 中,值函数在信念空间上具有分段线性凸的性质[30]。多维空间中的一个线性函数可以用其稀疏向量来表示,那么分段线性函数就可以用若干个向量表示,因而可将值函数表示为一个向量组合,$\boldsymbol{\Gamma}=\{\boldsymbol{\alpha}_1,\boldsymbol{\alpha}_2,\cdots,\boldsymbol{\alpha}_{|\boldsymbol{\Gamma}|}\}$,值函数可以写为

$$V(b)=\max_{\alpha\in\boldsymbol{\Gamma}}b\cdot\alpha \tag{2-61}$$

这样就将函数的值迭代转换成了向量的迭代,即

$$\boldsymbol{\alpha}_{a,z}^*(b)=\underset{\alpha_{i-1}\in\Gamma_{i-1}}{\operatorname{argmax}}\,\boldsymbol{\alpha}_{i-1}(b_a^z) \tag{2-62}$$

$$\boldsymbol{\alpha}_a^*(b)=r(b,a)+\gamma\sum_z P(z\mid b,a)\boldsymbol{\alpha}_{a,z}^*(b) \tag{2-63}$$

假设 t 时刻值函数包含的向量集合为 $\boldsymbol{\Gamma}_t$,那么在经过一轮迭代后,到 $t+1$ 时刻向量集合的数量为 $|\boldsymbol{\Gamma}_{t+1}|=|\boldsymbol{\Gamma}_t||\boldsymbol{A}||\boldsymbol{Z}|+|\boldsymbol{\Gamma}_t|$,即向量集合随着 $|\boldsymbol{A}||\boldsymbol{Z}|$ 呈指数增长,在 n 个步长后,POMDP 精确计算的复杂度将达到 $|\boldsymbol{A}|^n|\boldsymbol{Z}|^n$,所以基于值迭代的 POMDP 精确求解算法存在维度灾难的问题,因此,

使用精确求解的值迭代算法需要在运算过程中对 $\boldsymbol{\Gamma}$ 集合进行剪枝来降低对总体计算资源的开销，常见的方法主要有增量裁剪算法[31-32]、Witness 算法[33]等。由于完整值迭代算法的计算复杂度非常高，因此多采用近似算法，如基于信念点的算法。

(2)基于信念点的算法。

基于信念点的算法的思路是通过若干个采样出来的下一步信念点来更新当前信念状态的值函数，同时在更新后维护值函数在信念点样本空间上的梯度信息[34]。该算法通过采样出来的最多只包含一个 $\boldsymbol{\alpha}$ 向量的若干信念点来更新值函数，降低了精确算法需要考虑所有信念点的计算复杂度问题。设 $\hat{B}$ 表示采样得出的信念点集合，在信念点集合 $\hat{B}$ 上由 $\boldsymbol{\Gamma}_t$ 构建 $\boldsymbol{\Gamma}_{t+1}$，首先根据：

$$\boldsymbol{\Gamma}_{t+1}^{a,z} = \left\{\boldsymbol{\alpha}_i^{a,z} \mid \boldsymbol{\alpha}_i^{a,z}(s) = \gamma \sum_{s' \in S} T(s,a,s')O(s',a,z)\boldsymbol{\alpha}'_i, \boldsymbol{\alpha}'_i \in \boldsymbol{\Gamma}_t\right\} \tag{2-64}$$

计算行动 a 的回报向量，即

$$\boldsymbol{\Gamma}_{t+1,b}^{a} = \boldsymbol{\Gamma}_1^{a} + \sum_{z \in Z} \arg\max_{\boldsymbol{\alpha} \in \boldsymbol{\Gamma}_{t+1}^{a,z}} \left[\sum_{s \in S} \alpha(s)b(s)\right] \tag{2-65}$$

$$\boldsymbol{\Gamma}_{t+1,b} = \cup_{a \in A} \boldsymbol{\Gamma}_{t+1,b}^{a} \tag{2-66}$$

然后在集合 $\boldsymbol{\Gamma}_{t+1,b}$ 中选择在 b 点取值最大的向量，即

$$V(b) = \arg\max_{\boldsymbol{\alpha} \in \boldsymbol{\Gamma}_{t+1,b}} \sum_{s \in S} \alpha(s)b(s) \tag{2-67}$$

$$\boldsymbol{\Gamma}_{t+1} = \cup_{b \in \hat{B}} V(b) \tag{2-68}$$

基于信念点的计算复杂度近似为 $O(|\boldsymbol{S}|^2|\boldsymbol{A}||\boldsymbol{Z}||\boldsymbol{B}|^2)$，与精确求解算法的每步迭代的计算规模的指数增长相比，计算效率有了较大的提升。基于信念点的算法的一个优势是可以通过控制采样信念点的数目来权衡计算复杂性和值函数的精度。基于点的方法都在达到终止条件之前始终循环执行两个步骤，首先探索新的信念点来扩展探索信念点集合 $\hat{B}$，然后在 $\hat{B}$ 上更新值函数 $\boldsymbol{\Gamma}$。较为常见的基于信念点的算法有 PBVI[35]、Perseus[36]、HSVI[37]、SARSOP[38]等，这些不同算法的主要区别表现在三个方面；首先，探索信念点集的采样方法不同；其次，值函数在采样的信念点集上进行更新的方式不同；最后，不同算法有不同的细节性的优化方法。

2)在线求解算法

采用值迭代法求解完整策略的计算复杂度较大，而基于信念点的算法求解大规模问题得到的解的质量也不高，因此离线求解算法只能适应于小规模问题。相比较而言，在线规划算法更适合应用于大规模问题。在线规划算法的思想是

只考虑从当前信念状态出发的可达信念空间，只计算当前信念状态下的最优动作，因此不需要计算出完整的向量，从而降低计算量。代表算法有启发式搜索算法和蒙特卡罗树算法。

（1）启发式搜索算法。

根据序贯动作的不断执行，智能体的状态随之发生变化，与 MDP 产生如式（2－1）所示的系列轨迹一样，POMDP 的序列轨迹可以转化成与或树上的搜索问题。设在根节点 s 表示智能体的当前的信念状态，在执行动作 a 并获得观察后 z，智能体根据信念更新公式（2－55）更新至信念状态 s'，依次进行，继续更新直到终端节点或达到事先设计的终止时限。搜索结果从终端节点向根节点反馈时，观测节点需要综合考虑所有可能的情况，即向上计算下一层的期望值，行动节点则需要返回可选情况中的最好情况，即向上选取下一层中的最大值。在线求解算法的基本框架[39]就是首先使用初始信念状态初始化搜索树，然后迭代地扩展搜索树并更新树上节点的值函数，更新完成后，根据树上值函数选择执行一个最优动作，获得新观察，更新得到新的信念状态，并进入下一个决策周期。

启发式搜索算法通过使用启发式信息来寻找最相关的可达信念空间，进而再展开搜索。常见的启发式技术包括 AEMS[40]和 BI－POMDP[41]。这些算法的主要区别在于扩展搜索树时选用的启发函数不同。

（2）蒙特卡罗树搜索算法。

蒙特卡罗树搜索（Monte Carlo Tree Search，MCTS）算法是一种采取随机采样的决策空间，根据结果建立一个搜索树寻找最优决策的方法[42]。MCTS 的主要思想是通过从一个状态节点出发获得的仿真数据来评估这个状态，在 MDP 中利用这一特性，解决模型未知的决策问题[43]。

求解 POMDP 问题的基本蒙特卡罗树搜索算法，即 POMCP（Partially Observable Monte－Carlo Planning）算法[44]，是通过一个历史的搜索树而不是状态的搜索树将 UCT（Upper Confidence Bounds applied to Trees）算法[45]扩展到部分客观环境中。对每一个历史序列信息 h，搜索树都包含一个节点 $T(h)=(N(h),V(h),B(h))$。式中，$N(h)$表示历史 h 被访问过的次数，$V(h)$表示历史 h 的值，可由 h 开始的所有模拟试验的平均回报估计得出，$B(h)$表示一组粒子。在算法中根据采样得到的观察、回报和状态转移来为某个历史节点维护一组可能的真实状态引来表示其信念状态。采用粒子滤波器，在粒子数量足够充足时，对信念状态近似就能逼近真正的信念状态。

2.4 深度强化学习

2.4.1 定义

深度强化学习是在深度学习和强化学习的基础上发展得到的，深度学习和强化学习都独自发展了很长一段时间，近年来，两种方法结合后产生了一系列里程碑式的技术，极大地促进了当前人工智能技术的进步。

2.4.1.1 深度学习

作为人工智能和机器学习的代表性技术之一，深度学习(Deep Learning, DL)近年来获得了快速发展，并吸引了越来越多的关注。与其他机器学习技术不同，DL通常使用深度神经网络(Deep Neural Networks, DNN)模型来解决包括分类和预测在内的学习问题[46-47]。与浅层模型相比，深层模型可以有更强的学习能力，学习更多有用的特征以满足各种复杂学习任务的需要。此外，通过利用其庞大而深入的结构，DL模型可以从大数据中提取知识用于现实世界的应用。因此，许多跨越不同领域的研究对DL和DL相关的方法和应用越来越关注[48-51]。目前，深度学习已经广泛应用于自然语言处理[52-53]、语音识别[54-55]、医疗应用[56]、计算机视觉[57]、智能交通系统等领域。

深度学习的本质是许多分类器的一个集合，深度学习过程就是许多分类器一起工作，这些分类器大部分基于线性回归和激活函数。深度学习的基础与传统的统计线性回归方法相同。唯一的区别是深度学习中有很多神经节点，而不像传统的统计学习中只有一个节点的线性回归。这些神经节点也被称为神经网络，在深度学习中，输入和输出之间有很多层。一层可以有数百甚至数千个神经单元。在输入和输出之间的层称为隐藏层，节点称为隐藏节点。传统机器学习分类器的缺点是设计者需要自己编写复杂的假设，而在深度神经网络中是由网络本身生成的，这使得它成为有效学习非线性关系的强大工具。

在最基本的形式中，DL模型是使用神经网络架构设计的。神经网络是神经元(类似于大脑中的神经元)的分层组织，与其他神经元相连。这些神经元根据接收到的输入将消息或信号传递给其他神经元，并形成一个复杂的网络，通过某种反馈机制进行学习。

从图2-2中可以看到，输入数据被第一隐藏层中的神经元接收，然后向下一层提供输出,以此类推,最后产生最终输出。每一层可以有一个或多个神经元,每个神经元将计算一个小函数(如激活函数)。两个连续层的神经元之间的连接有一个相关的权值。权重定义了下一个神经元的输入对输出的影响,并最终定义了整个最终输出的影响。在神经网络中,在模型训练期间,初始权值都是随机的,但这些权值会迭代更新,以学习预测正确的输出。

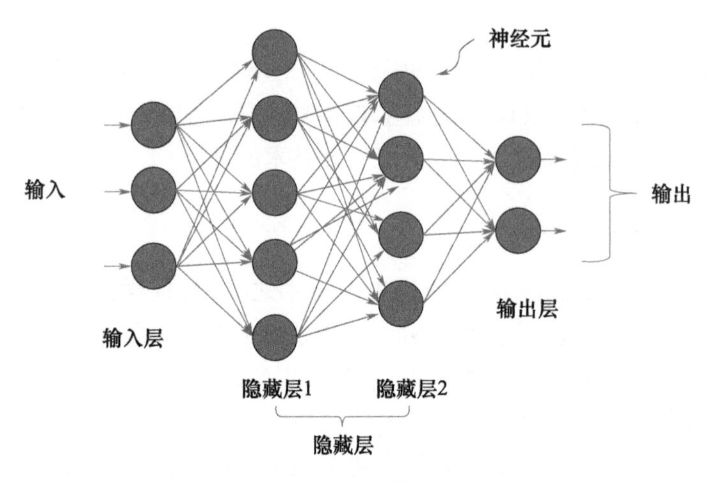

图 2-2　神经网络示意图

神经网络的一个重要因素是激活函数,它受到人类神经发射的启发,它要么发射,要么不发射。激活函数被用来在输入和输出之间产生非线性关系。这种非线性,加上许多神经节点和许多层,模仿了同人类大脑一样的结构,这就是为什么它被称为神经网络。有许多激活函数是常用的,如 Sigmoid、Hyperbolic tangent 和 Relu。激活函数的作用是将数据转化和抽象为一个更可分类的平面,一般来说,数据是非常紧密的聚类,激活函数的工作是将数据转换到一个不同的平面,这有助于观察给定问题中不同维度的影响。激活函数的最经典的案例是 Sigmoid 激活,它被用于逻辑回归。事实上,逻辑回归也可以被认为是一个神经单元。Sigmoid 函数的工作是接受任何输入并给出 0 和 1 之间的输出,经常被用于分类问题。

目前被广泛应用的深度学习模型主要有三种,即前馈神经网络(FNN)、卷积神经网络(CNN)和递归神经网络(RNN)。

前馈神经网络是一种最基础的深度学习模型,在该网络结构中,输入的信息仅在一个方向上从输入的神经节点往前移动,通过隐藏节点到达输出节点。网络中没有循环或环路结构。因为其结构简单,使用方便,目前得到了广泛应用。

卷积神经网络是为图像处理量身定制的一种特殊类型的前馈神经网络。一般来说,它适用于分析具有显著空间结构的数据。卷积神经网络的隐藏层主要由卷积层、池化层和全连接层组成。由于其优异的图像处理能力,卷积神经网络已经被大量应用于图像识别、图像处理领域。

循环神经网络是由神经元样节点(或称为神经元)组成的网络,其输入为序列数据,所有的神经单元都按照链式结构连接。循环神经网络的一大优势就是其具有记忆性,因此在对序列的非线性特征进行学习时具有一定优势。所以循环神经网络被广泛应用于处理时间序列数据和其他序列数据。目前针对循环神经网络的改进优化也有很多,常见的有 Vanilla RNNs、LSTM 等。

2.4.1.2　深度强化学习

目前深度学习和强化学习都有着深入的研究发展,而深度强化学习算法将深度学习的感知能力和强化学习的决策能力相结合,针对复杂任务环境中智能体的感知和决策问题提出了新的解决方案[58]。

深度强化学习是结合深度学习和强化学习的优点来构建人工智能系统。在强化学习中使用深度学习的主要原因是利用深度神经网络在高维空间中的可扩展性,例如,值函数近似利用深度神经网络的数据,通过端到端基于梯度的优化来表示高度组合的数据分布。单纯运用强化学习,对于复杂的环境容易面对维数灾难的问题,而深度学习面对具有连续状态和高维的动作空间的问题难以进行训练,如果将两者结合,使用深度强化学习算法,这些环境复杂,具有连续状态空间或动作空间的问题将可以得到解决[59]。

DeepMind 是一家成立于伦敦的研究型人工智能公司,在深度强化学习历史上发挥了重要作用。2013 年,就在 Alexnet 发布一年后,他们发表了"*Playing Atari with Deep Reinforcement Learning*",这是第一个成功的深度强化学习模型,它学会了如何使用原始像素作为输入来玩 7 种不同的 Atari 游戏,而无需对模型和学习进行任何调整算法。与之前依赖手工特征的方法不同,DeepMind 的方法将开发人员从特征工程中解放出来,并且在 6 款游戏上超越了之前的所有方法,甚至在其中 3 款游戏上超越了人类玩家。2017 年,DeepMind 的 AlphaGo 击败了中国围棋第一人柯洁,这一事件表明人工智能有能力通过深度强化学习算法在预定义的环境中比人类表现得更好。

2.4.2　主要算法框架

深度强化学习算法可大致分为基于值和基于策略两大类,而针对具体问题使用适合的深度强化学习算法可以提高训练效率,减少训练轮次,更容易获得最优策略。本节对深度 Q 网络(Deep Q - network,DQN)和深度确定性策略梯度(Deep Deterministic Policy Gradient,DDPG)两种算法分别进行研究。其中 DQN 算法是基于值的深度强化学习算法,一般用于处理离散动作问题。而 DDPG 算法是基于策略的深度强化学习算法,一般用于处理连续动作问题。

2.4.2.1　深度 Q 网络算法

DQN 是一种基于值函数的深度强化学习算法,由 Q 学习和深度神经网络结合而成。Q 学习算法将状态 s 和动作 a 对应的 Q 值 $Q(s,a)$ 存储在 Q 表中,在处理复杂的大型问题时会占用极大的内存。例如围棋比赛中存在大量状态动作对,再使用一张二维 Q 表来存储 $Q(s,a)$ 明显是不现实的,会导致 Q 表爆炸问题,而且反复在规模如此的庞大的表格中进行搜索也是一件费时费力的事情,因此谷歌 DeepMind 提出 DQN 算法作为解决方案[60]。DQN 使用 DNN 来拟合状态 - 动作值函数,将状态 s 作为神经网络的输入,输出为所有可能动作的 Q 值,并选择最大 Q 值对应的动作 a 作为输出。DQN 算法的基本原理如图 2 - 3 所示。

首先对系统进行初始化,将环境状态量 s 输入到当前值 Q 网络中去,根据动作选择策略获得能够得到最大 Q 值的动作 a。将执行动作 a 传输给环境系统,根据环境信息和奖惩函数得到下一状态环境状态量 s_{t+1} 和当前奖励 r,再通过当前位置判断是否终止当前探索。在探索过程中将获得的向量 (s,a,r,s_{t+1}) 存储到回放记忆单元中;然后,经过一定时间后对回放记忆单元进行采样。目标值网络利用采样得到的 (s,a,r,s_{t+1}) 向量计算出新的 a 值,使用随机梯度下降算法更新当前值网络的相关参数,以实现对神经网络的训练。

相对于传统 Q 学习,DQN 主要做了几个方面的改进。DQN 引入了经验回放机制,将经过的状态和动作以 (s,a,r,s_{t+1}) 储存在记忆回放单元中,并间隔一段时间进行随机采样。这样就保证了样本之间的关联性大大降低,更好地训练神经网络,提升了算法的稳定性。

DQN 系统中存在了两个神经网络,分别是当前值网络(eval_net)和目标值网络(target_net)。当前值网络是评估当前状态的值函数,其网络参数 θ 是随着迭代学习而实时改变的。目标值网络是经过一定间隔由当前值网络复制而得到,在一段时间内其网络参数 θ 是不变的。在进行抽样训练之后,通过对当前值函数和目标值函数的误差进行最小化来更新网络参数 θ。这样一来降低了两个神经网络之间的相关性,能够提高系统的稳定性。

DQN 缩小误差项和奖赏值使其处于在一定的区间内,这样就保证了 Q 值和梯度值都能收敛,且收敛值在合理的范围内,同时提高算法的稳定性。

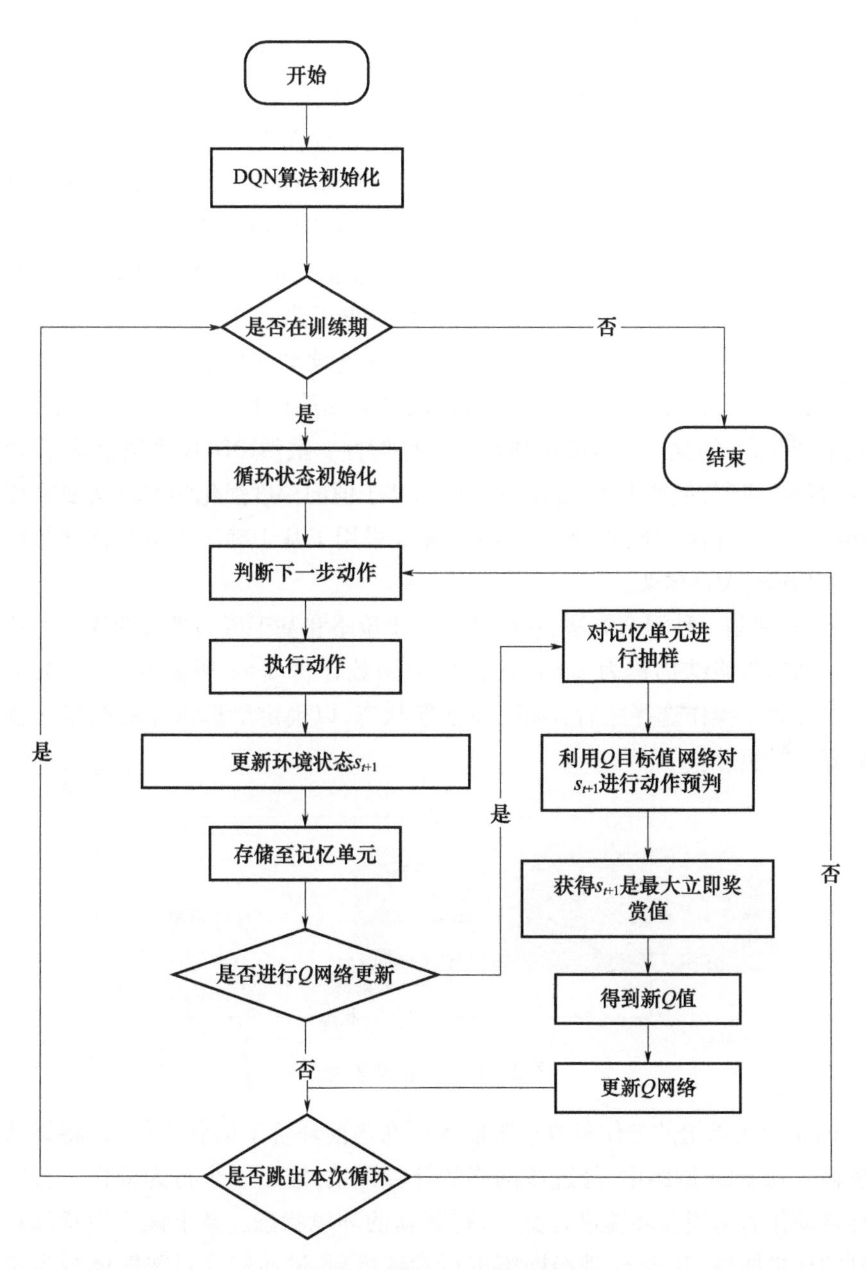

开始
DQN算法初始化
是否在训练期
否
是
结束
循环状态初始化
判断下一步动作
执行动作
更新环境状态s_{t+1}
存储至记忆单元
是否进行Q网络更新
是
对记忆单元进行抽样
利用Q目标值网络对s_{t+1}进行动作预判
获得s_{t+1}是最大立即奖赏值
得到新Q值
更新Q网络
否
是否跳出本次循环
是
否

图 2－3　DQN 计算过程

2.4.2.2 深度确定性策略梯度算法

DQN 算法及其改进算法目前已经广泛应用于深度强化学习的各个领域。但是作为基于值的深度强化学习算法,DQN 算法在求解连续动作空间问题时,需要将连续动作离散化进行求解,但是离散化过程在实际应用中存在一定的偏差,如果离散化程度较为粗糙,则难以达到理想的决策效果,如果离散化程度较为细致,则会导致维度爆炸,神经网络分类效果达不到预期效果。

如 2.2.3 节所述,基于策略的方法旨在直接估计最佳策略。通常,策略被参数化为神经网络 $\pi(\theta)$。策略梯度方法使用梯度下降来估计最大化预期回报的策略参数。确定性策略梯度算法允许在具有连续动作的域中进行强化学习。DDPG 算法在此基础上模仿了 DQN 算法的经验回放机制与目标网络技术,这样打破了经验之间的耦合,能够增加算法的稳健性。虽然 DDPG 算法借鉴了 DQN 算法的部分机制,但要 DQN 算法本身作为基于值的深度强化学习算法要直接选择连续动作是无法实现的,所以 DDPG 算法采用了基于确定性策略梯度算法的 Actor – Critic(AC)框架。

AC 算法是一种混合算法,它结合了基于策略和基于值的算法的优点。负责选择行动的策略结构称为 actor,估计价值函数评价 actor 所做的行为,被称为 critic。在每个操作选择之后,critic 评估新状态,以确定所选操作的结果比预期的更好还是更差。

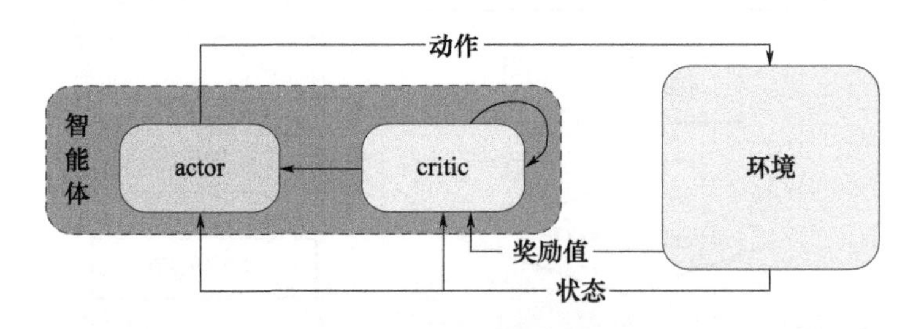

图 2 – 4 AC 框架模型

actor 模块承担的工作是收集智能体所在当前环境下的状态信息,将该状态信息输入到 actor 网络中,经过该网络的计算评估,输出一个行为动作。智能体执行该动作后与当前环境进行交互,得到新的环境状态。基于该环境状态观测得到的环境回报,对 actor 神经网络进行参数更新,进而完成对智能体行为策略的优化,最终获得策略 $\pi(s)$。

critic 模块是基于当前环境下智能体的状态信息和 actor 模块输出的行为动

作对当前状态进行价值评估。critic 模块能够预测智能体的下一状态，通过这种状态预测计算下一状态的预测价值，并将实际价值与预测价值之间的误差进行最小化处理以更新 critic 网络，这就是 AC 算法借鉴基于值的算法的部分。经过这样的运算，critic 模块就能够对 actor 模块输出的行为动作进行评判，并指导 actor 模块进行参数更新与动作调整。

虽然 AC 算法能够很好地应用于连续动作空间问题，但是该算法的缺点也很明显，actor 的行为取决于 critic 的评价值，但是 critic 本身如果很难收敛，那么与之一起的 actor 更难收敛。因此在 AC 算法的基础上 DDPG 算法借鉴了 DQN 算法的双网络结构来帮助 actor 和 critic 模块尽快收敛。

DDPG 算法的网络模型如图 2 – 5 所示。在 DDPG 算法中总共使用了 4 个神经网络，这 4 个网络就是基于 DQN 算法的双网络结构构造得到的。在传统 AC 算法中的 actor 网络和 critic 网络的基础上，分别构造了估计值网络和目标值网络，估计值网络和目标值网络的神经元结构完全相同。这四个神经网络的具体功能如下。

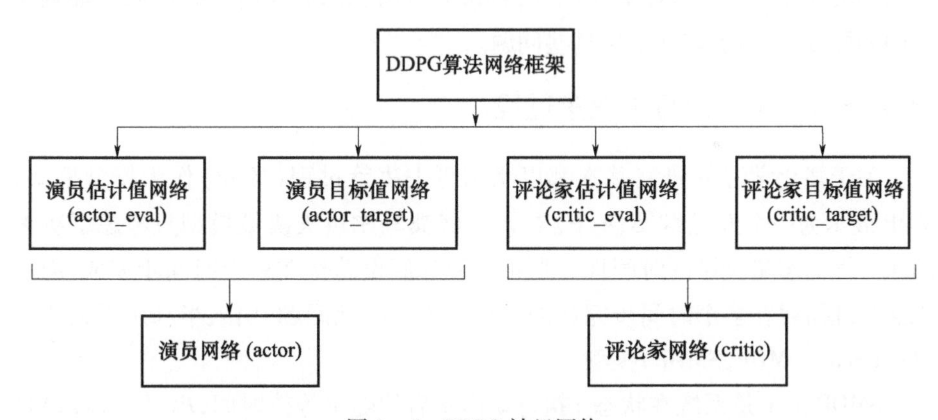

图 2 – 5　DDPG 神经网络

actor_eval 网络：该网络主要负责对策略网络参数 θ_{actor} 进行更新迭代，是根据当前的环境状态 s 得到输出的动作行为 a，智能体执行动作 a 后与环境交互得到新的环境状态 s'。

actor_target 网络：该网络主要负责对记忆回放单元进行采样，在 DDPG 算法中，保留了 DQN 算法的记忆回放功能，该网络就是基于采样得到的数据，对环境状态 s' 进行计算，选择输出最优的下一动作 a'。

critic_eval 网络：该网络主要负责对价值网络参数 θ_{critic} 进行更新迭代，基于当前环境对“actor”模块输出的动作行为 a 进行评估，输出当前动作 a 对应的值

函数 $Q(s,a,\theta_{\text{critic}})$。

critic_target 网络:该网络主要负责评估在环境状态 s'的情况下,动作 a'的值函数 $Q'(s',a',\theta'_{\text{critic}})$。

2.5 分层强化学习

分层强化学习是强化学习领域中的一个分支。传统强化学习通过与环境的交互,进行试错,从而不断优化策略。但是强化学习的一个重要不足就是维数灾难,当系统状态的维度增加时,需要训练的参数数量会随之指数增长,这会消耗大量的计算和存储资源。

分层强化学习的核心思想是将复杂的问题分解成多个小问题,通过分别解决小问题从而达到解决原问题的目的。近些年来,人们认为分层强化学习基本可以解决强化学习的维度灾难问题,将研究方向转向如何将复杂的问题抽象成不同的层级,从而更好地解决这些问题。

2.5.1 半马尔可夫决策过程

关于强化学习的研究基本都以马尔可夫决策过程(MDP)作为模型框架,MDP 表示为一个五元组$\langle S,A,P,R,\gamma\rangle$。经典马尔可夫决策模型只考虑了决策的顺序性而忽略决策的时间性。强化学习都假设动作在单个时间步完成,因而无法处理需要在多个时间步完成的动作。为解决此问题,引入半马尔可夫决策过程(Semi - MDP,SMDP)模型。

SMDP 记 τ 是系统在状态 s 执行动作 a 后的随机等待时间,$P(s',\tau \mid s,a)$是执行动作 a 后 τ 时间步,状态从 s 转移到状态 s'的状态转移函数,对应的奖励值为 $R(s,a)=E\{r_t+\gamma r_{t+1}+\cdots+\gamma^{\tau} r_{t+\tau}\}$。

SMDP 由五元组$\langle S,A,R,P,T\rangle$定义。在 SMDP 模型中,每个行为动作的时间间隔 T 作为变量,并进一步可以细分为连续时间 - 离散事件 SMDP 和离散时间 SMDP 两种类型,在后者中,行为决策只在单位时间片的正整数倍做出,较前者模型简单。但基于离散时间 SMDP 的强化学习方法不难推广到连续时间的情况。

基于 SMDP 的值函数贝尔曼最优公式、状态 - 动作对值函数贝尔曼最优公式以及 Q 学习迭代公式分别如以下三式所示(其中 k 为迭代次数)。

$$V^*(s) = \max_{a \in A}\left[R(s,a) + \sum_{s',\tau}\gamma^\tau P(s',\tau \mid s,a)V^*(s')\right] \tag{2-69}$$

$$Q^*(s,a) = R(s,a) + \sum_{s',\tau}\gamma^\tau P(s',\tau \mid s,a)\max_{a' \in A}Q^*(s',a') \tag{2-70}$$

$$Q_{k+1}(s,a) = (1-\alpha)Q_k(s,a) + \alpha[r_t + \gamma r_{t+1} + \cdots + \gamma^{\tau-1}r_{t+\tau-1} + \gamma^\tau \max_{a' \in A}Q_k(s',a')] \tag{2-71}$$

2.5.2　分层强化学习的主要算法

分层强化学习是将复杂的强化学习问题分解成一些容易解决的子问题或者元问题,通过分别解决这些子问题,最终解决原本的强化学习问题。分层强化学习最主要的抽象方法是建立宏动作,每个宏动作是由多个动作组成一个动作系列,可被系统或者其他宏直接调用,从而形成了分层强化学习的控制机制。

2.5.2.1　基于选项的分层强化学习

选项(Option)是 Sutton 提出的一种最常用的分层强化学习方法[61]。在Option算法中,学习任务被抽象成若干个 Option,并将这些 Option 作为一种特殊的"动作"加入到原来动作集中。一个 Option 可以理解为完成某子目标而定义在某状态子空间上的按一定策略执行的动作或 Option 序列。Option 可以由设计者根据专家知识事先确定,也可以自动生成。

Option 是对 MDP 中元动作的细分和扩展,在元动作的概念中加入了动作执行过程这一指标。每个 Option 由一个三元组$\langle I,\pi,\beta\rangle$表示,其中,$\pi: S \times \cup_{s \in S}A_s \rightarrow [0,1]$表示单个 Option 的内部策略;$\beta: S \rightarrow [0,1]$表示终止状态判断条件;$I: I \subseteq S$为 Option 激活时的初始状态。一个 Option 被激活当且仅当当前状态属于初始状态集I,Option 在执行时动作的选择依赖于内部策略π,最终当系统判断 Option 当前的状态为某一终止状态时,整个 Option 执行结束。例如,当 Option 的当前状态为s,内部策略$\pi(s,a)$选择某一动作a执行后,环境状态转移为s',然后根据$\beta(s')$所给出的概率,决定 Option 是结束还是继续进行。若当前 Option 执行结束,系统可以选择另一个 Option 开始执行。在分层强化学习中有两类 Option,分别为定义在 MDP 上的 Markov - Option 和定义在 SMDP 上的 Semi - Markov - Option。

经典 MDP 中的值函数概念可以被很自然地运用到 Option 上。对于任意 Option o,用$\varepsilon(o,s,t)$表示事件:t时刻在状态s下o被启动,状态s下o的奖赏值$R(s,o)$和状态转移概率$P(s' \mid s,o)$被重新定义为

$$R(s,o)=E[r_t+\gamma r_{t+1}+\cdots+\gamma^{\tau-1}r_{t+\tau-1}\mid\varepsilon(o,s,t)] \quad (2-72)$$

$$P(s'\mid s,o)=\sum_{\tau=1}^{\infty}p(s',\tau)\gamma^{\tau} \quad (2-73)$$

式中，τ 为 o 持续的时间，对于所有 $s\in\mathcal{S}$，$p(s',\tau)$ 为从状态 s 开始经历 τ 个时间步后在状态 s' 终止的概率。Option 策略 μ 的状态 - Option 值函数定义为

$$Q^{\mu}(s,o)=E[r_t+\gamma r_{t+1}+\cdots+\gamma^{\tau-1}r_{t+\tau-1}+\gamma^{\tau}v^{\mu}(s_{t+\tau})\mid\varepsilon(o,s,t)] \quad (2-74)$$

与值函数相应的贝尔曼最优方程分别为

$$V_o^*(s)=\max_{o\in O_s}[R(s,o)+\sum_{s'}P(s'\mid s,o)V_o^*(s')] \quad (2-75)$$

$$Q_o^*(s,o)=R(s,o)+\sum_{s'}P(s'\mid s,o)\max_{o'\in O_{s'}}Q_o^*(s',o') \quad (2-76)$$

对应 Option 的 Q 学习更新公式为

$$Q_{k+1}(s,o)=(1-\alpha_k)Q_k(s,o)+\alpha_k[r+\gamma^{\tau}\max_{o'\in O_{s'}}Q_o^*(s',o')] \quad (2-77)$$

用单步 Q 学习算法来对状态值或 Q 值进行学习，值函数的每次更新都发生在 Option 结束之后。假定 Option o 在状态 s 开始执行，且在状态 s' 终结，函数 $Q(s,o)$ 的迭代算法如式(2-77)所示。

2.5.2.2 基于分层抽象机的分层强化学习

分层抽象机(Hierarchies of Abstract Machines,HAM)是 Parr 和 Russell 提出的方法[62]。和 Option 的方法类似，HAM 的方法也是建立在 SMDP 的理论基础之上的。HAM 的主要思想是将当前所在状态以及有限状态机的状态结合考虑，从而选择不同的策略。

令 $M=\langle S,A,R,P\rangle$ 为有限 MDP，其中，S 为环境状态集，A 为动作集合，R 为奖励函数，P 为状态转移函数。HAM 策略定义为随机有限状态机集合 $H=\{H_i\}$，H_i 具有状态集 S_i、随机转移函数 δ_i 和用于设定 H_i 初始状态的随机函数 $\varphi_i:S\rightarrow S_i$，即 $H_i=\langle S_i,\delta_i,\varphi_i\rangle$。

随机有限状态机 H_i 的内部状态有四种类型：action、call、choice 和 stop。action 类状态可基于 M 和 H_i 的当前状态产生一个 M 的动作，即在 t 时刻产生动作 $a_t=\pi(m_t^i,s_t)\in A_{s_t}$，其中，$m_t^i$ 是 H_i 的当前状态，s_t 是 M 的当前状态；call 类状态挂起当前运行的 H_i，启动另一个 H_j 执行，j 是 m_t^i 的函数，被调用时，H_j 的状态被设定为 $\varphi_j(s_t)$；choice 类状态非确定性地选择 H_i 的下一状态，其策略要在学习过程中进行优化；stop 状态停止当前 H_i 并返回到调用它的随机有限状态机。通常，将 H_i 的子目标定义为 stop 类状态。在随机有限状态机进行内部状态转换的同时，M 接受 action 类状态产生的动作，并依自身的转移概率进入到下一个状

态，同时得到立即奖赏值。如果 t 时刻无动作产生，则 M 保持在当前状态。

随机有限状态机集合由设计者根据经验事先确定，其最优策略通过学习获得。系统首先定义一个初始随机有限状态机，由它开始执行，并根据其内部策略调用其他有限状态机执行。H 的状态集定义为 S_H，S_H 是所有从初始随机有限状态机可达的状态机的所有状态的闭包。为方便起见，假定初始状态机不包含 stop 类状态，且不包含概率为 1 的没有 action 状态的无限环，这样就保证了 MDP 可以持续接收到基本动作。以上定义的 H 和 M 的组合即产生一个新的 MDP，记为 $H \circ M$。$H \circ M$ 的状态集为 $S \times S_H$，其转移概率由 H 和 M 的转移函数共同确定，将 $H \circ M$ 中的选择点保留，删去其余状态，剩下的部分记为 reduce$(H \circ M)$，reduce$(H \circ M)$ 的最优策略与 $H \circ M$ 的相同，reduce$(H \circ M)$ 仅有的动作是 $H \circ M$ 上的选择点的选择，这些选择点就是 H 中的 choice 类状态，这些动作仅改变每个状态的 H 组件，做出一次选择后 reduce$(H \circ M)$ 自动运行直到达到下一个选择点，是一个 SMDP。此间，M 的基本动作完全由 H 的 action 状态确定，reduce$(H \circ M)$ 的立即奖赏是经历两个选择点期间累积的奖赏，由 M 的立即奖赏确定。在 M 的状态不发生变化的时间步，立即奖赏值为 0。由此可见 HAM 方法为 M 圈定了一个约束策略集，这种约束根据设计者的先验知识确定。

将 SMDP Q 学习应用于 reduce$(H \circ M)$，即可以逼近 reduce$(H \circ M)$ 的最优策略。设 t 时刻进入选择点 $[s_c, m_c]$，$t+\tau$ 时刻进入选择点 $[s'_c, m'_c]$，则 Q 学习更新公式为

$$Q_{k+1}([s_c, m_c], a_c) = (1-\alpha_k)Q_k([s_c, m_c], a_c) + \alpha_k[r_t + \gamma r_{t+1} + \cdots + \gamma^{\tau-1} r_{t+\tau-1} + \gamma^{\tau} \max_{a'} Q_k([s'_c, m'_c], a')] \tag{2-78}$$

Parr 证明了上式以概率 1 收敛到 reduce$(H \circ M)$ 的 Q^*，收敛条件与标准 Q 学习相同。

2.5.2.3　基于 MAXQ 函数分解的分层强化学习

MAXQ 值函数分解是 Dietterich 开发的一种分层强化学习方法[63]，简称 MAXQ。MAXQ 方法将 MDP M 分解为子任务集 $\{M_0, M_1, \cdots, M_n\}$，并将策略 π 分解为策略集合 $\{\pi_0, \pi_1, \cdots, \pi_n\}$，其中 π_i 是 M_i 的策略。子任务形成以 M_0 为根节点的分层结构，称为任务图（Task Graph），解决了 M_0 也就解决 M，要解决 M_0 所采取的动作或者是执行基本动作或者是执行其他子任务，如此依次调用。任务图中任务的子节点顺序是任意的，执行时需要高层控制器依据其策略做出选择，

任务图只约束了每层中能够做出的动作选择。

每个子任务 M_i 由三元组 $\langle \pi_i, T_i, R_i \rangle$ 组成：子任务策略 π_i，用于从 M_i 的子节点中选择子任务，基本动作属于一种特殊类型的子任务；终止谓词 T_i，用于将 MDP M 的状态集 S 划分为 M_i 策略可以执行的活动状态集 S_i 和引起策略结束的终止状态集 F_i；伪奖赏函数 R_i，用于在状态集 F_i 中分配奖赏值，伪奖赏函数只在学习期间使用。

作用在子任务 M_i 上的分层策略 π 的投影值函数给出每个状态的期望回报值 $V^\pi(i,s)$，该值与分层 Option 的值函数类似。每个子任务 M_i 定义了一个离散时间 SMDP，其状态集为 S_i，动作就是它的子节点 M_a，确定低层子任务的策略后，转移概率 $P_i(s',\tau \mid s,a)$ 可以精确定义，对所有 $s \in S_i$ 和所有 M_i 子节点 M_a，执行动作（子任务 a）的立即奖赏 $R_i(s,a) = V^\pi(a,s)$。与 M_i 对应的 Bellinan 方程为

$$V^\pi(i,s) = V^\pi(\pi_i(s),s) + \sum_{s',\tau} P_i^\pi(s',\tau \mid s,\pi_i(s))\gamma^\tau V^\pi(i,s') \quad (2-79)$$

式中，$V^\pi(i,s)$ 是由状态 s' 开始完成子任务 M_i 的期望回报值。

状态动作值函数为

$$Q^\pi(i,s,a) = V^\pi(a,s) + \sum_{s',\tau} P_i^\pi(s',\tau \mid s,a)\gamma^\tau Q^\pi(i,s',\pi(s')) \quad (2-80)$$

式(2-80)右侧第二项称为完成函数，表示为

$$C^\pi(i,s,a) = \sum_{s',\tau} P_i^\pi(s',\tau \mid s,a)\gamma^\tau Q^\pi(i,s',\pi(s')) \quad (2-81)$$

式(2-81)给出了 M_a 终止后完成 M_i 的期望回报。状态动作值函数可以重写为

$$Q^\pi(i,s,a) = V^\pi(a,s) + C^\pi(i,s,a) \quad (2-82)$$

已知 MDP 的分层策略 π 和状态 s，假定顶层子任务 M_0 的策略选择了子任务 M_{a_1}，M_{a_1} 的策略选择了 M_{a_2}，如此依次选择下去，直到子任务 $M_{a_{n-1}}$ 的策略选择了基本动作 a_n 在 MDP 中执行，则根节点子任务中状态 s 的投影值 $V^\pi(0,s)$ 可以分解为

$$V^\pi(0,s) = V^\pi(a_n,s) + C^\pi(a_{n-1},s,a_n) + \cdots + C^\pi(a_1,s,a_2) + C^\pi(0,s,a_1) \quad (2-83)$$

式中

$$V^\pi(a_n,s) = \sum_{s'} P(s' \mid s,a_n) R(s' \mid s,a_n)$$

式(2-83)是 MAXQ 学习算法的基础。根据 Dietterieh 的定义，若每个策略 π_i 都是子任务 M_i 的最优策略，那么分层策略 $\pi = \{\pi_0, \cdots, \pi_n\}$ 是 M 的递归最优策略。Dietterich 证明了，如果智能体采取有序 GLIE（Greedy in the Limit with Infinite Exploration)策略，立即奖赏值有界，且步长参数依随机逼近条件收敛到0，则MAXQ采用以概率1收敛到M的递归最优策略。

在各种典型的HRL方法中任务分解和问题表达方式有所不同，但其本质可归结为对MDP划分并抽象出子MDP系列以及在不同层次分别进行学习的模式。微观上，子MDP在各自所处的局部状态空间中学习其内部策略，属于MDP；宏观上，将每个子MDP视为一个抽象动作在抽象状态空间中学习最优策略，属于SMDP，各子MDP所处的局部状态空间和抽象后的状态空间维数或规模均低于原MDP状态空间。这种抽象自然导致了强化学习系统的分层控制结构，抽象方法和抽象程度不同，层次结构也随之不同。

Option框架下，允许执行时态拓展动作，显著改变了智能体的学习效率，缩短了强化学习系统中常见的摆动期，Option的设计可以利用先验知识，加速了从学习到相关任务的转移，不过在未知环境中利用先验知识设计Option内部策略是非常困难的。HAM通过限定待学习策略类型简化了MDP，从而提高了强化学习系统的学习效率，由于随机有限状态机的状态转移只需依据部分状态即可确定，所以HAM可以应用到环境部分可观测领域。而MAXQ不直接将问题简化为单个SMDP，而是建立可以同时学习的分层SMDP。MAXQ定义的递归最优策略不用考虑子任务的上下文就可以确定，由此可以将子任务策略作为积木应用于其他任务。在标准强化学习收敛条件下，Option、HAM可收敛到最优策略解，MAXQ收敛到递归最优解。

上述的几种方法，都需要人工做很多工作，Option的微观策略由专家直接设计确定，学习的任务只是优化宏观策略；HAM的微观策略部分由专家确定；MAXQ的微、宏观策略均未事先确定，都需要在线学习，因而灵活性最强。这3种分层强化学习方法的抽象结构均由专家直接设计确定，不具有自学习、自适应能力。在领域知识不完备或设计者经验不足时，强化学习系统的学习效率会受到不同程度的影响，人工进行分层和抽象，不仅费时费力，而且容易忽视问题中不易发现的内在联系。因此使用端到端的分层强化学习，从分层抽象到训练学习，都通过机器学习的方法自动进行必然是今后人们不断研究的方向。

2.6　多智能体强化学习

随着现实世界的问题变得越来越复杂，单个深度强化学习智能体在很多情况下都无法有效应对。在这种情况下，多智能体系统(Multi Agent System，MAS)

的应用是必不可少的。在多智能体系统中，各智能体必须竞争或合作以获得最佳的整体结果。此类系统的例子包括多人在线游戏、生产工厂中的协作机器人、交通控制系统以及无人驾驶飞行器(UAV)、航天器等自主军事系统。

在深度强化学习的许多应用中，有大量研究在多智能体系统中使用深度强化学习，称为多智能体深度强化学习(MADRL)。

从单智能体扩展到多智能体环境会带来一些挑战。为了清晰地分析和更好的理解，这里将多智能体学习的基本组成部分设置为智能体、策略和效用，如下进一步阐述。

智能体：将智能体定义为自主个体，它可以独立地与环境交互，并根据环境反馈和其他智能体行为的观察采取自己的策略，旨在为自己实现最大收益或最小损失。在所考虑的任务场景中，存在多个智能体。当智能体数量等于 1 时。多智能体强化学习与常规强化学习场景相同。

策略：在多智能体强化学习中，每个智能体都遵循自己的策略。该策略通常旨在使智能体的收益最大化并最小化损失，同时它会受到环境和其他智能体策略的影响。

效用：考虑到各自需求以及与环境和其他智能体的依赖性，每个智能体都有独特的效用。效用被定义为基于不同目标的智能体的收益与损失的差值。在多智能体场景中，每个智能体的目标是通过向环境和其他智能体学习来最大化自己的效用。

因此，在多智能体强化学习中，智能体被分配各自的效用函数。基于交互的观察和经验，每个智能体自主的学习策略，旨在优化自己的效用价值，而不考虑其他智能体的效用。因此，在多智能体系统中，所有智能体的交互之间，可能存在竞争或合作。考虑到多个主体之间不同类型的交互，博弈论分析通常被用作决策的强大工具。随着智能体数量的增加，决策的维度和训练的复杂度也不断攀升。多智能体强化学习在具体使用中也因算法自身的特点面临以下挑战。

(1)非平稳性：与单智能体设置相比，控制多个智能体带来了一些额外的挑战，例如智能体的异质性、集体目标的设定、大量智能体的可扩展性，更重要的是非平稳性问题。在单智能体环境中，智能体只关心其自身行为的结果。在多智能体域中，智能体不仅观察其自身行为的结果，还观察其他智能体的行为。智能体之间的学习很复杂，因为所有智能体都可能相互交互并同时学习。多个智能体之间的交互不断重塑环境并导致非平稳性。在这种情况下，智能体之间的学习有时会导致一个智能体的策略发生变化，并可能影响其他智能体的最优策略。由于环境不平稳，一个动作后估计的潜在回报将是不准确的，因此，在多智能体环境的给定点上的好策略在未来不一定能保持有效。应用于单智能体环境的Q学习的收敛理论不能保证大多数多智能体问题,因为马尔可夫特性在非平稳环境中不再成立[64]。因此,收集和处理信息必须有一定的重复性,同时确保不影响智能体的稳定性。在多智能体设置下,探索 - 开发困境可能被更多地涉及。

(2)部分可观察性:在现实世界的应用中,有很多情况下,智能体对环境只有部分的可观察性。这个问题在多智能体问题中更为严重,因为它们通常更复杂且规模更大。换句话说,当智能体与环境交互时,智能体不知道与环境有关的状态的完整信息。在这种情况下,智能体会观察到有关环境的部分信息,并且需要在每个时间步长内做出最佳决策。此类问题可以使用 POMDP 进行建模。

(3)多智能体系统训练方案:单智能体深度强化学习到多智能体环境的直接扩展通常是将其他智能体视为环境的一部分,让每个智能体独立学习,如独立 Q 学习算法[65]。这种方法容易过拟合且计算成本很高,因此所涉及的智能体数量较为有限。另一种流行的方法是集中学习和分散执行,通过开放的通信渠道应用集中方法同时训练一组智能体[66]。目前研究中主要有集中学习、并发学习和参数共享三种多智能体系统的训练方案[67]。集中式策略试图从所有智能体的联合观察中获得联合行动,而并发学习使用联合奖励信号同时训练智能体。在后者中,每个智能体根据个体自己的观察独立地学习自己的策略。与之不同,参数共享方案允许使用所有智能体的经验同时训练智能体,尽管每个智能体都可以获得独特的观察结果。凭借执行分散策略的能力,参数共享可用于将单智能体深度强化学习算法扩展以适应多个智能体的系统。

第3章 基于POMDP的自主跟踪路径规划

在空战过程中,需要时刻获取目标的状态信息,对战场态势进行理解和掌握,才能做出目标分配和机动占位等空战决策,因此目标跟踪是空战的发起点。随着战场环境的不断复杂化,探测技术也有很大的发展。为了提高探测的隐蔽性,被动探测技术有了较大发展,但是被动探测对载机的机动占位要求较高,需要实时规划飞行路径以保证跟踪精度。为提升被动探测条件下无人机对目标的自主跟踪能力,本章以POMDP为建模框架,建立了无人机自主跟踪目标的路径决策模型,设计了在线求解算法,使得无人机能够实时调整路径保持对目标跟踪。

3.1 引　言

知己知彼百战不殆,是千百年来战场上颠扑不破的真理,这突显了敌我双方态势的掌握对战争成败的决定性作用。现代空战都是从几百千米外发起的,战场空间大,态势变化迅速,先敌发现目标并实现跟踪,是空战取胜的先决条件。被动探测作为一种新兴的探测手段,探测设备不主动发出电磁波,通过检测目标发出的电磁信息完成态势感知,在电磁环境日趋复杂的现代战场上对战机提高态势感知能力和发挥隐身性能具有重要的意义[68]。无人机在进行被动探测跟踪任务过程中,为保持对目标的跟踪效果,需要对自身的航向和速度等运动状态进行调整和规划。

如图3-1所示,无人机目标跟踪任务下的路径规划算法需要处理的问题主要包括目标信息滤波和无人机运动规划两个方面,形成从传感器量测到无人机飞行控制的映射。

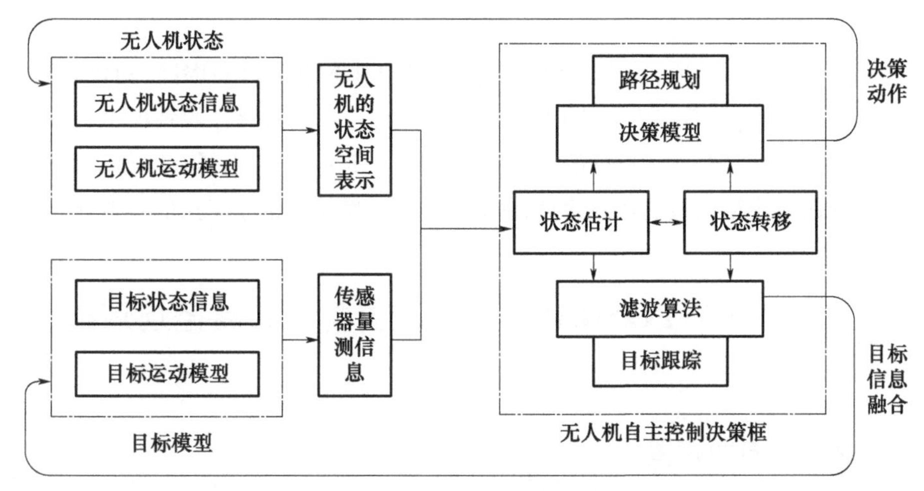

图3－1　无人机自主跟踪路径规划问题

规划的策略选择分为短视的和非短视的两种[69]。短视方法可以理解为简单的贪婪算法,即以当前决策动作带来的立即效果最大化为决策目标,而忽略采取该策略后的长远效果。非短视方法则在选择行动决策时考虑当前动作对后续长远态势的影响。

典型的非短视规划方法以MDP理论为框架,针对状态不完全可观测的问题,多使用POMDP为建模方法。针对目标探测跟踪过程中信息的不确定性,以及目标跟踪算法的特征,本章以强化学习中的POMDP为建模框架,建立无人机目标跟踪的路径规划决策模型,提出了决策模型的求解算法,实现无人机在跟踪过程中的实时路径规划。在研究过程中主要解决以下几个问题。

首先,在强化学习建模方法中,POMDP虽然很适合对状态不完全可观测的问题建模,但是由于该方法建立模型的非短视性,以及模型中状态的不确定性,对决策的精确求解的计算量很大,难以实时计算[70]。为了保证求解精度和决策速度相统一,需要针对跟踪问题设计POMDP模型的求解算法,在保证实时性的前提下求取次优解。同时,基于本算法,也可以为无人机目标跟踪路径决策问题的研究建立有效的理论框架。

其次,在目标跟踪过程中,需要进行数据融合以提高目标跟踪精度。针对被动探测的传感器观测方程多为非线性方程的问题,需要选择合适的滤波算法,来保证滤波的精度和实时性。

最后,针对目标运动规律复杂的情况,传统的单一模型的定位跟踪算法不能实现良好的定位跟踪,需要建立相应的目标运动模型来估计状态转移规律,采用IMM算法可以较好地解决这个问题,同时,也可以提高复杂运动模型下的目标跟踪精度。

本章接下来的内容，首先介绍了强化学习的基本概念和 POMDP 的建模方法和模型求解思路，然后基于 POMDP 建立了无人机自主跟踪路径规划模型，分别对简单机动目标和复杂机动目标的跟踪问题进行了研究，并提出了有限行动集算法实现了对跟踪决策模型的在线解算，最后通过仿真结果验证了算法的有效性。

3.2 基于 POMDP 的无人机自主跟踪路径规划建模

3.2.1 问题背景

建立无人机被动探测路径规划的背景如下，在对空作战中，如图 3－2 所示，敌方派出电子战飞机等大规模辐射源在我方空域内活动，我方在空域内巡逻的无人机通过被动探测系统探测到敌方飞机的电磁辐射，并以此为观测量调整无人机飞行状态，对敌方飞机进行抵近探测和跟踪，同时与敌方飞机保持一定距离，不进入其威胁范围内，为我方提供准确的目标信息。无人机在每个决策周期内，都需要对下一时刻的飞行动作进行最优规划，这样就产生了一个无人机自主跟踪路径规划问题。

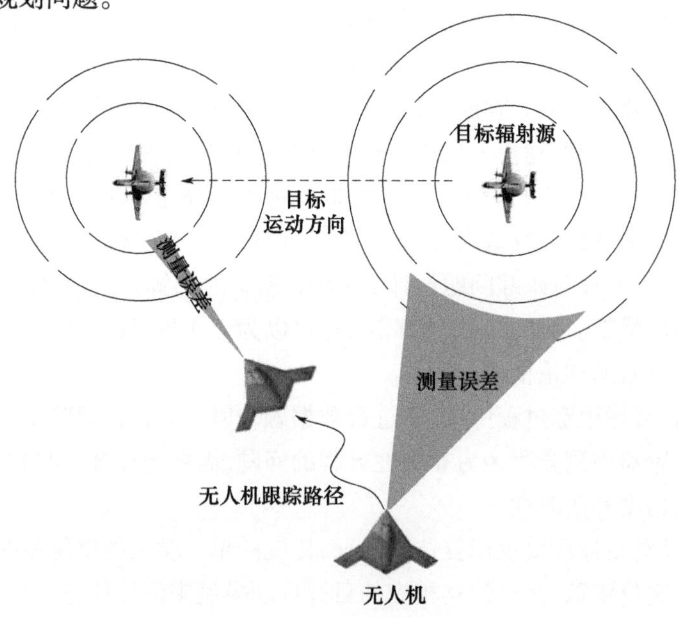

图 3－2　无人机目标跟踪场景

在建模过程中，假设无人机和目标分别在不同的高度运动，并假设无人机和目标在二维空间运动。

3.2.2　简单机动目标的自主跟踪路径规划模型

POMDP是一个可控的序贯决策模型架构，可以用于各类资源管理和控制决策的建模。一个POMDP模型由多个关键要素构成，基于POMDP的路径规划建模过程就是将各个要素根据问题进行数学描述的过程。本规划问题的POMDP模型可由1个6元组$\langle \boldsymbol{S},\boldsymbol{A},\boldsymbol{T},\boldsymbol{O},\boldsymbol{C},\boldsymbol{B}\rangle$来表示，其中，$\boldsymbol{S}$为状态空间，$\boldsymbol{A}$为行动空间，$\boldsymbol{T}$为状态转移规律，$\boldsymbol{O}$为观测和观测率，$\boldsymbol{C}$为代价函数[69]（求解极小值问题中将奖励改为代价），$\boldsymbol{B}$为信念空间。下面根据具体问题对各个要素进行实例化建模。

1）状态空间

在无人机航路规划的问题中，状态空间$\boldsymbol{S}$由3个子状态空间组成，分别为无人机状态$\boldsymbol{x}_k$、目标状态$\boldsymbol{\zeta}_k$、和滤波状态$(\boldsymbol{\xi}_k,\boldsymbol{P}_k)$，即$\boldsymbol{S}_k=[\boldsymbol{x}_k,\boldsymbol{\zeta}_k,\boldsymbol{\xi}_k,\boldsymbol{P}_k]$。无人机的状态$\boldsymbol{x}_k=[p_k^x,p_k^y,v_k,\theta_k]^{\mathrm{T}}$包括$k$时刻无人机所在的位置和速度，其中$p_k^x$和$p_k^y$分别为横纵坐标的值，用以表示无人机的位置$\boldsymbol{x}_k^{\mathrm{pos}}$，$v_k$表示速度大小值，$\theta_k$表示方向。目标的状态$\boldsymbol{\zeta}_k=[q_k^x,q_k^y,u_k^x,u_k^y]^{\mathrm{T}}$表示$k$时刻目标的位置和速度，其中$q_k^x$和$q_k^y$分别为横纵坐标值，表示目标的位置$\boldsymbol{\zeta}_k^{\mathrm{pos}}$，$u_k^x$和$u_k^y$分别为横纵速度值。滤波状态$(\boldsymbol{\xi}_k,\boldsymbol{P}_k)$表示对目标的估计状态，$\boldsymbol{\xi}_k$表示目标状态的后验估计值，$\boldsymbol{P}_k$为估计的协方差矩阵。

2）行动空间

行动空间是所有能执行的决策的集合，即调整改变无人机运动状态的动作空间。根据二维运动模型（状态转移规律）的定义，本章采取加速度a_k和倾斜角φ_k作为行动变量，控制无人机的运动，则$\boldsymbol{A}_k=[a_k,\varphi_k]$。

3）观测和观测率

在POMDP模型中，由于传感器获得的观测值是存在误差，目标状态不能被完全准确测量。因此，观测的结果定义为以状态$\boldsymbol{S}_k$信息和传感器观测噪声η_k为输入的函数，即

$$z_k=h(\boldsymbol{S}_k)+\eta_k \tag{3-1}$$

无人机在基于被动探测技术条件下寻找目标导航的过程中，观测值多为目标的角度信息[71-72]。因此，将$h(\boldsymbol{S}_k)$定义为

$$h(\boldsymbol{S}_k)=\arctan\frac{q_k^y-p_k^y}{q_k^x-p_k^x} \tag{3-2}$$

在式(3－1)中，$\boldsymbol{\eta}_k$ 表示观测噪声，表征传感器测量的不确定程度，事实上 $\boldsymbol{\eta}_k$ 的分布与传感器与目标间的空间位置相关，当传感器探测到目标的距离较近时，观测的距离和角度的不确定程度小，反之当探测距离较大时，电磁空间内受各种因素带来的干扰较多，观测的不确定程度较大。据此，建立 $\boldsymbol{\eta}_k$ 的方差模型为

$$R_k = R(\boldsymbol{x}_k, \boldsymbol{\xi}_k) = \mathrm{Err} \cdot D(\boldsymbol{x}_k, \boldsymbol{\xi}_k) \tag{3-3}$$

式中：Err 表示传感器输出目标方位角的不确定度；$D(\boldsymbol{x}_k, \boldsymbol{\xi}_k)$ 表示无人机和目标之间的距离。

4）状态转移规律

状态空间包括无人机状态、目标状态和滤波状态三个子空间，因此状态转移规律也是表征这三个子系统的运行规律。三个子状态空间的转移规律如下。

（1）无人机。

无人机的状态转移受控于采取的行动值，因此无人机在下一时刻的状态 $\boldsymbol{x}_{k+1}$ 可以定义为当前时刻状态 $\boldsymbol{x}_k$ 与行动 $\boldsymbol{A}_k$ 的函数，有

$$\boldsymbol{x}_{k+1} = \boldsymbol{\Psi}(\boldsymbol{x}_k, \boldsymbol{A}_k) \tag{3-4}$$

式中运动模型 $\boldsymbol{\Psi}$ 定义为

$$\begin{cases} p_{k+1}^x = p_k^x + v_k T\cos\theta_k \\ p_{k+1}^y = p_k^y + v_k T\sin\theta_k \\ \theta_{k+1} = \theta_k + \dfrac{gT\tan\varphi_k}{v_k} \\ v_{k+1} = v_k + a_k T \end{cases} \tag{3-5}$$

式中：T 为步长；g 为重力加速度值。式(3－6)实现对无人机速度范围的限定。

$$v_{k+1} = \max\{v_{\min}, \min\{v_{\max}, v_{k+1}\}\} \tag{3-6}$$

（2）目标。

与无人机的状态完全可观测不同，目标状态不能完全掌握，只能基于模型进行估计，因此目标状态的运动模型存在误差，基于模型下一时刻目标状态可以定义为

$$\boldsymbol{\zeta}_{k+1} = f(\boldsymbol{\zeta}_k) + \boldsymbol{w}_k \tag{3-7}$$

式中：$\boldsymbol{w}_k$ 为高斯噪声；f 为目标的运动模型。在本节，设定目标的运动模型定速直线飞行，因此，式(3－7)可以写为线性方程，即

$$\boldsymbol{\zeta}_{k+1} = \boldsymbol{F}\boldsymbol{\zeta}_k + \boldsymbol{w}_k$$

$$F=\begin{bmatrix}1&0&T&0\\0&1&0&T\\0&0&1&0\\0&0&0&1\end{bmatrix} \tag{3-8}$$

(3)滤波状态。

滤波状态是滤波算法根据观测值和目标状态转移规律对目标的状态进行融合估计,滤波状态是信念状态空间的主要分布,滤波状态的转移过程也是信念状态的更新过程,因此滤波算法将在介绍信念状态时一并介绍。

5)代价函数

代价函数计算当前状态下采取行动 $\boldsymbol{A}_k$ 的代价,在目标跟踪中,行动目的是减小探测误差,因此本章采用目标真实状态与系统估计的滤波状态的均方误差表示行动代价,记为

$$C(\boldsymbol{\zeta}_k,\boldsymbol{A}_k)=\mathbb{E}_{\eta_{k+1},w_k}[\,\|\boldsymbol{\zeta}_{k+1}-\boldsymbol{\xi}_{k+1}\|^2\,|\boldsymbol{\zeta}_k,\boldsymbol{A}_k] \tag{3-9}$$

6)信念状态

针对状态的不确定性,POMDP 采用信念状态来表征状态的分布。信念状态可以递归地根据贝叶斯推理方法唯一确定,即根据当前状态的概率分布和相应的行动及观测推出下一时刻状态的概率分布。在路径规划模型中,记信念状态为 $\boldsymbol{b}_k=[b_k^x,b_k^\zeta,b_k^\xi,b_k^P]$,对于可观测的状态,信念状态为 $b_k^x=\delta(x-x_k)$,$b_k^\xi=\delta(\xi-\xi_k)$,$b_k^P=\delta(P-P_k)$。对于不可观测的目标状态,其信念状态 b_k^ζ 通过滤波算法进行求解。

UKF 与 EKF 算法都是基于模型的滤波算法。对于非线性模型,EKF 将模型泰勒展开后舍弃高阶项,完成线性化后再进行 KF,而 UKF 则不进行级数展开,对系统模型没有附加要求,因此 UKF 对于非线性模型的适应性较强。本节采用 UKF 更新 b_k^ζ,主要过程如下。

(1)从信念状态中选定滤波初值。

$$\begin{aligned}&\hat{\boldsymbol{\zeta}}_0=\mathbb{E}\boldsymbol{\zeta}_0\leftarrow b_0^\zeta\\&\boldsymbol{P}_0=\mathbb{E}[(\boldsymbol{\zeta}_0-\hat{\boldsymbol{\zeta}}_0)(\boldsymbol{\zeta}_0-\hat{\boldsymbol{\zeta}}_0)^{\mathrm{T}}]\leftarrow b_0^\zeta\end{aligned} \tag{3-10}$$

对 $k=1,2,3,\cdots$,执行步骤(2)~步骤(8)。

(2)计算 $k-1$ 时刻的 $2n+1$ 个 σ 样本点,n 为 $\boldsymbol{\zeta}$ 的向量维度。

$$\begin{cases}\tilde{\boldsymbol{\chi}}_{k-1}^{(0)}=\hat{\boldsymbol{\zeta}}_{k-1}\\\tilde{\boldsymbol{\chi}}_{k-1}^{(i)}=\hat{\boldsymbol{\zeta}}_{k-1}+\gamma(\sqrt{\boldsymbol{P}_{k-1}})_{(i)} & i=1,2,\cdots,n\\\tilde{\boldsymbol{\chi}}_{k-1}^{(i)}=\hat{\boldsymbol{\zeta}}_{k-1}-\gamma(\sqrt{\boldsymbol{P}_{k-1}})_{(i-n)} & i=n+1,n+2,\cdots,2n\end{cases} \tag{3-11}$$

(3)确定权值。

$$\begin{cases} W_0^{(m)} = \dfrac{\lambda}{n+\lambda} \\ W_0^{(c)} = \dfrac{\lambda}{n+\lambda} + 1 - \alpha^2 + \beta \\ W_i^{(m)} = W_i^{(c)} = \dfrac{1}{2(n+\lambda)} \quad i=1,2,\cdots,2n \end{cases} \tag{3-12}$$

式(3-11)和式(3-12)中,$\gamma = \sqrt{n+\lambda}$,$\lambda = \alpha^2(n+\kappa) - n$,其中 α 为极小的正数,一般为$10^{-4} \leqslant \alpha \leqslant 1$;$\kappa = 3 - n$;$\beta$ 的值与 $\boldsymbol{\zeta}$ 的分布有关,对于本节的高斯分布,$\beta = 2$。

(4)计算一步预测模型值。

$$\boldsymbol{\chi}_{k/k-1}^{*(i)} = f(\widetilde{\boldsymbol{\chi}}_{k-1}^{(i)}) = \boldsymbol{F}\widetilde{\boldsymbol{\chi}}_{k-1}^{(i)} \quad i=0,1,2,\cdots,2n \tag{3-13}$$

$$\hat{\boldsymbol{\zeta}}_{k/k-1} = \sum_{i=0}^{2n} W_i^{(m)} \boldsymbol{\chi}_{k/k-1}^{*(i)} \tag{3-14}$$

$$\boldsymbol{P}_{k/k-1} = \sum_{i=0}^{2n} W_i^{(c)} [\boldsymbol{\chi}_{k/k-1}^{*(i)} - \hat{\boldsymbol{\zeta}}_{k/k-1}][\boldsymbol{x}_{k/k-1}^{*(i)} - \hat{\boldsymbol{\zeta}}_{k/k-1}]^{\mathrm{T}} + \boldsymbol{Q}_{k-1} \tag{3-15}$$

式中 $\boldsymbol{Q}_k$ 为 $\boldsymbol{w}_k$ 的方差阵。

(5)计算一步预测样本点。

$$\begin{cases} \boldsymbol{\chi}_{k/k-1}^{(0)} = \hat{\zeta}_{k/k-1} \\ \boldsymbol{\chi}_{k/k-1}^{(i)} = \hat{\boldsymbol{\zeta}}_{k/k-1} + \gamma(\sqrt{\boldsymbol{P}_{k/k-1}})_{(i)} \quad i=1,2,\cdots,n \\ \boldsymbol{\chi}_{k/k-1}^{(i)} = \hat{\boldsymbol{\zeta}}_{k/k-1} - \gamma(\sqrt{\boldsymbol{P}_{k/k-1}})_{(i-n)} \quad i=n+1,n+2,\cdots,2n \end{cases} \tag{3-16}$$

(6)更新测量。

$$Z_{k/k-1}^{(i)} = h(\boldsymbol{\chi}_{k/k-1}^{(i)}) \quad i=0,1,2,\cdots,2n \tag{3-17}$$

$$\hat{Z}_{k/k-1} = \sum_{i=0}^{2n} W_i^{(m)} Z_{k/k-1}^{(i)} \tag{3-18}$$

$$\boldsymbol{P}_{(\zeta Z)_{k/k-1}} = \sum_{i=0}^{2n} W_i^{(c)} [\boldsymbol{\chi}_{k/k-1}^{(i)} - \hat{\boldsymbol{\zeta}}_{k/k-1}][Z_{k/k-1}^{(i)} - \hat{Z}_{k/k-1}]^{\mathrm{T}} \tag{3-19}$$

$$\boldsymbol{P}_{(ZZ)_{k/k-1}} = \sum_{i=0}^{2n} W_i^{(c)} [Z_{k/k-1}^{(i)} - \hat{Z}_{k/k-1}][Z_{k/k-1}^{(i)} - \hat{Z}_{k/k-1}]^{\mathrm{T}} + \boldsymbol{R}_k \tag{3-20}$$

式中 $\boldsymbol{R}_k$ 为 $\boldsymbol{\eta}_k$ 的方差阵。

(7)滤波更新。

滤波的增益为

$$\boldsymbol{K}_k = \boldsymbol{P}_{(\zeta Z)_{k/k-1}} \boldsymbol{P}_{(ZZ)_{k/k-1}}^{-1} \tag{3-21}$$

根据增益,得出滤波值为

$$\boldsymbol{\xi}_k = \hat{\boldsymbol{\zeta}}_k = \hat{\boldsymbol{\zeta}}_{k/k-1} + \boldsymbol{K}_k [Z_k - \hat{Z}_{k/k-1}] \tag{3-22}$$

$$\boldsymbol{P}_k = \boldsymbol{P}_{k/k-1} - \boldsymbol{K}_k \boldsymbol{P}_{(ZZ)_{k/k-1}} \boldsymbol{K}_k^{\mathrm{T}} \tag{3-23}$$

(8)信念状态更新。

$$b_k^{\zeta}(\boldsymbol{\zeta}) = N(\boldsymbol{\zeta} - \boldsymbol{\xi}_k, \boldsymbol{P}_k) \tag{3-24}$$

规划问题有两种类型的求解方式,分别为在线规划和离线规划。如图3-3所示,在线规划指的是在一轮采样周期内完成一次行动策略的求解和执行过程,而离线规划是将行动策略的求解和执行分成两个部分,在求解过程中计算出当前时间点之后数次行动的行动策略,然后在行动过程中按照求解出的行动策略完成相应动作。

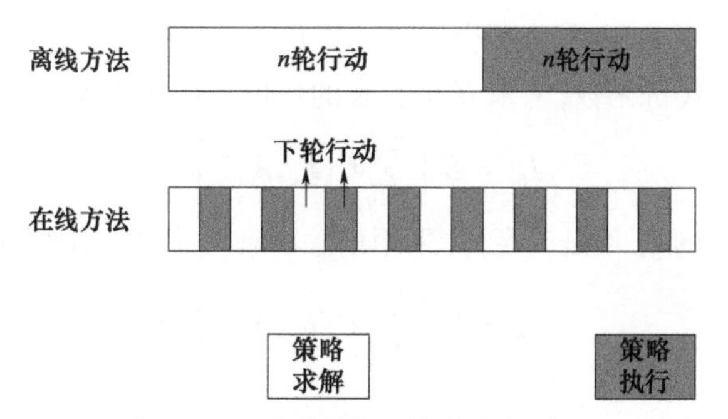

图3-3　在线规划和离线规划对比

在无人机路径规划问题中,由于目标状态的时变性和不完全可观测性,每一时刻都需要根据当前状态决策出无人机下一步的行动策略,因此采用在线规划的方法,POMDP模型运行的框架结构如图3-4所示。

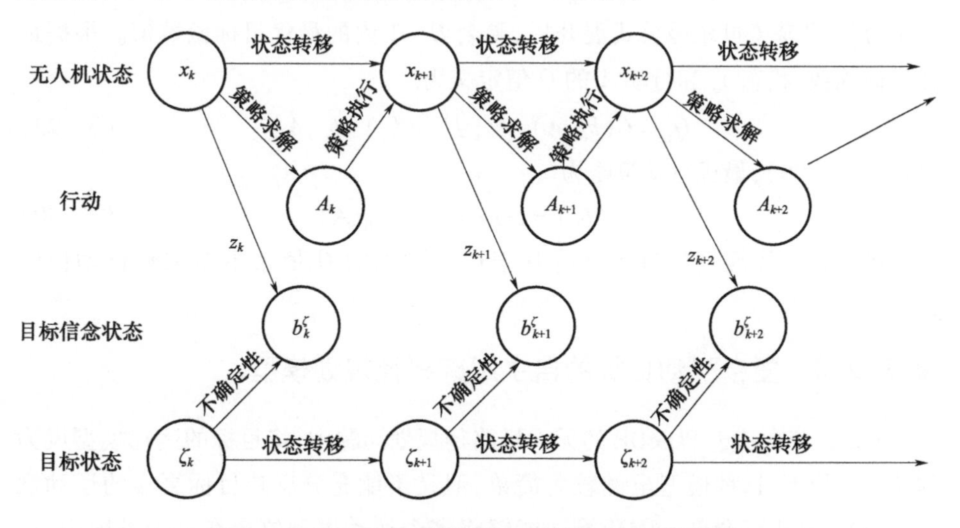

图3-4　无人机被动探测路径规划POMDP模型框架

若无人机被动探测目标的行动进行至第 k 个决策周期，在周期 k 内，根据无人机的状态$\boldsymbol{x}_k$ 和目标的信念状态 b_k^ζ，以未来行动代价最小，即当前采取行动使得未来目标状态和滤波状态之间的均方误差值最小为原则，求解最优行动策略$\boldsymbol{A}_k$，随后无人机执行策略 $\boldsymbol{A}_k$，无人机状态转移至$\boldsymbol{x}_{k+1}$，获得新的观测值 z_{k+1}，通过观测更新目标的信念状态至 $b_k^{\zeta+1}$，再进行 $k+1$ 轮周期的行动策略求解，如此循环至任务结束。

基于 POMDP 的无人机自主跟踪路径规划模型，其决策结果为序贯的无人机行动值，最优的行动值具有远视性，即能够最小化行动代价的累加期望值。无人机实际飞行速度较快，因此敌我态势在短时间内可能发生较大变化，因此对于过长的远期预测意义不明显，还会增加计算负担，因此对于远期的状态的预测设定时限 H。结合代价函数，未来 H 个步长的代价累加期望表示为

$$J_H = \mathbb{E}\left[\sum_{k=0}^{H-1} C(\boldsymbol{\zeta}_k, \boldsymbol{A}_k)\right] \tag{3-25}$$

由于代价函数中的$\boldsymbol{\zeta}_k$ 不是确定值，采用信念状态 b_k 代替，则式(3-25)改写为

$$J_H = \mathbb{E}\left[\sum_{k=0}^{H-1} C(b_k, \boldsymbol{A}_k)\right] \tag{3-26}$$

式中

$$C(b_k, \boldsymbol{A}_k) = \int C(\boldsymbol{\zeta}, \boldsymbol{A}_k) b_k(\boldsymbol{\zeta}) \mathrm{d}\boldsymbol{\zeta} \tag{3-27}$$

根据式(3-25)~式(3-27)，在信念状态 b_0 下，最优目标函数可以定义为

$$J_H^* = \min_A \{ C(b_0, \boldsymbol{A}) + \mathbb{E}[J_{H-1}^*(b_1) \mid b_0, \boldsymbol{A}] \} \tag{3-28}$$

式中，J_{H-1}^*是基于贝尔曼公式展开后，剩余 $H-1$ 内的最优目标函数值。根据最优目标函数，状态 b_0 和行动 $\boldsymbol{A}$ 的 Q 值定义为

$$Q_H = C(b_0, \boldsymbol{A}) + \mathbb{E}[J_{H-1}^*(b_1) \mid b_0, \boldsymbol{A}] \tag{3-29}$$

根据式(3-29)，最优行动策略为

$$\pi_0^*(b_0) = \arg\min_A Q_H(b_0, \boldsymbol{A}) \tag{3-30}$$

无人机进行路径规划的过程就是基于远期预测的 Q 值来不断求解行动值的过程。

3.2.3 复杂机动目标的自主跟踪路径规划模型

3.2.2 节在基于 POMDP 的无人机路径规划问题中，将目标的运动模型设为匀速直线模型，这种模型虽然较为简单，但是不能充分反映目标真实的运动规律，影响目标跟踪精度。IMM 算法能够将多个运动模型整合在一个系统中，提

高跟踪算法对复杂机动目标的跟踪效果[73-76]。本节在 3.2.2 节研究的基础上，在 POMDP 框架下建立基于 IMM 的无人机对复杂机动目标的自主跟踪路径规划模型。

3.2.3.1　目标多运动规律跟踪模型

对复杂运动目标的跟踪任务的想定为，传感器获得目标的距离和方位，无人机基于传感器的观测量进行路径规划，保持对目标的跟踪。

POMDP 模型的六元组$\langle \boldsymbol{S},\boldsymbol{A},\boldsymbol{T},\boldsymbol{O},\boldsymbol{C},\boldsymbol{B}\rangle$中，在无人机模型不改变的情况下，状态空间 $\boldsymbol{S}$、行动空间 $\boldsymbol{A}$ 和代价函数 $\boldsymbol{C}$ 与 3.2.2 节中所述一致，由于目标由单一模型运动扩展为多模型运动，状态转移规律 $\boldsymbol{T}$ 和观测 $\boldsymbol{O}$ 模型发生了变化。

1）观测和观测率

无人机的观测方程如式（3-1）所示，$z_k = h(\boldsymbol{S}_k) + \boldsymbol{\eta}_k$。$h(\boldsymbol{S}_k)$定义为

$$h(\boldsymbol{S}_k) = \begin{bmatrix} \sqrt{(q_k^x - p_k^x)^2 + (q_k^y - p_k^y)^2} \\ \arctan \dfrac{q_k^y - p_k^y}{q_k^x - p_k^x} \end{bmatrix} \tag{3-31}$$

观测噪声与相对位置关系相关，定义$\boldsymbol{\eta}_k$ 的方差为无人机和目标状态的函数，即

$$\boldsymbol{R}_k = R(\boldsymbol{x}_k, \boldsymbol{\xi}_k) \tag{3-32}$$

设 $\boldsymbol{R}_k$ 由距离测量不确定性 m 和角度测量不确定性 n 构成，即是传感器的误差。如果 d_k 表示 k 时刻目标和无人机传感器之间的距离，那么传感器相应的测距和测角标准差可以分别写为 $\sigma_{\text{range}}(k) = (m/100)d_k$ 和 $\sigma_{\text{angle}}(k) = nd_k$。由于信息矩阵的计算需要测量协方差矩阵的逆矩阵，当目标与无人机的二维距离为 0 时，测量协方差矩阵的逆矩阵将无法计算，为了解决这一问题，定义 d_{eff}为目标和传感器之间的有效距离，$d_{\text{eff}}(k) = \sqrt{d_k^2 + b^2}$。在实际距离 d_k 上增加一个非 0 的极小数 b。测距和测角标准差改写为 $\sigma_{\text{range}}(k) = (m/100)d_{\text{eff}}(k)$和 $\sigma_{\text{angle}}(k) = nd_{\text{eff}}(k)$。$\phi_k$为 k 时刻无人机和目标之间的方位角，则 R_k 可以通过下式计算：

$$\boldsymbol{R}_k = \boldsymbol{M}_k \begin{bmatrix} \sigma_{\text{range}}^2(k) & 0 \\ 0 & \sigma_{\text{angle}}^2(k) \end{bmatrix} \boldsymbol{M}_k^{\mathrm{T}} \tag{3-33}$$

式中，$\boldsymbol{M}_k = \begin{bmatrix} \cos(\phi_k) & -\sin(\phi_k) \\ \sin(\phi_k) & \cos(\phi_k) \end{bmatrix}$。

2）状态转移规律

（1）无人机的状态转移规律定义与 3.2.2 节中所述一致。

(2)目标的状态转移规律定义$\boldsymbol{\zeta}_{k+1}=f(\boldsymbol{\zeta}_k)+\boldsymbol{w}_k$。其中,$\boldsymbol{w}_k$为高斯噪声,$f$为运动模型。

根据 IMM 算法框架,运动模型f不再是某一个运动模型,而是多个运动模型组成的集合。IMM 基于模型集构建多个滤波器,在运行过程中,多个滤波器并行工作,根据各滤波器的残差信息计算得出各个模型与当前目标运动规律的匹配概率,最后通过以匹配概率作为权重,加权融合获得 IMM 系统的状态估计。

依据 IMM,状态方程式(3-7)和测量方程式(3-1)可以改写为

$$\begin{aligned}\boldsymbol{\zeta}_{k+1}&=f(\boldsymbol{\zeta}_k,m_k)+w(k,m_k)\\z_k&=h(\boldsymbol{S}_k,m_k)+\eta(k,m_k)\end{aligned}\tag{3-34}$$

式中,m_k表示k时刻的目标运动模型,设 IMM 系统的运动模型集为$\boldsymbol{M}=\{m^1,m^2,\cdots,m^r\}$,各个模型之间的转换过程符合马尔可夫过程。

(3)滤波状态$(\boldsymbol{\xi}_k,\boldsymbol{P}_k)$采用 IMM-UKF(各模型的滤波器采用 UKF)滤波算法更新。

3.2.3.2 信念状态 IMM-UKF 更新算法

如图 3-5 所示,IMM 算法的一个循环过程包括:模型交互作用、滤波、模型概率更新和估计混合。下面给出目标信念状态b_k^{ζ}基于 IMM-UKF 的更新过程。

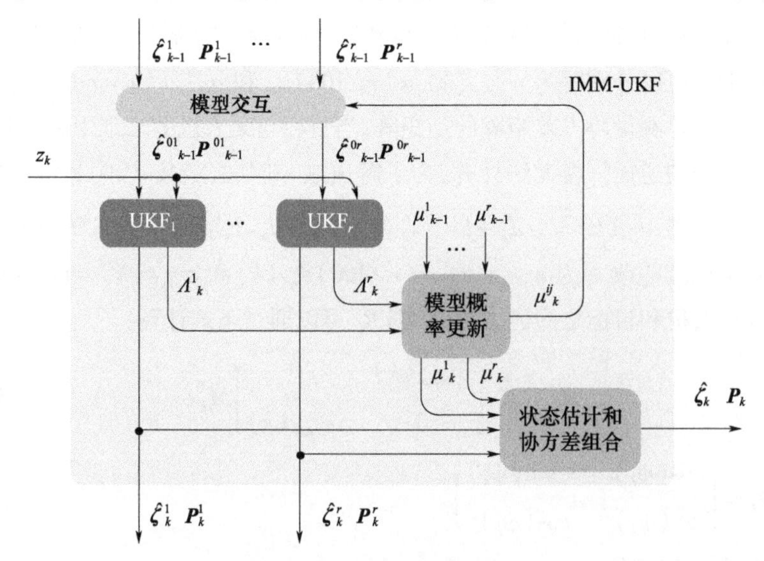

图 3-5 交互多模型结构图

1)模型交互

设 IMM 模型集中有 r 个模型,设 $m_{k-1}^{i}(i=1,2,\cdots,r)$ 表示 $k-1$ 的模型,模型 i 在该时刻目标运动规律的匹配概率为 $\boldsymbol{\mu}_{k-1}^{i}$,$\hat{\boldsymbol{\zeta}}_{k-1}^{i}$ 和 $\boldsymbol{P}_{k-1}^{i}$ 表示 $k-1$ 时刻 UKF_i 的状态估计与协方差阵。$p_{ij}=P\{m_k^j \mid m_{k-1}^{i}\}$ 表示模型之间的转移概率,各个 UKF 的融合输入为

$$
\begin{aligned}
\hat{\boldsymbol{\zeta}}_{k-1}^{0j} &= \sum_{i=1}^{r}\hat{\zeta}_{k-1}^{i}\boldsymbol{\mu}_{k-1}^{ij} \\
\boldsymbol{P}_{k-1}^{0j} &= \sum_{i=1}^{r}\boldsymbol{\mu}_{k-1}^{ij}\left[\boldsymbol{P}_{k-1}^{i}+(\hat{\boldsymbol{\zeta}}_{k-1}^{i}-\hat{\boldsymbol{\zeta}}_{k-1}^{0j})\cdot(\hat{\boldsymbol{\zeta}}_{k-1}^{i}-\hat{\boldsymbol{\zeta}}_{k-1}^{0j})^{\mathrm{T}}\right]
\end{aligned}
\tag{3-35}
$$

式中,$\boldsymbol{\mu}_{k-1}^{ij}=\frac{1}{\bar{c}_j}p_{ij}\boldsymbol{\mu}_{k-1}^{i}$ 表示各个模型之间的混合概率,$\bar{c}_j=\sum_{i=1}^{r}p_{ij}\boldsymbol{\mu}_{k-1}^{i}$。

2)各模型并行滤波

以各自的混合初始输入为初始条件,各 UKF 并行滤波计算,基于各自模型得出 $\hat{\boldsymbol{\zeta}}_k^j$ 和 $\boldsymbol{P}_k^j$。UKF 的算法步骤如式(3-11)~式(3-23)所示。

3)模型概率更新

根据各个 UKF 的残差信息,基于假设检验的方法计算各 UKF 的模型与当前目标真实运动模型的匹配概率。根据 KF 理论,如果 UKF_j 的模型 m^j 与当前目标运动模型一致,那么 UKF_j 的残差为高斯白噪声,且噪声分布的均值为 0,设噪声的方差为 $\boldsymbol{S}_k^j$,则 k 时刻 m^j 为目标当前运动模型的似然函数 Λ_k^j 可以定义为

$$
\Lambda_k^j=N(\boldsymbol{\varepsilon}_k^j:0,\boldsymbol{S}_k^j)=\frac{1}{\sqrt{|2\pi\boldsymbol{S}_k^j|}}\exp\left[-\frac{1}{2}(\boldsymbol{\varepsilon}_k^j)^{\mathrm{T}}(\boldsymbol{S}_k^j)^{-1}\boldsymbol{\varepsilon}_k^j\right] \tag{3-36}
$$

式中:$\boldsymbol{\varepsilon}_k^j$ 为 UKF_j 的残差估计,$\boldsymbol{\varepsilon}_k^j=\boldsymbol{z}_k^j-\hat{\boldsymbol{Z}}_{k/k-1}^j$,$\boldsymbol{\varepsilon}_k^j$ 的方差计算公式为 $\boldsymbol{S}_k^j=E[\boldsymbol{\varepsilon}_k^j\cdot(\boldsymbol{\varepsilon}_k^j)^{\mathrm{T}}]=\boldsymbol{P}_{(zz)}^j$。

基于似然函数,更新各个模型的匹配概率为

$$
\boldsymbol{\mu}_k^j=p(m_k^j \mid \boldsymbol{z}_k)=\frac{1}{c}\Lambda_k^j\bar{c}_j \tag{3-37}
$$

式中,$c=\sum_{i=1}^{r}\Lambda_k^i\bar{c}_i$。

4)估计融合

将各个 UKF 的滤波结果基于各自模型的匹配概率加权融合,得到系统的融合估计值,即

$$\hat{\boldsymbol{\zeta}}_k = \sum_{i=1}^{r} \hat{\boldsymbol{\zeta}}_k^i \mu_k^i$$
$$\boldsymbol{P}_k = \sum_{i=1}^{r} \mu_k^i [\boldsymbol{P}_k^i + (\hat{\boldsymbol{\zeta}}_k - \hat{\boldsymbol{\zeta}}_k^i) \cdot (\hat{\boldsymbol{\zeta}}_k - \hat{\boldsymbol{\zeta}}_k^i)^{\mathrm{T}}] \tag{3-38}$$

根据上述 3 个步骤,路径规划模型的信念状态实现更新,即 $\boldsymbol{\xi}_k = \hat{\boldsymbol{\zeta}}_k, b_k^{\zeta}(\boldsymbol{\zeta}) = N(\boldsymbol{\zeta} - \boldsymbol{\xi}_k, \boldsymbol{P}_k)$。

综上,复杂机动目标的自主跟踪路径规划 POMDP 模型建立完成,为了实现路径规划 POMDP 模型的在线求解,设计提出了有限行动集算法。

3.3 自主跟踪路径规划模型的有限行动集算法

受模型框架的特点限制,POMDP 模型的计算量较大,难以实时精确求解。首先,状态空间的不确定性增加了对状态估计的滤波计算,同时在计算代价值时还要进行基于状态分布的积分运算,如式(3-26),相对于 MDP,这些过程增大了计算量。其次,与 MDP 一样,POMDP 模型是远视的决策模型,以未来长远的奖励或者代价为决策目标来计算当前的行动,远视的策略在带来较好的决策效果的同时也带来了较大的额外负担。因此,在实时决策的问题模型中,多采用近似算法对远期代价进行估计。

本章根据所建立的 POMDP 模型特点,基于蒙特卡罗法提出了有限行动集的算法来实时求解无人机目标跟踪的行动策略。

3.3.1 近似求解的思路

实时求解的核心工作是减小 POMDP 的计算量,有限行动集算法的思路就是从状态估计和远期代价的计算两个方面入手,做必要的近似和简化,减小行动值计算的计算量。

首先,在行动代价的计算方面,设目标不具备在较短时间内大幅度改变运动状态的能力,且所有数据关联正确,目标的代价函数计算可直接转换为对滤波状态协方差矩阵的迹的计算,即

$$C(b_k, \boldsymbol{A}_k) = \int \mathbb{E}_{\eta_{k+1}, w_k}[\| \boldsymbol{\zeta}_{k+1} - \boldsymbol{\xi}_{k+1} \|^2 \mid \boldsymbol{x}_k, \boldsymbol{\zeta}, \boldsymbol{\xi}_k, \boldsymbol{A}_k] b_k^{\zeta}(\boldsymbol{\zeta}) \mathrm{d}\boldsymbol{\zeta} = \mathrm{Tr}(\boldsymbol{P}_{k+1}) \tag{3-39}$$

其次，对于以滤波得出的估计值 $\boldsymbol{\xi}_k$ 来计算远期代价，代替该状态的信念，避免了高维概率密度函数的积分运算，将式(3-26) $J_H=\mathbb{E}\left[\sum_{k=0}^{H-1}C(b_k,A_k)\right]$ 近似为 $J_H\approx\sum_{k=1}^{H}C(\hat{b}_k,A_k)$ 。在本章后续文中 $\hat{b}_k$ 等上标符号表示基于当前滤波值对后续状态的预测。

3.3.2 算法流程

已知决策的行动空间 $\boldsymbol{A}_k=(a_k,\varphi_k)$，设 $a_k\in[a_{\min},a_{\max}]$，$\varphi_k\in[-\varphi_{\max},\varphi_{\max}]$。计算最优行动策略即在行动空间中搜索最优的 a_k 和 φ_k，计算公式如式(3-30)所示。为减少计算量，提高解算精度，有限行动集的方法将连续的行动空间转变为一个有限的行动集，即通过选取集合 $[(a_1,\varphi_1),(a_1,\varphi_2),\cdots,(a_N,\varphi_M)]$ 将行动空间离散化，其中，$[a_1,a_2,\cdots,a_N]$ 和 $[\varphi_1,\varphi_2,\cdots,\varphi_M]$ 分别表示连续行动空间中 a_k 和 φ_k 的典型值。基于有限行动集的最优行动策略选择步骤如下。

步骤1：选取 k 时刻的 x_k 和 $(\boldsymbol{\xi}_k,\boldsymbol{P}_k)$ 作为初始状态 $\hat{\boldsymbol{x}}_k$、$\hat{\boldsymbol{\xi}}_k$、$\hat{\boldsymbol{P}}_k$，并以概率 μ_k 最大的模型作为预测时限 H 内的运动模型。

步骤2：将 $\hat{\boldsymbol{x}}_k$ 和 NM 个行动值分别带入式(3-4)，预测 NM 个行动值时在 $k+1$ 时刻的状态 $\hat{\boldsymbol{x}}_{k+1}=\{\hat{\boldsymbol{x}}_{k+1}^1,\hat{\boldsymbol{x}}_{k+1}^2,\cdots,\hat{\boldsymbol{x}}_{k+1}^{NM}\}$。并将 $\hat{\boldsymbol{\xi}}_k$，$\hat{\boldsymbol{P}}_k$ 带入式(3-11)~式(3-23)得出协方差和 $\hat{\boldsymbol{P}}_{k+1}=\{\hat{\boldsymbol{P}}_{k+1}^1,\hat{\boldsymbol{P}}_{k+1}^2,\cdots,\hat{\boldsymbol{P}}_{k+1}^{NM}\}$。并计算得到 NM 个行动值在 k 时刻的代价 $\mathrm{cost}_k=\{\mathrm{Tr}(\hat{\boldsymbol{P}}_{k+1}^1),\mathrm{Tr}(\hat{\boldsymbol{P}}_{k+1}^2),\cdots,\mathrm{Tr}(\hat{\boldsymbol{P}}_{k+1}^{NM})\}$。

步骤3：预测目标状态 $\hat{\boldsymbol{\xi}}_{k+1}=\boldsymbol{F}\hat{\boldsymbol{\xi}}_k$，同时预测无人机 $k+2$ 的状态和行动代价，并将累加预测的行动代价。

步骤4：预测递推值 $k+H$ 时刻，将各次预测的行动代价累加，建立如图3-6所示的行动与代价相对关系树状结构图，至此，无人机状态预测空间和代价累加空间均包含 NM^H 个元素。

步骤5：找出预测代价最小的行动方案，沿图3-6中虚线所示向前回溯，当前状态下的最优行动值 $\boldsymbol{A}_k$ 即为最优行动策略在 k 时刻的行动值。

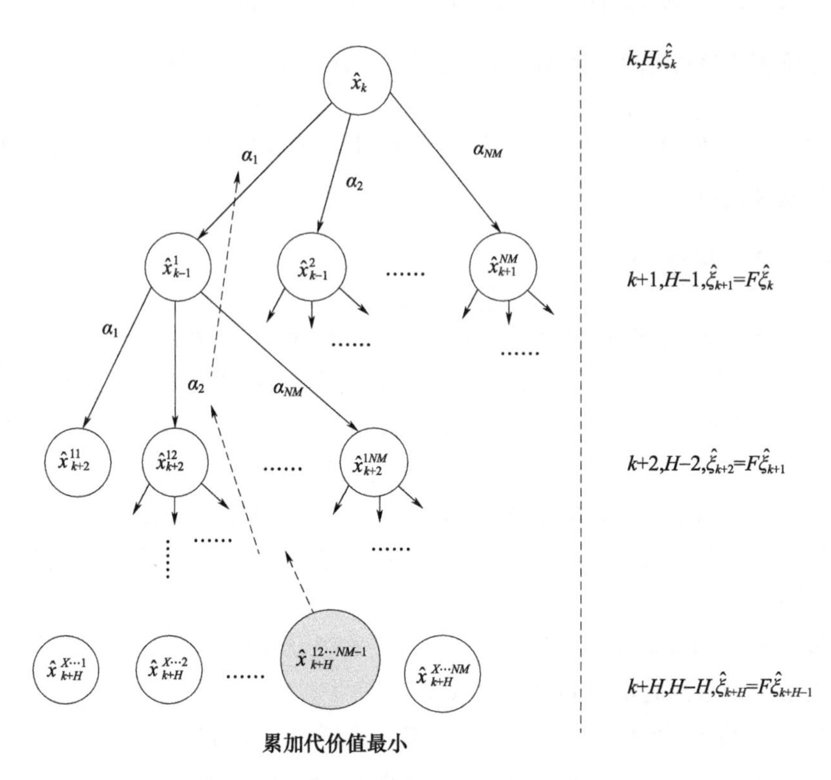

图 3-6 有限行动集方法产生的树状结构

3.4 仿真分析

3.4.1 目标简单机动的仿真分析

目标简单机动场景的仿真实验分为两个场景，第一个场景中无人机对远距离的单个目标保持跟踪，第二个场景中无人机对近距离的两个目标保持跟踪。仿真试验基于跟踪效果和飞行轨迹对算法进行分析。

3.4.1.1 无人机对远距离单目标跟踪

无人机对远距离单目标跟踪的过程中，无人机的初始坐标为(0km，80km)，目标与无人机的初始距离超过100km，目标的初始坐标为(100km，

100km)。无人机的初始速度为40m/s,速度方向角为0°,即朝横坐标方向飞行,目标的横向速度和纵向均为-80m/s,即目标从(100km,100km)点向(0,0)点飞行。

在实际情况中,如果无人机在跟踪过程中距离目标过近,会被目标发现并击毁,因此在跟踪过程中,不能进入目标周围的威胁区域。仿真中设定目标威胁区域为其周围半径 $d=30\text{km}$ 的圆。

在计算行动代价值时,如果预测状态中无人机和目标的距离小于威胁区半径,则在代价值计算时加上惩罚项即为

$$C(\hat{b}_k,\boldsymbol{A}_k)=\text{Tr}(\hat{\boldsymbol{P}}_{k+1})+L/D(\hat{\boldsymbol{x}}_{k+1},\hat{\boldsymbol{\xi}}_{k+1}) \tag{3-40}$$

选择加速度大小为$\{-8\text{m/s}^2,-5\text{m/s}^2,0,10\text{m/s}^2,20\text{m/s}^2\}$5个值,倾斜角为$\left\{-\frac{\pi}{4},0,\frac{\pi}{4}\right\}$3个值,组成15套行动方案的行动空间。分别对预测时限 $H=2$ 和 $H=3$ 的情况进行仿真,得到轨迹态势图和滤波位置误差的均方根值(Root Mean Square,RMS),RMS为50次仿真的平均值。

从图3-7中可以看出,$H=3$ 时无人机的飞行轨迹比 $H=2$ 时平滑,这是由于较长的预测时限能分析出当前行动对更远未来状态的影响,对进入威胁区域等状态能够更早预知判断,进而选择的行动值相对更优。

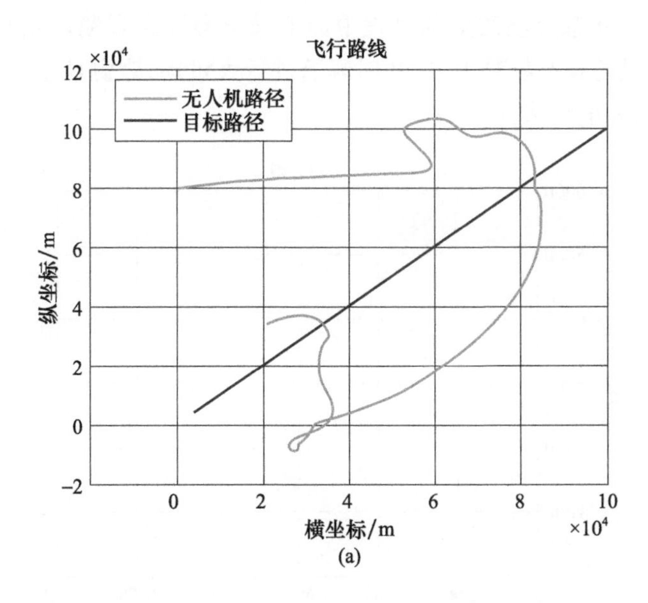

(a)

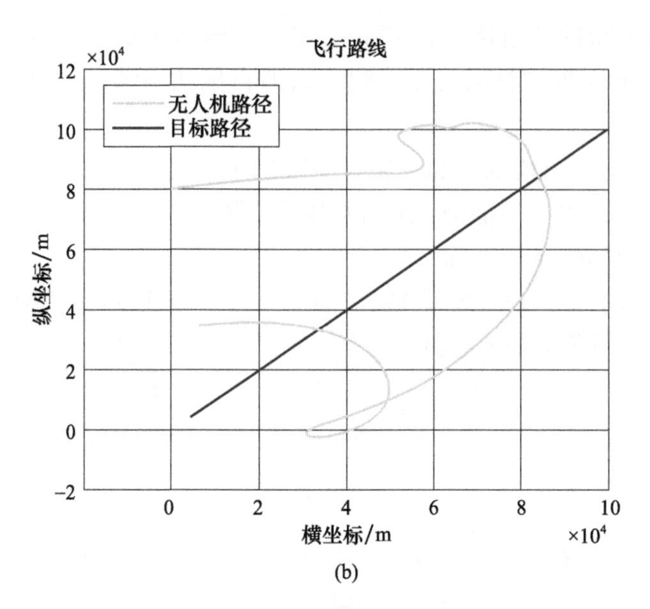

(b)

图3-7　远距离单目标跟踪态势轨迹图(见彩图)

(a) $H=2$; (b) $H=3$。

从图3-8中可以发现,$H=2$时,对目标跟踪的误差整体上高于$H=3$的情况,这是由于在被动探测条件下,无人机获得的观测值是方位角度值,角度值比较小,在无人机状态大幅改变的过程中加上噪声会导致观测值相对误差增大,$H=2$时无人机的状态相对于$H=3$时频繁进行大机动,观测值误差的增加将导致整体滤波误差的增大。

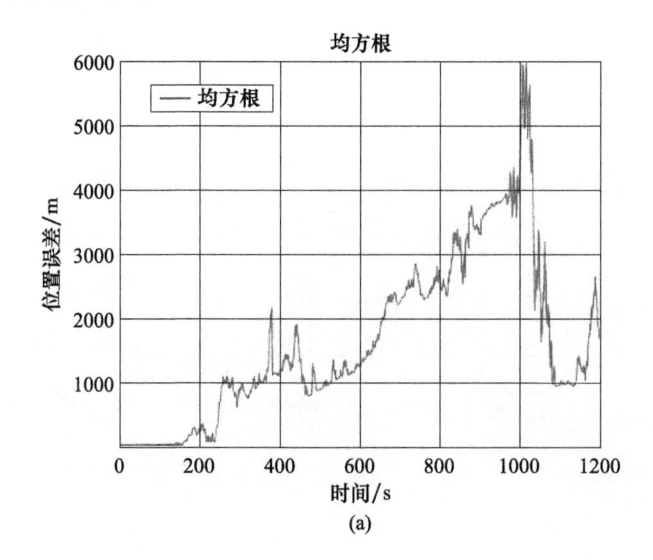

(a)

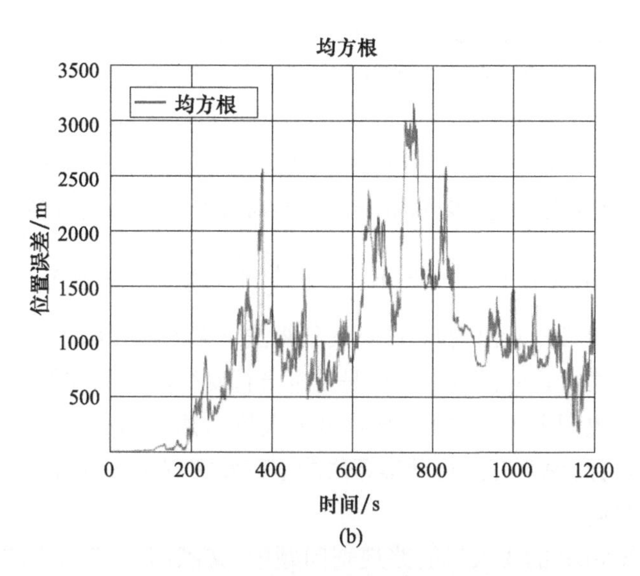

(b)

图 3－8　远距离单目标跟踪过程的位置误差 RMS
(a)$H=2$;(b)$H=3$。

从表 3－1 中可以看出,$H=3$ 时无人机较 $H=2$ 时能更快到达目标区域,飞入目标威胁区的距离也比 $H=2$ 时短。在行动空间相同,即控制精度相同的情况下,$H=3$ 时无人机进入威胁区超过 200m 和 500m 的飞行时间均远远低于$H=2$ 时的情况。

在 CPU 为 2.19GHz,内存为 4G 的计算机条件下,$H=3$ 时算法的执行时间为 850ms,采样周期 $T=1$s。结果表明有限行动集算法能够有效完成无人机被动探测路径规划,在更好的计算机平台上,提高预测时限和行动空间,能够达到更好的计算效率和跟踪精度。

表 3－1　不同预测时限下无人机飞行路径数据

预测时限	到达目标区域时间/s	飞入威胁区最远距离/m	在威胁区内飞行的时间/s	进入威胁区超过200m 的飞行时间/s	进入威胁区超过500m 的飞行时间/s
$H=2$	207	8978	601	247	216
$H=3$	200	5167	558	91	67

3.4.1.2　无人机对近距离双目标跟踪

无人机对近距离的双目标跟踪的仿真主要验证有限行动集算法能否有效规划无人机的航路,保证无人机对两个目标的跟踪效果。

设定无人机的初始坐标为(50km,0km),目标 1 的初始坐标为(50km,0.6km),目标 2 的初始坐标为(50km,-0.6km)。无人机的初始速度为 40m/s,速度方向角为 0,即朝横坐标方向飞行,目标 1 和目标 2 的横向速度为 -50m/s,纵向速度均为 0,即两个目标相距 1.2km,从各自出发点水平向横轴反方向飞行。

相对于单目标跟踪,在多目标跟踪中计算行动代价值时,对各个目标的行动代价累加求和,即 $C(\hat{b}_k,A_k)=\mathrm{Tr}(\hat{\boldsymbol{P}}_{k+1})=\sum_{i=1}^{N_{\text{target}}}\mathrm{Tr}(\hat{\boldsymbol{P}}_{k+1}^{i})$,其中 N_{target} 是目标数量。

从图 3-9 中可以看出,在有限行动集算法下无人机在两个目标之间来回交替飞行,实现对两个目标的跟踪。但是基本飞行受行动空间的限制,轨迹的转弯半径较大,从位置误差 RMS 的情况看出无人机对两个目标的跟踪效果基本相同,没有丢失目标,说明有限行动集算法能够有效实现无人机对双目标被动探测跟踪的路径规划。

在基于 POMDP 的无人机航路规划问题中,文献[77-79]中均使用一种名义信念状态优化(Nominal Belief-state Optimization,NBO)算法求解最优行动策略,其算法中用克拉美罗下界计算预测状态的协方差矩阵,即

$$\hat{\boldsymbol{P}}_{k+1}=[(\boldsymbol{F}\hat{\boldsymbol{P}}_k\boldsymbol{F}^{\mathrm{T}}+\boldsymbol{Q})^{-1}+\boldsymbol{H}_{k+1}^{\mathrm{T}}[\boldsymbol{R}_{k+1}]^{-1}\boldsymbol{H}_{k+1}]^{-1} \tag{3-41}$$

式中,$\boldsymbol{H}$ 为观测矩阵,对于非线性观测方程,$\boldsymbol{H}$ 为观测函数的雅各比矩阵。对于最优行动策略的计算,NBO 算法采用 MATLAB 的 fmincon 函数计算使行动代价累积值 $\sum_{k=1}^{H}C(\hat{b}_k,\boldsymbol{A}_k)$ 最小的行动策略。

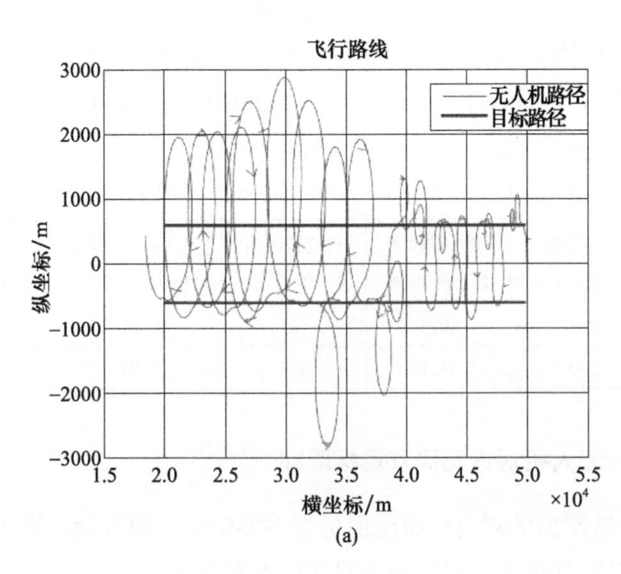

(a)

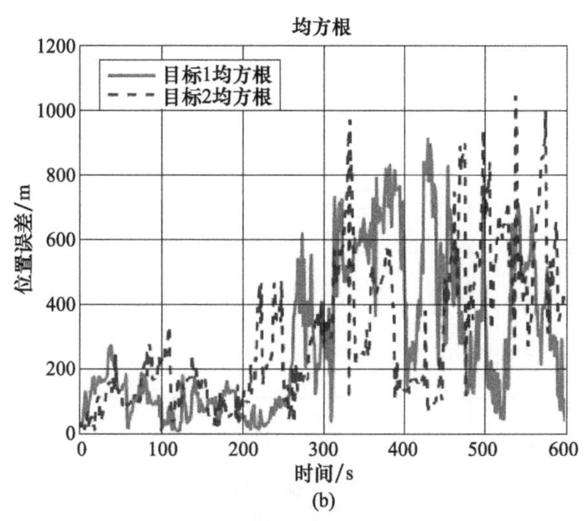

(b)

图3-9　有限行动集算法下无人机对双目标被动跟踪情况(见彩图)
(a)态势轨迹图;(b)位置误差RMS。

在NBO算法中,对目标的观测方程均设定为简单的线性关系。从图3-10可以看出,在观测方程为线性的情况下,NBO求解算法能够使无人机在两个目标之间来回交替飞行,实现对两个目标的跟踪,而且由于fmincon函数求出的行动值是连续空间内的精确值,相对于有限行动集内的最优值,其对无人机的控制精度更高,所以图3-10中无人机的轨迹更加平滑,只在两个目标之间来回飞行。但是在观测方程为非线性的情况下,NBO算法求解的无人机的轨迹非常混乱,最终还飞离了目标区域,跟踪失败,原因在于NBO算法在计算过程中通过线性化舍弃了非线性观测方程的高阶信息,再加上优化算法初始值的选取等因素,导致其求解的行动值不是最优值。

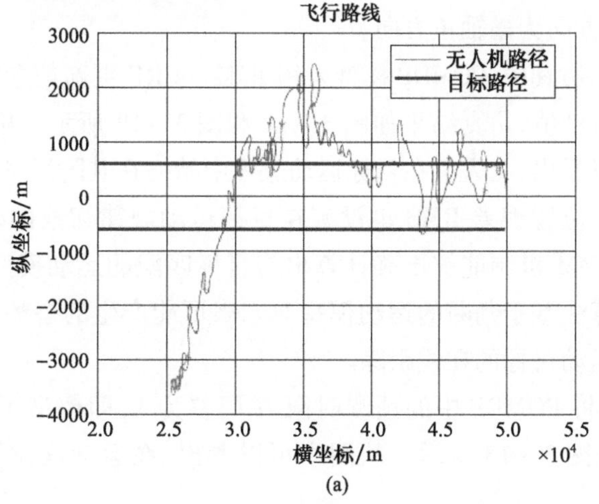

(a)

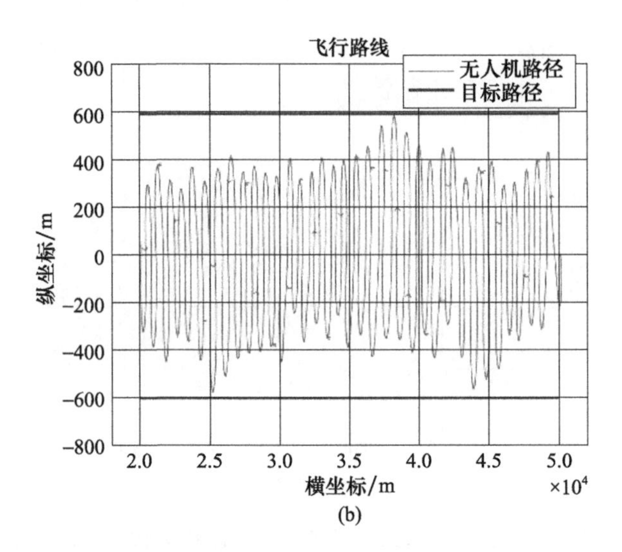

(b)

图3－10　基于 NBO 算法的无人机双目标跟踪路径（见彩图）

（a）非线性观测；（b）线性观测。

经过上述仿真结果的分析，证明本章提出的有限行动集算法能够完成 POMDP 模型的实时解算，得出的决策能够控制无人机保持对目标的自动跟踪。相比 NBO 算法，有限行动集算法简单实用，更适用于非线性观测函数。

3.4.2　目标复杂机动的仿真分析

目标复杂机动场景的仿真实验中，设定目标具有三种运动模型，除了匀速直线运动（CV）外，还包括匀速左转（CTL）和匀速右转（CRL）。目标从初始时刻开始依次进行直线、左转、右转和直线运动，每个运动均持续 60s。初始位置为坐标原点，初始运动方向为横轴正方向。

首先进行的仿真中，POMDP 模型采用 IMM－UKF 更新信念状态，有限行动集合算法解算行动值，仿真结果如图 3－11 和图 3－12 所示。从无人机路径规划仿真结果可以看出，无人机在目标运动过程中始终在其附近飞行，没有偏离目标的运动轨迹。位置误差 RMS 也没有在目标运动规律切换的时刻急剧增加，图 3－14 证明 IMM 机制能够准确计算出与目标匹配的运动模型。仿真结果证明有限行动集算法基于判断的运动模型对未来可能产生的态势进行计算，能够实现了对复杂运动目标的在线跟踪。

作为对比，将 POMDP 中的预测时限 H 调整为 1，即模型不考虑远期预测时，RMS 结果如图 3－13 所示。从图中可以看出，在运动规律切换的时刻，定位误差明显升高，此外，整个过程中的平均误差为 13.51m，远高于图 3－12 中考虑了远期预测的 1.84m。证明了在 POMDP 模型中，通过 IMM－UKF 算法和目标长期状态的预测，无人机能够确定目标的运动模型。基于有限行动集算法得出的行动策略能够让无人机识别目标的运动规律，以便于对目标保持紧密跟踪。

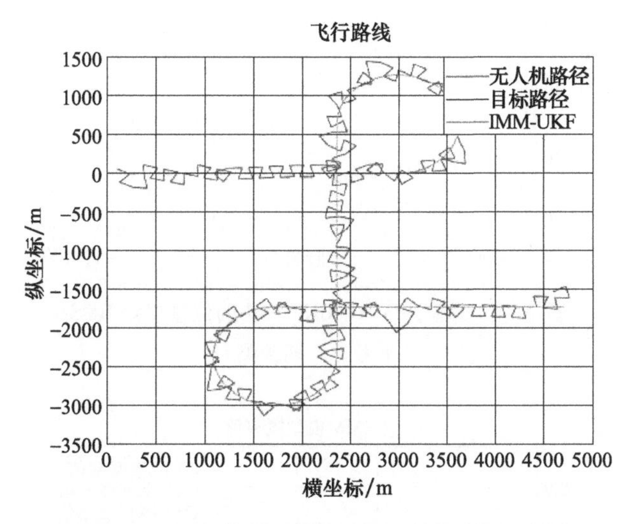

图 3－11　目标状态估计和无人机路径规划（见彩图）

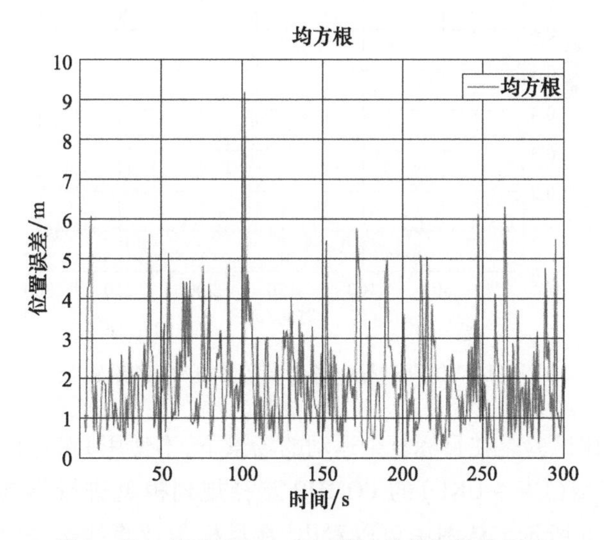

图 3－12　基于 IMM－UKF 算法的位置误差 RMS
（考虑远期预测）

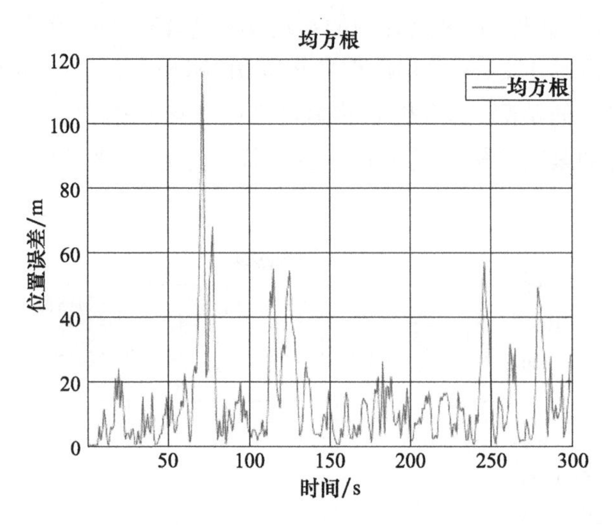

图 3-13　基于 IMM-UKF 算法的位置误差 RMS
（不考虑远期预测）

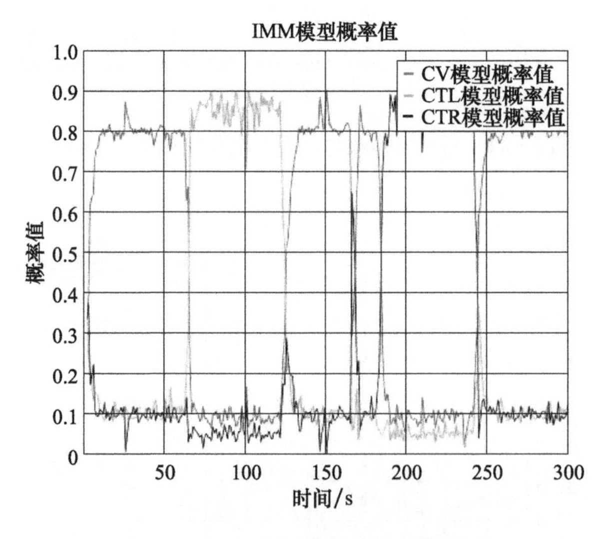

图 3-14　仿真过程中各个模型的概率值(见彩图)

另一组对比试验是在目标复杂运动的场景下,不使用 IMM,而是采用匀速直线运动单一模型(CV-UKF)的 POMDP 路径规划模型进行仿真,仿真过程的 RMS 如图 3-15 所示。从图中可以看出,在目标匀速直线运动时,目标状态估计的误差较小,但是在目标进行左转和右转的过程中,RMS 急剧增大。在自主跟踪的过程中,如果跟踪误差过大,无人机的运动决策不能及时调整,会将误差不断扩大，最终导致跟踪失败。CV－UKF和IMM－UKF的结果对比证明，在POMDP模型中引入IMM机制能够有效提升无人机对复杂运动目标的在线跟踪效果。

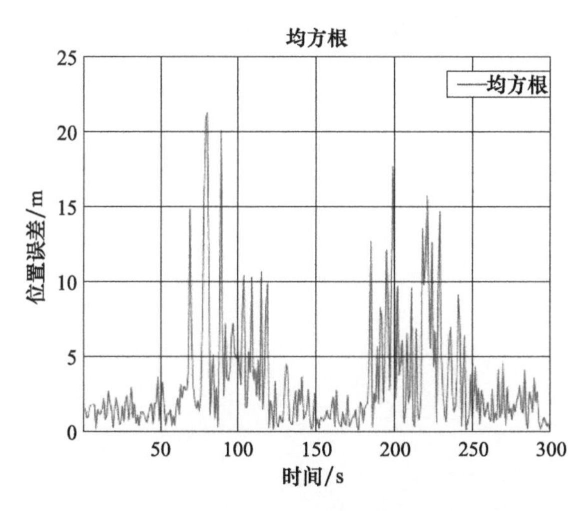

图3－15　基于CV－UKF算法的位置误差RMS

在系统方程和观测方程均为非线性的情况下，如图3－16所示，NBO算法求解的无人机的轨迹较之于有限行动集算法求解的飞行轨迹混乱，这是因为NBO算法在将模型线性化的过程中舍弃了非线性观测方程的高阶信息，再加上初始值的选取等因素，导致其求解的行动值不是最优值。

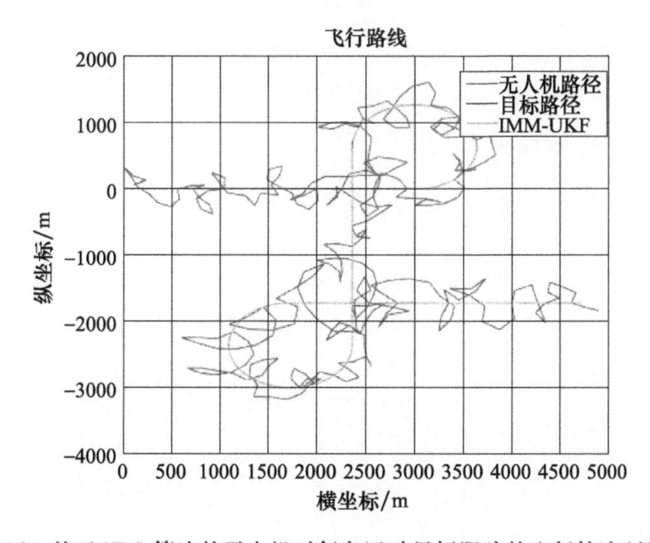

图3－16　基于NBO算法的无人机对复杂运动目标跟踪的飞行轨迹(见彩图)

综上所述,在 POMDP 模型的状态转移规律中使用 IMM 算法能够比单一模型有效提高跟踪精度,更加适应于复杂机动目标的跟踪。其次,有限行动集算法能够完成无人机对目标跟踪的路径规划求解,相比 NBO 算法,有限行动集算法简单实用,更适用于非线性观测条件下的目标跟踪路径规划。

第4章 基于DQN的实时避障路径规划

4.1 引 言

无人机实时路径规划是无人机基于任务目标,进行自主控制飞行的核心问题,其目标是在未知环境信息的情况下,获得从出发地到预定目的地的一条满足要求的路径,并且该路径需满足无人机机动性能、续航时间等约束条件[80]。

实时路径规划问题目前已经有了很多研究成果,像D*算法[81]、LPA*(Lifelong Planning A*)算法[82]和D* Lite算法[83]等,但是当从未知环境探测到的高维障碍物数据时,基于地图的传统算法由于测绘困难而存在一定的局限性。此外,当实时路径规划的未知环境动态变化时,会使构建的地图失去及时性并变得不准确[84]。

深度强化学习的兴起,为路径规划提供了一个新的思路。通过深度强化学习算法对神经网络进行训练,可以将训练好的神经网络用于实时路径规划,获得最佳路径。这种方法不依赖于地图测绘,在没有障碍物地图的情况下依然能够进行路径规划,能够有效地克服传统算法存在的问题[85]。

目前,深度学习与强化学习在路径规划领域已经开始应用。2020年,文献[86]提出了一种基于深度强化学习的路径规划方法,能够在方形细胞图上成功进行路径规划。在2021年,又进行了基于真实地图的模拟实验[87],但是该方法能否成功十分依赖初始化。文献[88]提出了一种在具有潜在敌方威胁的动态环境下无人机路径规划的深度强化学习方法,利用神经网络得到动作集的Q值,以此来规划路径,但是该方法的动作集方向固定且未考虑无人机运动约束,得到的路径不一定适合无人机飞行。

在人工智能领域，有学者实现了基于前馈神经网络(Feed - forward Neural Network，FNN)的无人机避障模型[89]，在该模型中，无人机运用训练好的 FNN 网络能够有效地规避障碍物，规划出合理的路径。但是 FNN 网络只考虑当前的环境输入，路径规划作为一个复杂决策问题，只靠当前的环境情况做出单步决策是不够精确的。

还有学者实现了一种基于 LSTM 神经网络和强化学习的移动机器人局部路径规划方法[90]，该方法将 LSTM 网络与强化学习算法进行结合，解决了机器人在未知和复杂的环境中存在规划过程中的局部死锁和路径冗余问题，该方法还能够提高路径规划的成功率，优化路径长度。但是在动态环境下的路径规划问题还不够成熟，存在一定缺陷。

综上可以看出基于深度强化学习的无人机路径规划研究还存在很多不足。现有的研究主要是基于 FNN 网络，但是 FNN 网络只能进行单步决策，无法利用之前探索的环境信息，而 LSTM 网络的记忆功能可以有效缓解这一问题[90]。目前基于 LSTM 网络的无人机实时路径规划还不够全面，本章提出了一种基于 LSTM 网络的 DQN 算法来解决无人机实时路径规划问题。

本章后续内容安排如下，首先建立无人机实时路径规划模型，然后基于无人机运动模型和运动场景构造马尔可夫决策过程，将该马尔可夫决策过程与 DQN 算法和 LSTM 网络结合，得出 RPP - LSTM 算法，最后，通过仿真实验及结果分析，验证本章所提出算法的可行性和有效性。

4.2 无人机路径规划问题建模

基于无人机运动过程和运动约束，建立无人机运动模型。再结合实时路径规划约束，得到无人机路径规划问题模型。

4.2.1 无人机运动模型

在本章中，假设无人机飞行高度为某一常数，即将无人机的运动可以简化为 $X-Y$ 平面内的二维运动。基于此假设，使用二维固定坐标系(x_t, y_t)来表示无人机在 t 时刻的绝对位置，使用 ψ_t 表示无人机当前航迹偏航角，$[x_t, y_t, \psi_t]$即可表示当前无人机的位置状态。

无人机位置状态量的改变则由无人机控制变量$(\omega_t, v_t, \Delta t)$进行控制，包括无人机 t 时刻的航迹偏航率 ω_t，飞行速度 v_t 和时间步长 Δt。基于该变量，位置

状态变量的增量可以描述为

$$\begin{cases}\Delta\psi_t = \omega_t \Delta t \\ \Delta x_t = v_t/\omega_t[\sin(\Delta\psi_t - \psi_t) + \sin\psi_t] & \omega_t \neq 0 \\ \Delta y_t = v_t/\omega_t[\cos(\Delta\psi_t - \psi_t) - \cos\psi_t] & \omega_t \neq 0\end{cases} \tag{4-1}$$

则下一时刻的位置状态变量为

$$\begin{bmatrix} x_{t+1} \\ y_{t+1} \\ \psi_{t+1} \end{bmatrix} = \begin{bmatrix} x_t \\ y_t \\ \psi_t \end{bmatrix} + \begin{bmatrix} \Delta x_t \\ \Delta y_t \\ \Delta\psi_t \end{bmatrix} \tag{4-2}$$

式中的下标 $t+1$ 指 $t+\Delta t$，表示下一次的决策时间。

由于受到自身物理条件限制，无人机在飞行过程中具有一些极限属性，若无人机运行参数超过这些极限属性值，则无人机自身安全性大幅下降，所以无人机在飞行中存在以下约束条件。

1）最大转弯角约束

假设无人机以恒定速度 V 飞行，其采样时间为 ΔT，那么步长 L 可近似为 $L = V \cdot \Delta T$。无人机最大侧向过载为 $N_{y\max}$，航迹偏角为 χ。则无人机进行水平转弯时如图 4-1 所示。

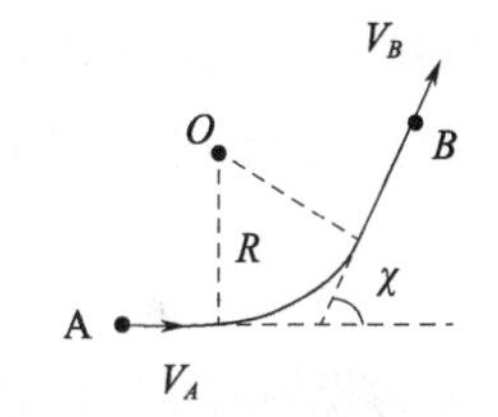

图 4-1　飞机转弯角示意图

其中 A 点为当前航迹点，V_A 为当前速度方向，B 为下一航迹点，V_B 为下一航迹点速度方向。由于受到最大侧向过载的限制，无人机水平转弯在一定步长内的存在最大水平转弯角 $\chi_{\max}$，其计算公式为[91]

$$\chi_{\max} = 2\arcsin\left(\frac{L}{2R_{\min}}\right) \tag{4-3}$$

式中

$$R_{\min} = \frac{V^2}{g\sqrt{N_{y\max}^2 - 1}} \tag{4-4}$$

2）最大飞行距离约束

假设规划出的某路径具有 n 个路径点，在考虑到飞机发动机性能的前提下引入误差量 Δ_L，则可得到最大飞行距离约束，即[92]

$$L + \Delta_L = \sum_{i=1}^{n} L_i + \Delta_L < L_{\max} \tag{4-5}$$

式中：L 为路径总长度；Δ_L 为路程误差量；L_i 为第 i 个路径点与第 $i+1$ 个路径点

之间的距离；L_{max}为最大飞行距离。

基于以上无人机运动模型，可以得到无人机每次决策的运动过程如图 4－2 所示。

图中(x_t,y_t,v_t,ψ_t)为当前路径点的运动参数，$(x_{t+1},y_{t+1},v_{t+1},\psi_{t+1})$为下一路径点的运动参数，两个路径点之间的弧线为实际航迹。

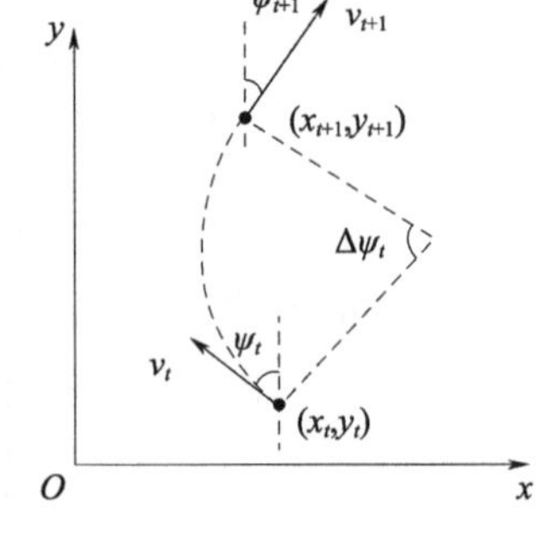

图 4－2　无人机决策过程

4.2.2　实时路径规划约束

无人机在进行实时路径规划过程中，会遇到各类障碍物，无人机需要根据当前的位置状态与环境情况做出决策，使得无人机能够顺利避开障碍物，到达目标点，完成任务。对于不同的决策方式，最终得到的路径往往不同，为了评价无人机路径的优劣性，可以基于以下指标进行评价。

1）路径长度

路径长度是评判路径优劣的最明显指标。对于一条路径而言，在能够顺利到达目标点的前提下，路径长度越短，该路径越好。路径长度 PL 的计算为

$$PL = \sum_{k=1}^{n} v_{tk}\Delta t_k \tag{4-6}$$

式中，n 为规划的路径的总步长。

2）路径平滑度

路径平滑度表现无人机路径从起点到目标点的整体过程中，航迹偏航角的调整幅度，在本章中使用航迹偏航角的方差 σ_ψ^2 判断该指标，σ_ψ^2 的计算公式为

$$\sigma_\psi^2 = \frac{\sum_{i=1}^{n}(\psi_i - \overline{\psi})}{n-1} \tag{4-7}$$

对于一条路径而言，σ_ψ^2 越小表明该路径航迹偏航角的改变量越小，无人机路径越平滑。当 σ_ψ^2 为 0 时，路径为一条直线。

3）路径点与障碍物的最小距离

在两条路径趋势相同且长度相差不大的情况下，路径点与障碍物的最小距离就是判断两条路径优劣的关键性指标。在保证安全距离的前提下，当路径点与障碍物的距离越小时，表明该路径的避障精度越高。路径点与障碍物的最小距离 d_{min}的计算公式为

$$d_{min} = \min(d_{t1}, d_{t2}, \cdots, d_{tn}) \tag{4-8}$$

式中，d_{ti}为第 i 个路径点与障碍物的最小距离。

无人机在路径规划过程中，为了获取当前环境情况，一般会装备有多种传感器，包括摄像机、雷达、超声波测距仪等，基于这些传感器所测得的数据获取环境信息。因为摄像机和雷达等传感器具有各自的局限性，所以采用超声波测距仪测得的距离信息作为当前环境信息。

超声波测距仪的距离信息如图 4-3 所示，当无人机在 t 时刻对周围环境信息进行探测时，可以得到不同方向的障碍物距离信息 d_i。当障碍物距离大于超声波探测器的最大距离 $d_{\max}$时，$d_i = d_{\max}$。当 d_i 较小时，代表无人机在该方向已经接近障碍物。

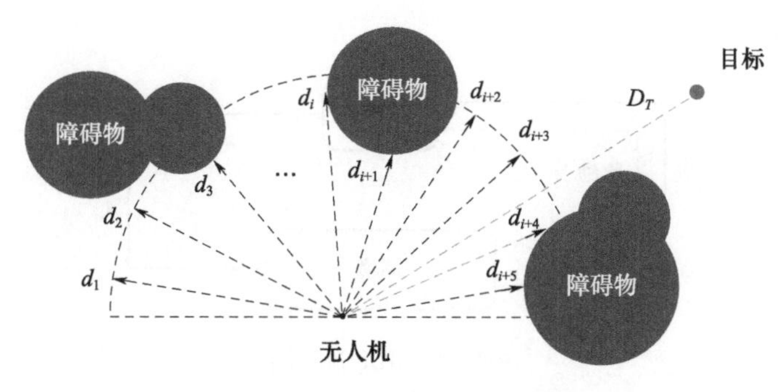

图 4-3　障碍物距离信息示意图

4.3　无人机实时路径规划决策模型

将无人机路径规划模型转化为 MDP，并在 DQN 算法的基础上，利用 LSTM 网络的记忆特性提出了 RPP-LSTM 算法。

4.3.1　马尔可夫决策过程

将马尔可夫决策过程定义为(S,A,ρ,f)四元组。其中 S 为所有环境状态 $\boldsymbol{s}_t$ 的集合，$\boldsymbol{s}_t$ 为 t 时刻智能体所处的环境状态，A 为智能体可以做出的所有动作的 a_i 集合，$r_t \sim \rho(\boldsymbol{s}_t, a_i)$ 是智能体在 $\boldsymbol{s}_t$ 环境下做出动作 a_i 所获得的立即奖赏，$\boldsymbol{s}_{t+1} \sim f(\boldsymbol{s}_t, a_i)$ 为智能体在 $\boldsymbol{s}_t$ 可能做出动作 a_i 转移到下一环境状态 $\boldsymbol{s}_{t+1}$ 的概率。对本章而言，路径规划问题的状态空间为

$$\boldsymbol{s}_t = [x_t, y_t, D, \psi, \Delta\alpha, d_1, d_2, d_3, \cdots, d_9] \tag{4-9}$$

式中:x_t 和 y_t 为当前航迹点的位置坐标;D 为当前航迹点与目标点之间的距离;ψ 为当前航迹偏航角;α 为无人机当前位置与目标的连线和正北方向的夹角,$\Delta\alpha$ 为 ψ 与 α 角之间的差值。d_i 为无人机前方一定角度内障碍物的距离,选取其中的 9 个角度数据。根据无人机运动模型,路径规划问题的动作集为无人机航迹偏航角的差值 $\Delta\psi_i$,$0\leqslant\Delta\psi_i\leqslant\chi_{\max}$。

根据得到的无人机路径规划问题的状态集与动作集,可构建马尔可夫决策过程。MDP 具体流程如图 4-4 所示,无人机从当前时刻 t 出发,通过当前位置信息和超声波测距仪得到周围的环境状态$\boldsymbol{s}_t$,基于该环境状态做出一定的动作,到达下一个路径点。在到达下一个路径点后,根据奖惩函数得到立即奖励值 r_t,再重复以上行为。

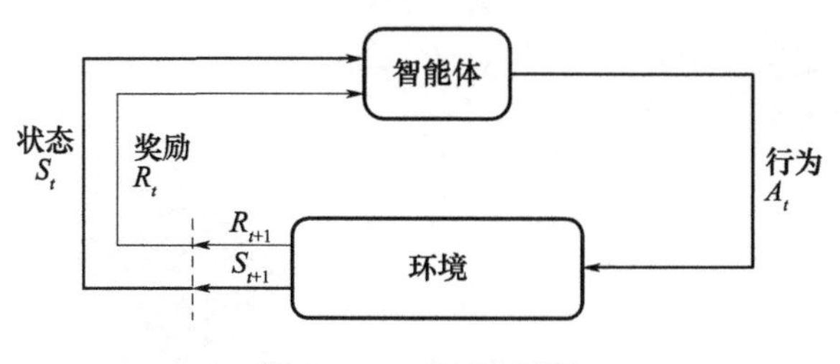

图 4-4　MDP 流程图

无人机每执行一个动作,到达新的环境,就会返回一个立即奖励值,但是 DQN 算法中 Q 值却不是简单地将立即奖励值叠加。由于马尔可夫决策过程满足下一时刻的状态只取决于当前时刻的状态,与之前的状态无关,故而当用 G_t 代表当前时态所具有的回报值时,则 G_t 是未来所有时刻的立即奖励 r_t 的叠加。即

$$G_t = r_{t+1} + \lambda r_{t+2} + \cdots = \sum_{k=0}^{\infty} \lambda^k r_{t+k+1} \tag{4-10}$$

式中,λ 为折扣因子,一般小于 1。λ^k 会随着 k 的增加而减小,表明对 G_t 而言,当前动作的立即奖励是最重要的,之后的奖励影响力逐渐下降。但是要计算当前时刻之后的所有奖励值难以实现,故而,需引入价值函数来对当前动作的潜在价值进行评估,经过计算可得到:

$$Q_t(\boldsymbol{s}_t,a_t) = Q_t(\boldsymbol{s}_t,a_t) + \alpha(r_{t+1} + \lambda \max_a Q_t(\boldsymbol{s}_{t+1},a_t) - Q_t(\boldsymbol{s}_t,a_t)) \tag{4-11}$$

此时的 $Q_t(s_t,a_t)$ 为在 $\boldsymbol{s}_t$ 环境下做出动作 a_t 的奖励值,α 为学习率。

4.3.2　基于 LSTM 的无人机实时路径规划算法

DQN 算法是结合了神经网络与 Q 学习算法的一种算法,利用 Q 学习算法的

强大训练能力与神经网络的优秀拟合能力，DQN 算法使得系统能够对复杂的输入输出进行学习。

DQN 算法的基本原理如图 2－3 所示。首先对系统进行初始化，将环境状态量 $\boldsymbol{s}$ 输入到当前值 Q 网络中去，根据动作选择策略获得能够得到最大 Q 值的动作 a。将执行动作 a 传输给环境系统，根据环境信息和奖惩函数得到下一状态环境状态量 $\boldsymbol{s}_{t+1}$ 和当前奖励 r，再通过当前位置判断是否终止当前探索。在探索过程中将获得的向量 $(\boldsymbol{s},a,r,\boldsymbol{s}_{t+1})$ 存储到回放记忆单元中；然后，经过一定时间后对回放记忆单元进行采样。目标值网络利用采样得到的 $(\boldsymbol{s},a,r,\boldsymbol{s}_{t+1})$ 向量计算出新的 a 值，使用随机梯度下降算法更新当前值网络的相关参数，以实现对复杂函数的逼近。影响 DQN 算法结果的重要因素为动作选择策略和奖惩函数，针对无人机路径规划问题，本章提出了相匹配的动作选择策略与奖惩函数。

1）动作选择策略

一般来说，在路径规划中前期探索概率较高、利用概率较低，而后期探索概率较低、利用概率较高。在前期追求准确估计，在后期尽可能求得最大奖励，就能够较好的完成路径规划任务。本章选择使用改进型 ε－贪婪策略，在前期尽可能探索，后期尽可能利用，以提高神经网络的训练效率，达到尽可能大的平均奖励。具体形式为

$$\varepsilon_{j+1}=\begin{cases}\varepsilon_j+\Delta\varepsilon\cdot \mathrm{e}^{-\mathrm{num\_episode}} & \varepsilon_j<\varepsilon_{\max}\\ \varepsilon_{\max} & \text{其他}\end{cases} \tag{4-12}$$

2）奖惩函数

奖惩函数为

$$r=\begin{cases}r_{\mathrm{obstacle}} & |q_t(x,y)-q_0(x,y)|\leqslant D_{\mathrm{safe}}\\ r_{\mathrm{goal}} & |q_t(x,y)-q_g(x,y)|\leqslant L\\ r_{\psi} & |\psi_t-\alpha|\leqslant\psi_r\\ r_d & d_t-d_{t-1}\leqslant 0\end{cases} \tag{4-13}$$

式中：$q_t(x,y)$ 为当前无人机位置坐标；$q_0(x,y)$ 为障碍物位置坐标；$q_g(x,y)$ 为目标点位置坐标；D_{safe} 为最小安全距离；L 为步长；ψ_t 为当前航迹偏航角；α 为无人机当前位置与目标的连线和正北方向的夹角；ψ_r 为一常值，设其为奖励航迹角；d_t 和 d_{t-1} 分别为此时刻和上一时刻无人机与目标之间的距离。

当障碍物与无人机的距离小于安全距离时，即认为无人机与障碍物相撞，奖惩函数返回碰撞奖励值 r_{obstacle}。当目标点与无人机的距离小于步长时，即认为无人机到达目标点，任务完成，奖惩函数返回到达奖励值 r_{goal}。

当 α 角与当前航迹偏航角 ψ_t 差值的绝对值小于奖励航迹角 ψ_r 时，认为无人机航迹方向正确，奖惩函数返回航迹角奖励值 r_ψ。当无人机距离目标点位置较上一步更近时，即 $d_t - d_{t-1} \leqslant 0$，奖惩函数返回距离奖励值 r_d。

这四种奖励的优先级如表 4－1 所列。

表 4－1　各奖励优先级

奖励类型	优先级
碰撞奖励	1
到达奖励	2
航迹角奖励	3
距离奖励	4

3）LSTM 网络

基础的 DQN 算法的 Q 网络为前馈神经网络，其动作决策只考虑当前环境状态，所以对于多步决策问题存在一定的局限性。无人机实时路径规划问题就是一个典型的多步决策问题，在做出当前决策时，不仅要考虑当前环境状态，还需要考虑前序的环境状态，所以本章引入 LSTM 网络解决该问题。

LSTM 网络作为一种 RNN 网络，相比传统的 RNN 网络有着更为精细的信息传递机制。通过特殊的网络设计，LSTM 网络能够以非常精确的方式改变记忆，应用专门的学习机制来记住、更新信息，这有助于在更长时间内跟踪信息，可以“记住”时间间隔非常长的历史信息。对于路径规划问题而言，LSTM 网络在理论上具有很好的适应性，本章使用 LSTM 网络构建 DQN 算法中的 Q 网络。

LSTM 网络的输入为时间序列信息，将上一路径点的信息与此路径点的信息作为输入，即由环境状态量 $\boldsymbol{s}_{t-2}$、$\boldsymbol{s}_{t-1}$、$\boldsymbol{s}_t$，动作 a_{t-2}、a_{t-1}、a_t 所组成的时间序列 $\boldsymbol{X}_{t-2}$、$\boldsymbol{X}_{t-1}$、$\boldsymbol{X}_t$。输出为动作 a_t 所对应的 Q 值。当使用单层 LSTM 网络进行训练时，具体的网络构建如图 4－5 所示。

基于 MDP 模型可以得到状态空间为 $\boldsymbol{s}_t = [x_t, y_t, D, \psi, \Delta\alpha, d_1, d_2, d_3, \cdots, d_9]$，所以 Q 值网络的输入的时间序列 $\boldsymbol{X}_{t-2}$、$\boldsymbol{X}_{t-1}$、$\boldsymbol{X}_t$ 为 15 维向量，则 Q 值网络的输入层为 15×3 个神经元。Q 值网络的隐含层参数需要进行大量实验测试以得到最优结果，对于隐含层 LSTM 网络的层数及数量的实验测试结果表明，两层 LSTM 网络，第一层 40 个 LSTM 网络，第二层 16 个 LSTM 网络为最佳结果。由于 Q 值网络的输出为 Q 值，所以输出层为 1 个神经元。最终得到的 Q 值网络如图 4－6 所示。

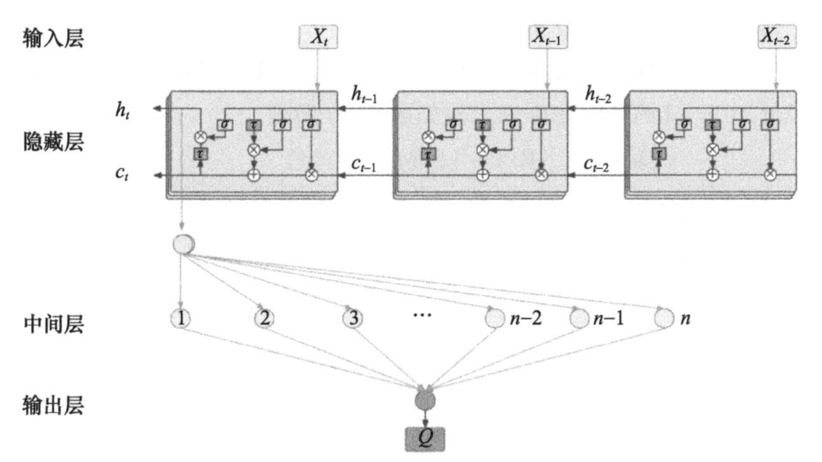

图 4－5　LSTM 网络结构

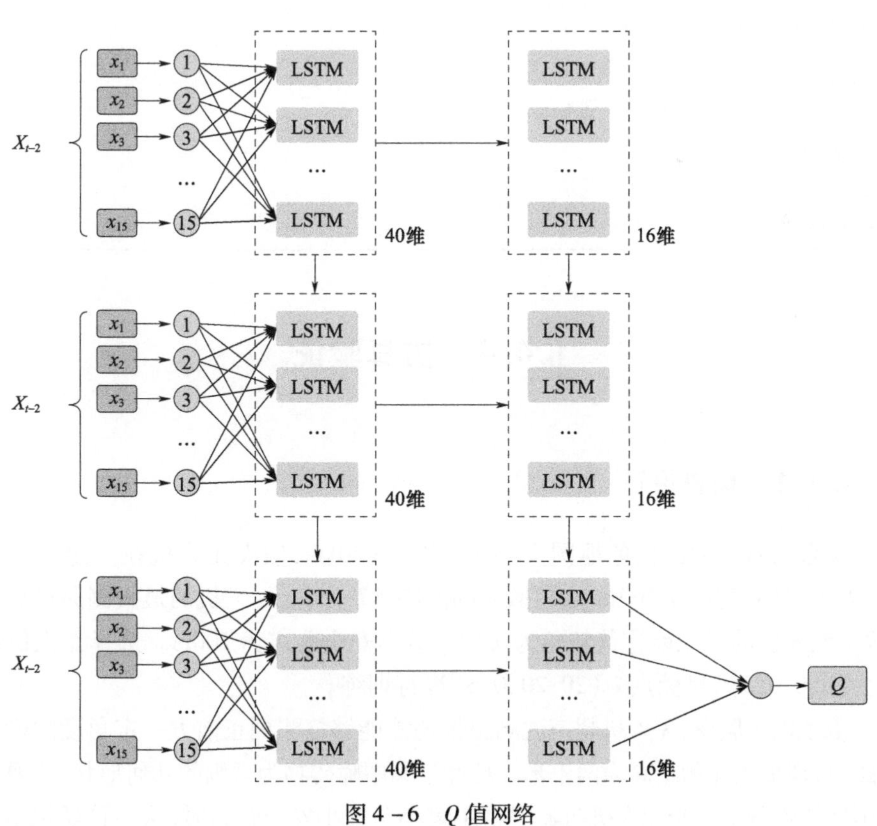

图 4－6　Q 值网络

基于 LSTM 神经网络构建 Q 值网络，将其应用于 DQN 算法中，可以得到基于 LSTM 的无人机实时路径规划算法（Real - time UAV Path Planning algorithm based on LSTM，RPP - LSTM），其详细步骤如表 4 - 2 所列。

表 4 - 2　RPP - LSTM 计算流程

初始化回放空间 D，容量为 N
以随机权值初始化动作 - Q 值函数
网络使用专家样本进行初步学习
当回合 = 1,2,…,M，循环
接收初始化观察状态 s_0
初始化空历史 h_0
当 $t = 1,2,\cdots,T$，循环
以概率 ε 随机选择行动 a_t
或者基于 ε - 贪婪策略从 eval - 网络中获得策略
执行行动 a_t，获得奖励 r_t
储存 $(s_{t-2}, a_{t-2}, s_{t-1}, a_{t-1}, s_t, a_t, s_{t+1}, r_t,)$ 进 D
从 D 选择一个随机历史轨迹
设置 $y_j = \begin{cases} r_j & \text{终端 } s_{j+1} \\ r_j + \gamma \max_{a'} Q & \text{非终端 } s_{j+1} \end{cases}$
更新 target 网络
终止循环
终止循环

4.4 仿真验证

4.4.1 场景设计

设置仿真实验的任务地图大小为 20km × 20km，假设无人机在一定高度飞行，无人机的速度 $v = 200\text{m/s}$，离散时间间隔 ΔT 为 1s，无人机的最大侧向过载为 0.9。无人机的最大航迹偏航角为 ±10°，最小安全距离为 200m。选择无人机起点为(0,0,0.3)，目标点为(20,20,0.6)进行训练。

除了以上假设，无人机超声波测距仪还需能够探测到正前方一定角度的障碍物距离，现最大探测距离为两千米。环境空间中障碍物为规则的几何形状，主要选取圆柱体障碍物。当无人机与障碍物距离小于最小安全距离时，认为路径规划失败。基于上述仿真条件,给出具体的 DQN 算法训练参数,如表4-3所列。

表4-3　DQN 模型参数

相关参数	数值
碰撞奖励 r_1	-10
到达奖励 r_2	20
航迹角奖励 r_3	5
距离奖励 r_4	5
γ	0.8
α	0.8
D_{safe}/km	0.2

4.4.2　仿真实验

1)仿真实验一:路径规划能力验证

此实验用于测试在原始的网络训练环境下,两种 Q 值网络的路径规划能力是否存在明显差异,验证 RPP-LSTM 算法在原始环境下的路径规划是否更优。

在原始的网络训练环境中存在12个圆柱体障碍物,半径各不相同。无人机在该环境下的起始坐标为(0,3,0.6),目标点坐标为(20,20,0.6),所有实验中的距离单位均为 km。将由起点指向目标点的方向作为无人机初始速度方向,分别使用训练得到的 FNN 网络和 LSTM 网络进行无人机实时路径规划,得到的结果如图4-7所示。

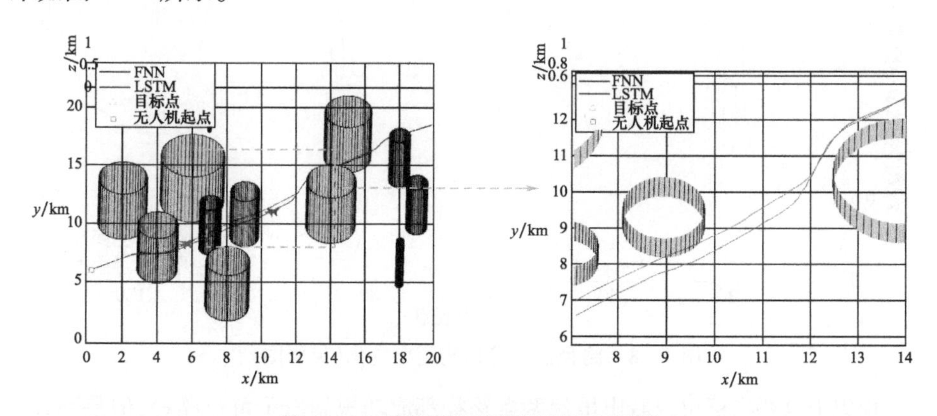

图4-7　原始环境路径规划(见彩图)

在图4-7中,设基于 FNN 网络规划出的路径为路径1,基于 LSTM 网络规划出的路径为路径2。可以看出,路径1与路径2的整体趋势相同,两条路径相对平滑,适合无人机飞行。并且两条路径都对障碍物位置很敏感,每个路径点与障碍物的距离均大于最小安全距离,能够做到有效避障,安全到达目标点。实验结果表明,FNN 网络与 LSTM 网络均能够完成路径规划任务,在原始训练环境下有着较好的无人机路径规划能力。

在细节上两条路径之间还存在一些差异,基于路径评价指标的计算公式可以得到两条路径的相关评价结果如表 4 -4 所列。可以看出路径 2 的长度小于路径 1 的长度,无人机能够更快到达目标点,节省了任务时间和任务花费。路径 1 的航迹偏航角方差 σ_{ψ}^{2} 也大于路径 2 的航迹偏航角方差 σ_{ψ}^{2},表明路径 2 更加平滑,对无人机机动性要求较低。

表 4 -4　路径数据对比 1

	FNN 网络	LSTM 网络
路径长度/km	24. 3	24. 12
航迹偏航角方差	738. 85	188. 58
与障碍物的最小距离/m	430. 7	354. 4

图 4 -8 展示了无人机与障碍物之间的最小距离随时间变化的曲线,其中路径 1 与障碍物的最小距离为 430. 7m,路径 2 与障碍物的最小距离为 354. 4m,而且路径 1 整体相较于路径 2 离障碍物更远。

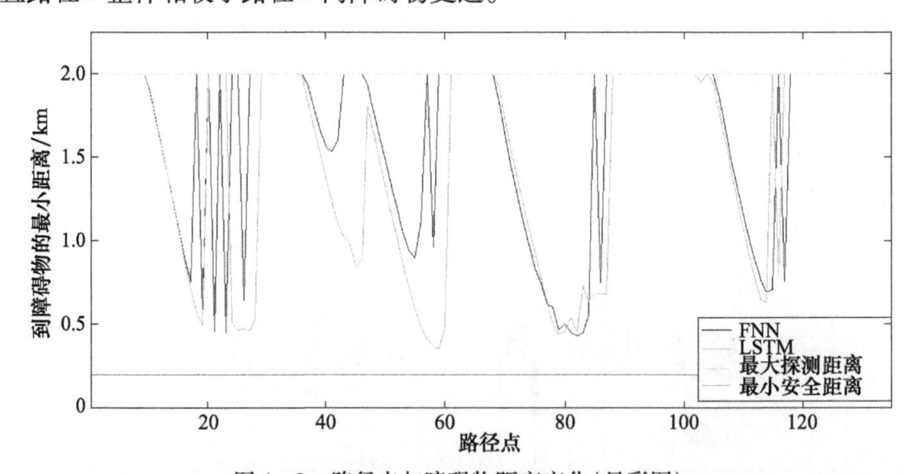

图 4 -8　路径点与障碍物距离变化(见彩图)

由以上这些指标可以看出虽然两条路径都成功规划出了可行路径,但是路径 2 长度更短,对无人机机动性要求更低,也具有更高的避障精度,比路径 1 更优。

2)仿真实验二:动态重规划能力验证

此试验是为了测试两种网络结构的算法模型对于动态目标点的路径规划能

力，用于验证 RPP－LSTM 算法的动态重规划能力是否更优。

将两种网络应用到动态目标点环境中进行路径规划。在该场景下，无人机的起始坐标为(0,3,0.6)，目标点起始坐标为(20,20,0.6)，目标点沿一定方向做直线运动，分别使用训练得到的 FNN 网络和 LSTM 网络进行无人机路径规划，得到的结果如图 4－9 所示。

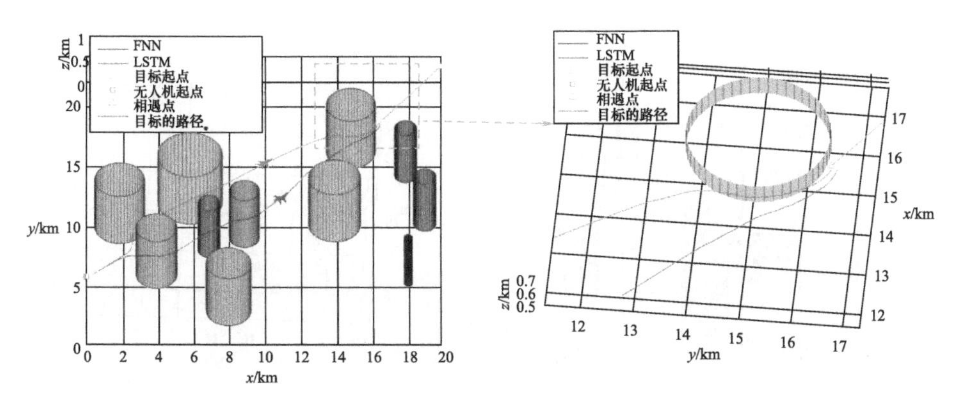

图 4－9　动态路径规划(见彩图)

设图 4－9 中基于 FNN 的无人机路径为路径 3，基于 LSTM 的无人机路径为路径 4。可以看出对于同一运动目标，FNN 网络规划出的路径与 LSTM 网络规划出的路径完全不同。但是两条路径都能够顺利完成任务，到达目标点，且与静态场景下规划出的路径并无明显的差异。表明 FNN 网络与 LSTM 网络都能够完成动态目标点路径规划任务，有着较好的动态目标点路径规划能力。

从表 4－5 可以看出，两条路径的长度相同，无明显优劣差异，但是两者的航迹偏航角方差 σ_ψ^2 仍存在一定差异。路径 3 的航迹偏航角方差 σ_ψ^2 依然大于路径 4 的航迹偏航角差值的方差，这表明 FNN 网络在动态目标点规划中仍然存在无人机飞行角度变换较大，机动性要求较高的问题。

表 4－5　路径数据对比 2

	FNN 网络	LSTM 网络
路径长度/km	21.24	21.24
航迹偏航角方差	269.79	257.85

在路径与障碍物的最小距离方面，由于两条路径趋势不同，所以不进行比较。

3）仿真实验三：稳健性测试

此实验是为了测试 LSTM 网络和 FNN 网络在陌生环境下的路径规划能力，用于研究 RPP－LSTM 算法在路径规划问题上是否具有更好的稳健性。

将两者应用到陌生的环境中进行路径规划，该陌生环境仍然为 12 个圆柱体障碍物，但是位置与半径均为随机值。无人机在该环境下起始坐标为(0,3,0.6)点，目标点坐标为(20,16,0.6)。选择由起点指向目标点的方向为无人机初始速度方向。在完全陌生的环境下，分别使用训练的 FNN 网络和 LSTM 网络进行无人机路径规划，得到的结果如图 4 – 10 所示。

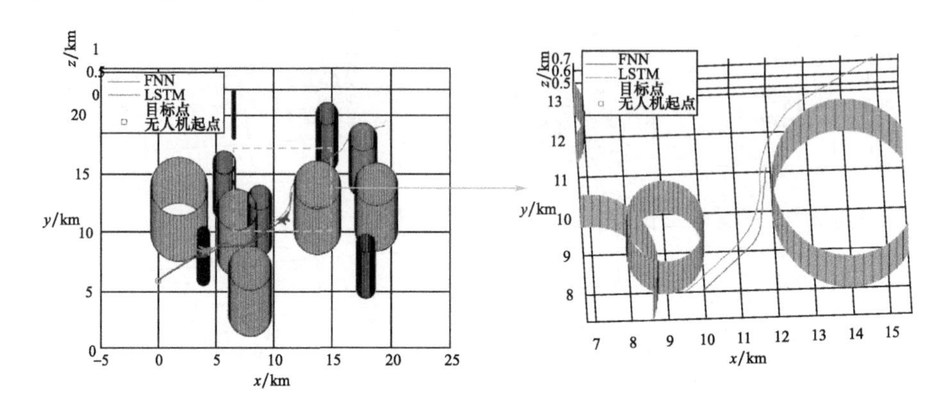

图 4 – 10　陌生环境下的路径规划(见彩图)

在图 4 – 10 中，设基于 FNN 网络规划出的路径为路径 5，基于 LSTM 网络规划出的路径为路径 6。表 4 – 6 中可以看出 FNN 网络未能完成路径规划任务，由于与障碍物距离过近，导致路径规划失败，LSTM 网络成功完成路径规划任务，到达目标点。

表 4 – 6　路径数据对比 3

	FNN 网络	LSTM 网络
路径长度/km	未完成	25.2
航迹偏航角差值方差	未完成	363.1
与障碍物的最小距离/m	未完成	344.7

虽然路径 5 未完成任务，但是通过已规划出的部分可以看出 FNN 网络也具有一定的环境适应性。路径 5 的前段做到了在陌生环境中有效避障。但是相较于 LSTM 网络而言，FNN 网络的环境适应性明显不足。RPP – LSTM 算法能够较好地适应陌生环境，能够利用环境信息做到有效避障，并到达目标点，有着较强的环境适应能力。

除了以上的路径指标评价，路径规划问题中还要考虑神经网络的路径规划速度。使用两种神经网络规划 20 条路径，求得规划每条路径的平均单步时长，所得结果如图 4 – 11 所示。

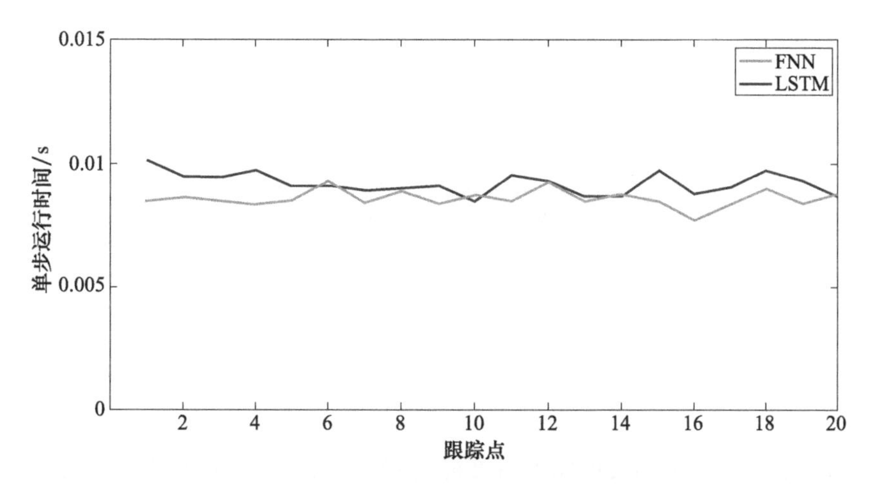

图 4 - 11　两种神经网络单步计算时长对比(见彩图)

从图 4 - 11 中可以看出,LSTM 网络的路径规划单步时长相对于 FNN 网络较长。FNN 网络由于其神经网络结构较为简单,只考虑当前环境,能够较快地得出结论,而 LSTM 网络由于考虑无人机之前的路径信息,运算速度较慢。

4.4.3　实验分析

基于上述仿真结果,能够看出,训练得到的 LSTM 网络能够很好地进行无人机实时路径规划,无论在原始的固定训练环境中还是在陌生的动态环境中都能够成功规划出可行路径,且相较于 FNN 网络而言具有较大优势。

路径规划问题是一个复杂问题,需要考虑到很多因素,FNN 网络只考虑当前环境而做出动作选择,在训练环境下可以做到有效避障并到达目标点。但是由于动作选择只基于当前环境状态,规划出的路径不考虑之前状态的关联性,其避障精度不够高,往往在远距离发现障碍物时就会选择规避,因此规划出的路径长度也较长。最重要的是,FNN 网络模型对于复杂环境的适应性十分不佳,稳健性较差。

RPP - LSTM 算法在做出路径决策动作选择时不仅基于当前环境信息,还依赖于历史信息,对于过往的路径规划有记忆性,能够有效利用之前的环境和动作信息进行路径规划。RPP - LSTM 算法在避障方面精确度更高,能够很好地把握最小安全距离,对于远距离障碍物不盲目避障。对于历史信息的应用也使得 RPP - LSTM 算法能够更好地适应复杂环境,提高了稳健性,能够顺利完成路径规划任务。

第5章
单无人机智能空战机动决策

无人机智能空战是当前无人机智能化研究的热点，机动决策是无人机实现空战的关键技术。在进行探测跟踪的过程中空战双方距离不断接近，随之进入机动占位阶段，即根据武器发射要求和双方的空间态势不断进行机动，寻求进入有利态势，在攻击对方的同时避免被对方攻击。该阶段最具对抗性，对飞行员决策的反应时间和机动策略的要求最高。传统的自主机动决策方法面临决策实时性和策略稳健性不足的问题，本章以强化学习为建模理论框架，系统分析了强化学习方法在无人机智能空战机动决策中的原理应用，建立了基于深度强化学习的无人机智能空战机动决策模型，设计了模型的训练方法，实现了单无人机空战对抗中的机动策略自主学习，为后续多无人机协同空战机动决策的研究提供理论支持。

5.1 引　　言

空战机动决策是飞行员根据对空战态势的理解和判断，操控飞机做出机动动作，从而在空战中占据有利态势，获得满足发射武器的火控条件的动态决策过程。自主机动决策是利用决策模型代替飞行员做出机动决策，是实现无人机智能化空战的关键技术。

如图5-1所示，受限于地面遥控操纵方式的实时性和抗干扰性，目前无人机尚无法执行空战任务。因此，将人工智能固化在无人机平台上，将决策中枢从地面移植到空中，让无人机在空战中的机动决策自主化成为无人机实现智能空战的有效途径。

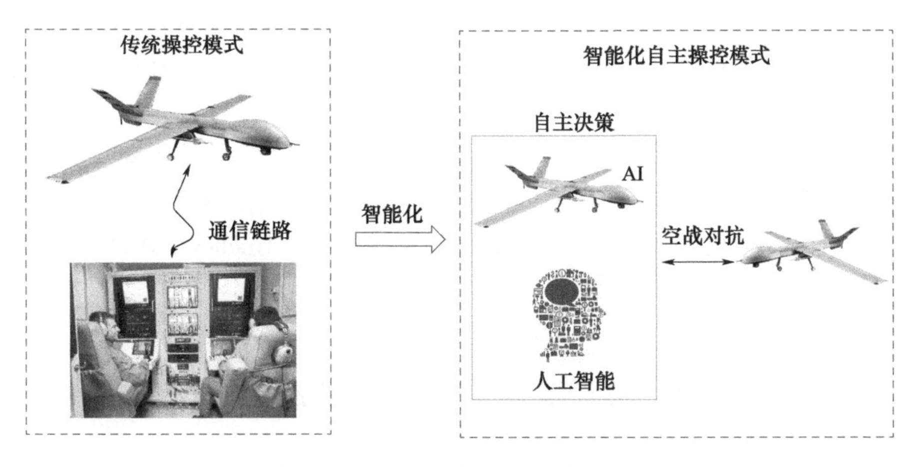

图5-1 无人机决策模式的智能化

空战机动决策模型涉及对战双方在三维空间内的位置、速度以及武器状态条件,因此模型的状态维度较高,同时由于飞行的速度快,所以模型的动态性强,尤其在近距空战中,双方的态势变化更加剧烈,这些特点要求自主空战机动决策系统能够在庞大的状态空间中快速计算出合理的行动策略,对决策的实时性和策略的稳健性提出了较高的要求。在传统的空战机动决策研究中,基于优化方法和对策理论的方法难以对大规模的模型进行实时解算,基于专家系统的方法将人类的经验总结形成决策支持系统用以辅助飞行员决策,但是空战经验纷繁复杂且变化多样,这种方法提供的策略在难以覆盖状态空间的同时还面临着策略固化无法自我更新的问题,因而这些算法产生的机动策略不能适应复杂多变的无人机智能空战对抗过程。

本章提出了基于强化学习建立空战机动决策模型的方法,利用强化学习的自主“探索性”,从空战的对抗过程中针对对手的策略不断探索更新自身策略,实现自主机动占位。在研究过程中主要发现并解决如下几个问题。

首先,建立了空战机动决策的系统模型,给出了基于强化学习的空战机动决策模型框架,深入分析了各个元素的设计及面临的主要问题。基于设计的建模框架,采用模糊Q学习(Fuzzy Q Learning,FQL)进行了空战机动决策的实例化建模,在论证了建模方法有效性的同时,验证了传统强化学习方法在处理大规模连续状态问题时,由于状态维度爆炸导致的实时性不足的问题。

其次,针对这一现象,采用深度神经网络进行值函数的近似估计,构建了连续状态空间的空战机动决策强化学习模型,解决了空战机动策略在连续空间上的泛化问题,提高了决策的实时性和稳健性。同时,针对深度强化学习决策模型训练过程中，由于空战环境状态空间大，奖励稀疏导致训练不收敛的问题，依据空战模型的特点，设计了强化学习训练方法，以提高强化学习的效率。

本章后续内容安排如下，首先介绍了单无人机智能空战机动决策框架，随后介绍了在此框架下分别基于传统强化学习中的 FQL 算法，深度强化学习中的 DQN 和深度确定性策略梯度（Deep Deterministic Policy Gradient, DDPG）算法的机动决策建模方法。

5.2 单无人机智能空战机动决策框架

5.2.1 空战模型

5.2.1.1 飞机运动模型

飞机的运动模型是空战模型的基础，机动决策主要考虑空战双方在三维空间内的位置关系和速度矢量。因此，本章采用三自由度的质点模型作为飞机的运动模型。对质点模型作如下假设。

（1）假设飞机为一个刚体。

（2）假设地球为惯性坐标系，即将地面坐标系看作惯性坐标，忽略地球自转及公转影响。

（3）忽略地球曲率；忽略攻角和侧滑角，假设速度方向与机体轴重合。

基于上述假设，飞机三自由度质点模型的参数定义如图 5-2 所示。

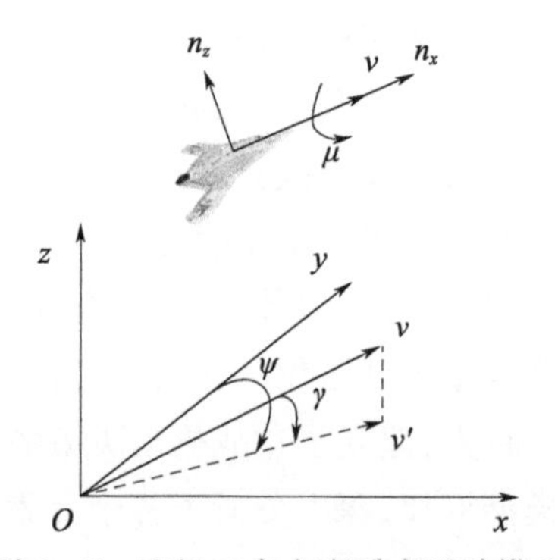

图 5-2 飞机三自由度质点运动模型

在地面坐标系中，ox 轴取正东方，oy 轴取正北方，oz 轴取铅垂方向，则飞机的运动模型为

$$\begin{cases}\dot{x} = v\cos\gamma\sin\psi \\ \dot{y} = v\cos\gamma\cos\psi \\ \dot{z} = v\sin\gamma\end{cases} \tag{5-1}$$

在同一坐标系中，飞机的动力学模型为

$$\begin{cases}\dot{v}=g(n_x-\sin\gamma)\\ \dot{\gamma}=\dfrac{g}{v}(n_z\cos\mu-\cos\gamma)\\ \dot{\psi}=\dfrac{gn_z\sin\mu}{v\cos\gamma}\end{cases} \tag{5-2}$$

在式(5-1)和式(5-2)中：x、y 和 z 表示飞机在坐标系中的位置坐标；v 表示速度；$\dot{x}$，$\dot{y}$ 和 $\dot{z}$ 表示速度 v 在三个坐标轴上的投影值；航迹角 γ 表示速度与水平面 $o-x-y$ 之间的夹角；航向角 ψ 表示速度向量在 $o-x-y$ 平面上的投影 v' 与 oy 轴之间的夹角；g 表示重力加速度。设位置向量 $\boldsymbol{p}=[x,y,z]$，速度向量为 $\dot{\boldsymbol{p}}=[\dot{x},\dot{y},\dot{z}]$。$[n_x,n_z,\mu]$ 是控制飞机进行机动的控制变量，则飞机的控制空间 $\boldsymbol{\Lambda}=[n_x,n_z,\mu]$。$n_x$ 是速度方向的过载，代表飞机的推力与减速作用。n_z 表示俯仰方向的过载，即法向过载。μ 是围绕速度矢量的滚转角。通过 n_x 控制飞机的速度大小，通过 n_z 和 μ 控制速度矢量的方向，进而控制飞机进行机动动作。

5.2.1.2　一对一空战机动决策模型

空战机动决策是指根据飞机当前所处的空战态势，选择合适的机动动作，让飞机在空战中获取优势位置的动态决策过程。在这一过程中包括状态表征、态势评估和机动决策三个环节。状态表征是指通过各类传感器获得本机和目标的运动状态数据，用以描述当前双方的位置和速度关系；态势评估是根据态势表征的双方的位置和速度关系衡量己方飞机在对抗中的优或劣；机动决策则是根据态势评估的结果选择最佳的机动动作以获取对抗中的优势。

在空战过程中，飞行员可以根据经验和思考对当前态势做出理解和判断，进而操控飞机进行机动。由于经过了大量的训练，飞行员做出的机动动作往往是“下意识”的，这些下意识的动作可以认为是储存在大脑中的规则库，而无人机显然不具备人类的逻辑思维和判断能力，因此让无人机实现自主空战机动决策，首先要让无人机根据态势表征信息判断自己所处的态势优劣，即根据获取的态势数据计算出态势评估值，定量地描述无人机所处的态势，根据态势评估值选择合适的机动动作执行，因此需要让无人机建立能够“下意识”反应的规则库，即建立从态势到行动的映射关系。

本小节基于式(5-1)和式(5-2)定义飞机运动模型，构建一对一空战模型。如图5-3所示，在一对一的空战过程中，无人机(UAV)与目标之间的空战态势可以由双方的位置矢量 $\boldsymbol{p}_{\mathrm{U}}$ 和 $\boldsymbol{p}_{\mathrm{T}}$(本章后续文中均以下标U表示无人机,以下标 T 表示目标),以及速度矢量 $\dot{\boldsymbol{p}}_{\mathrm{U}}$ 和 $\dot{\boldsymbol{p}}_{\mathrm{T}}$ 所包含的信息完全描述。本章设定空战中双方的状态是完全可观测的,即无人机能实时获得自己和目标的状态信息。无人机的自主空战机动决策是一个根据状态数据($\boldsymbol{p}_{\mathrm{U}},\boldsymbol{p}_{\mathrm{T}},\dot{\boldsymbol{p}}_{\mathrm{U}},\dot{\boldsymbol{p}}_{\mathrm{T}}$)在无人机的控制空间 $\boldsymbol{\Lambda}_{\mathrm{U}}$ 中寻求最优解的决策过程。

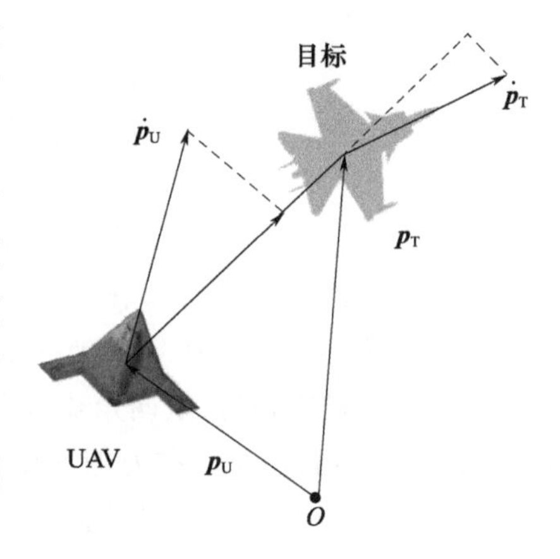

图 5-3　一对一空战态势图

空战过程极其复杂,双方即使在相同的状态下仍有可能采用不同的战术动作,无法建立模型来描述空战的状态转移,因此按照强化学习系统中环境模型的定义,空战机动决策属于无模型问题。

5.2.2　基于强化学习的空战机动决策模型框架

5.2.2.1　无模型强化学习的求解方法

强化学习是智能体在一个未知环境中优化其行动策略的一种交互学习过程,通常用 MDP 作为强化学习的理论框架。对于无模型的强化学习问题,MDP 由一个 4 元组(S,A,R,γ)描述,其中 S 表示状态空间,A 表示行动空间,R 表示奖励函数,γ 表示折扣因子。强化学习的交互过程如图 2-1 所示,在 t 时刻智能体向环境施加一个动作 a_t,动作 a_t 执行后,在下一时刻状态由 S_t 转移至 S_{t+1},同时智能体获得环境反馈的奖励值 r_{t+1}。

状态是由状态的值函数或行动-值函数来评价的,根据贝尔曼公式,值函数和行动-值函数为

$$\begin{aligned} v(s) &= \mathbb{E}[R_{t+1}+\gamma v(S_{t+1}) \mid S_t = s] \\ Q_\pi(s,a) &= \mathbb{E}_\pi[R_{t+1}+\gamma Q(S_{t+1},A_{t+1}) \mid S_t = s, A_t = a] \end{aligned} \tag{5-3}$$

强化学习的目的就是在策略空间 π 内,求解一套最优策略 $\pi_*(a \mid s) = \underset{a\in A}{\operatorname{argmax}} Q_*(s,a)$,即在状态 S 执行行动 a,使得远期的累加奖励最大。由式(5-3)可见,状态 S 值的计算包含立即奖励和后续状态值的嵌套累加,对状态 S 的评价考虑了后续状态,因此根据状态值选择的行动具有远视性。类似于棋类博弈中“看多步走一步”的深度搜索,在空战过程中,飞行员在当前所做出

的机动动作要基于当前状态对态势的发展有所预判，做出的决策具有远视性，而求解 MDP 获得的策略恰恰基于远期回报，因此，从原理上看采用强化学习框架建立的无人机自主空战机动决策模型所获的策略具有远视性，即获得的策略是长远最优的。

MDP 的基本求解思路可以归结为三种方法，分别为动态规划（Dynamic Programming，DP）法，蒙特卡罗（Monte Carlo，MC）法和时间差分（Temporal Difference，TD）法。TD 方法是最为经典的无模型强化学习问题求解方式，是强化学习的核心方法。根据空战决策问题无模型的特点，采用 TD 方法作为求解空战机动决策强化学习模型的方法基础。

5.2.2.2　空战机动决策模型框架

根据强化学习智能体 - 环境交互学习的特点，构建基于强化学习的无人机智能空战机动决策模型，主要包括两个方面，一方面是构建强化学习的环境模型，即空战环境模型，另一方面是构建强化学习智能体模型，即强化学习的方法研究。

根据图 2 - 1 所示的强化学习算法交互框架，无人机空战机动决策的强化学习模型框架如图 5 - 4 所示。由无人机状态和目标状态经过计算形成空战环境的状态描述输出给强化学习智能体，空战环境模型根据当前双方的态势计算出无人机的优势值，作为奖励值输出给强化学习算法。在交互过程中，强化学习智能体输出行动值到空战环境模型来改变无人机的状态，同时目标根据既定的机动策略相应改变状态。强化学习智能体与空战环境不断交互获得空战状态、行动值、奖励值作为经验数据，基于经验数据不断动态更新策略，使得输出的行动值趋于最优，实现无人机空战机动策略的自学习。

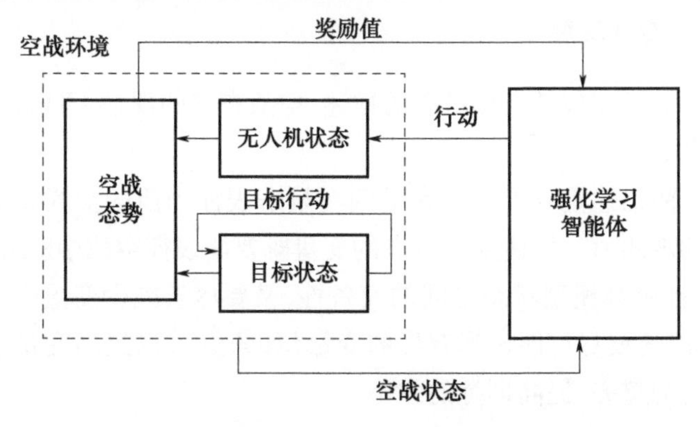

图 5 - 4　基于强化学习的无人机空战机动决策模型框架

5.2.3 关键技术问题

根据建模框架,建模过程需要结合空战环境和强化学习方法的研究,构建单机空战机动决策模型,如图5-5所示,将空战环境中的态势描述、态势评估和无人机的行动空间实例化为强化学习模型中的状态空间、奖励函数和行动空间。依据具体模型,设计强化学习算法的探索策略和训练方法,使得所构建的空战机动决策模型在目标执行固定策略和随机策略时都能学习得出机动策略,让无人机在对抗中获得优势。研究过程主要需要解决的问题包括空战环境和空战机动策略在连续空间上的泛化两个方面。

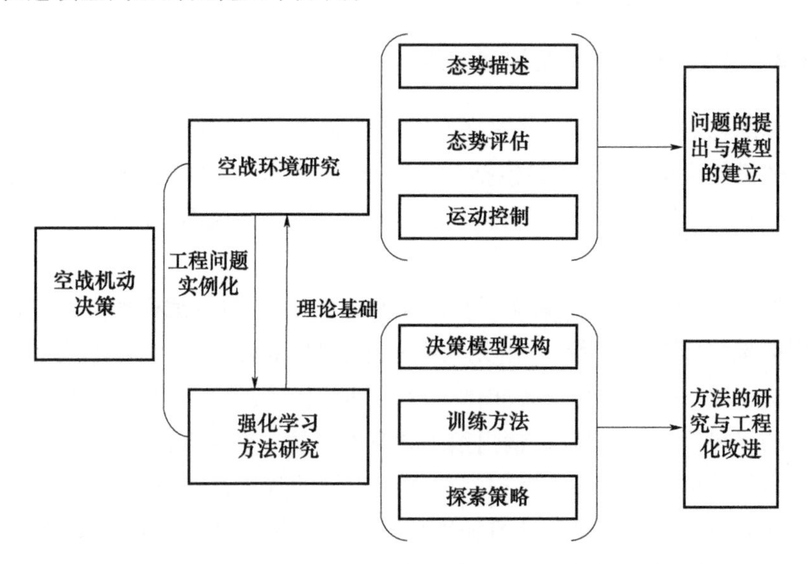

图5-5 基于强化学习的无人机空战机动决策研究

5.2.3.1 空战环境

空战环境的研究包括空战状态的描述、空战态势的评估、飞机运动控制模型的构建三个方面。

空战状态的描述是寻求一组完备的变量来表征当前的空战态势,作为智能体做出决策的观测值。描述空战状态的变量既要能表征空战中双方所有可能的相对态势,保证决策模型状态空间的完备性,又要尽量减少变量维度,降低模型的复杂度,同时还要尽可能选择有界的变量(如角度),以提高变量的可归一化,保证数据结构的整齐,提高训练的效率。

空战态势的评估是构建一个评估函数来定量地反映无人机在当前相对态势

下的优势值。空战态势的评估一般基于距离、速度、角度、高度等因素的优势值进行加权获得综合的态势优势值,但是在空战过程中,不同态势下各个因素的重要程度不同,因此很难用一组固定的权重来评定不同因素的重要程度。现代空战基本以空空导弹为主战武器,空战机动的目的就是让目标处于己方的攻击区的同时避免自己进入目标的攻击区,因此可以建立基于攻击区的空战态势评估函数,相对于各因素的优势函数评估法,基于攻击区的态势评估法更加直观有效,但是这种方法在双方均未在对方攻击区时会出现评估值恒定的情况,即不同的空战态势对应相同的评估值的情况,这将导致梯度信息的缺失,从而使得在这些态势下的机动决策学习发散,难以获得有效的机动策略。因此在设计空战态势评估函数时,可以将优势函数法和攻击区法相结合,能够定量所有状态空间下的空战态势值。

运动控制模型是构成空战环境的基础。运动控制模型的控制输入是机动决策结果的作用对象,通过机动决策的控制指令,无人机控制自己进行机动占位飞行,获取空战中的优势位置。根据对控制输入量的处理,可以将决策的行动空间分为离散型和连续型两种,离散型的行动空间是基于对典型机动动作的分析,得出实现各个典型机动动作的控制量,构成有限个控制指令的机动动作库作为行动空间,连续型的行动空间则可以在各个控制变量的取值范围间任意取值,理论上可以构成无限个行动值的组合。离散型的行动空间的决策模型较为简单,易于实现,但是对飞机的控制精度不如连续型,连续型的控制精度较高,但是较大的决策空间势必又增大求取最优控制值的难度。因此,需要根据求解效率和控制精度综合考虑设计机动决策的行动空间。

5.2.3.2 空战机动策略在连续空间上的泛化

DP、MC 和 TD 三种传统的表格方法均只能适应于离散的强化学习问题,而且问题规模较小。但是在应用强化学习的许多任务中,状态空间是连续的。由于空战环境模型的状态和行动是高维的连续区间,而传统的表格型 TD 算法只能处理离散状态和离散行动的强化学习问题,对于连续状态,直接处理的方法就是将其适当离散,组合成有限个离散的状态进再继续采用 TD 算法学习更新策略,这种直接离散的方式会导致状态空间增大,还可能导致状态信息的缺损,此外,离散化的大型状态空间问题不仅大量占用内存资源,还需要准确填充它们所需的时间和数据,因此模型的学习效率较为缓慢。同时,在许多目标任务中,会遇到之前几乎从未遇到的状态,为了在这样的状态下做出正确的决策,有必要从之前出现过,并与当前类似的状态中借鉴经验,这个过程称之为泛化。解决连续空间内的强化学习问题,核心思路就是将泛化方法与强化学习方法相结合,泛化方法将值函数或者策略进行参数化近似,将这种泛化类型通常称为函数逼近,因为它从所需值函数中获取示例,并尝试从中进行概括以构造整个函数的近似值,随后通过 TD 等强化学习方法对参数进行更新,达到策略优化的目的。

常见的泛化方法有模糊逻辑[93-94]和神经网络[95],模糊逻辑法是将连续的状态空间划分为多个模糊区间,其本质还是对连续空间的离散化,与之相比神经网络与强化学习相结合形成的深度强化学习是目前应用最为成功的强化学习方法,在游戏博弈和机器人控制等方面均有较为成功的应用案例[96-97]。得益于神经网络强大的非线性近似功能,深度强化学习理论上可以模拟任意复杂的值函数,解决传统表格型值函数无法处理、连续状态空间的强化学习问题,基于 AC(Actor-Critic)架构,还可以进一步处理连续行动空间的强化学习问题。

随着决策问题的复杂程度增加,模型中网络的规模增大,结构的设计更加复杂,因此模型的学习和训练也越来越复杂,需要有针对性地设计探索策略、采样策略以及训练方法,提高强化学习算法的学习效率。

针对上述问题,本章接下来首先基于 FQL 算法开展建模研究,论证传统强化学习在空战机动决策问题中应用的可行性和优缺点,针对其实时性不足、决策效率较差的问题,基于 DQN 和 DDPG 两种深度强化学习方法开展建模方法研究。按照离散状态离散行动、连续状态离散行动、连续状态连续行动的递进顺序,由简单到复杂地分别建立无人机智能空战机动决策模型,分析研究强化学习方法在空战机动决策应用中遇到的问题,提出了解决方法。

5.3 基于 FQL 的智能空战机动决策方法

基于无人机空战机动决策的强化学习算法框架,空战机动决策方法的设计主要包括空战的态势建模、空战机动决策的 FQL 建模和强化学习模型训练三部分。

5.3.1 FQL 算法

FQL 是模糊强化学习方法中的经典算法,模糊强化学习是将模糊推理系统(Fuzzy Inference System,FIS)和强化学习算法相结合的规则式自学习决策系统。

5.3.1.1　模糊推理系统 FIS

模糊推理系统以模糊理论为主要计算工具来实现复杂的非线性映射，一个FIS[98]的结构如图5-6所示，大致由输入、隶属度、规则值和输出四部分组成，第一层的作用是得到输入变量的值，第二层中计算输入变量相对于模糊变量的隶属度，第三层计算规则的真值，最后，根据规则真值和相关结论在第四层计算出模糊推理系统的输出。

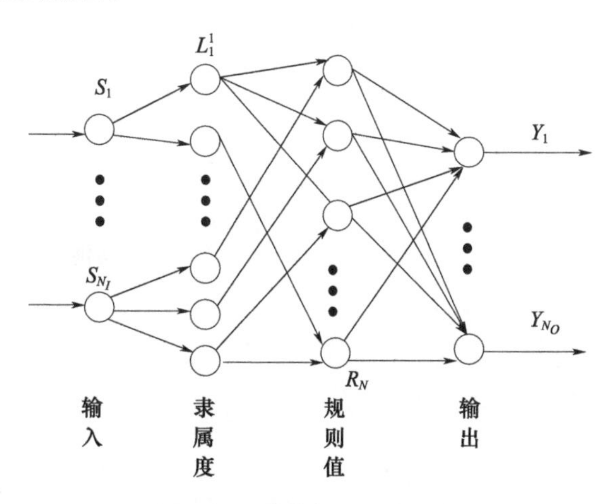

图5-6　模糊推理系统结构

FIS的核心是模糊规则，即将一个连续的输入状态划分为若干个隶属度区间，再由各个状态的不同隶属度区间排列组合成不同规则，基于各条规则实现不同状态的响应，对于系统中 N 条规则中的第 i 条规则 R_i，可以采用 if-then 的形式：

$$\begin{aligned}&\text{if } S_1 \text{ is } L_1^i \text{ and } \cdots \text{ and } S_{N_I} \text{ is } L_{N_I}^i\\&\text{then } Y_1 \text{ is } O_1^i \text{ and } \cdots \text{ and } Y_{N_O} \text{ is } O_{N_O}^i\end{aligned} \tag{5-4}$$

式中，$(S_n)_{n=1,2,\cdots,N_I}$表示 N_I 个输入变量；L_j^i 表示输入变量 S_j 在规则 R_i 中的模糊变量，它的隶属度函数可以记为$\mu_{L_j^i}$；$(Y_m)_{m=1,N_O}$表示 N_O 个输出变量；O_j^i 表示输出变量 Y_j 在规则 R_i 中的模糊变量。

5.3.1.2　输入状态的模糊

在定义一个FIS系统时，第一步是决定智能体做决策所需要的 N_I 个状态变量。在输入变量确定后，用以表征它们的模糊集的形状和数量也随之确定。模糊映射函数很多,其中三角形和梯形函数不可微分,但是计算简单,高斯函数和 Sigmoid 型函数可微分,但是计算效率没有三角形和梯形函数高。在此以三角形和梯形函数为例进行分析。

对一个变量 S_n 进行划分,使之满足 $\sum_{j=1}^{N_L(n)} \mu_{L_n^j}(S_n) = 1$ 。其中,$N_L(n)$表示用来描述输入变量 S_n 的模糊集的数量。如图 5-7 所示,在确定了模糊集数量 N_L、顶点(v_l 和 v_r 分别表示左右顶点)、左右延伸点(S_l 和 S_r)后,输入变量 S_n 对一个模糊变量 $L_n(v_l, v_r, s_l, s_r)$ 的隶属度函数可以定义为

$$\mu_{L_n}(S_n) = \begin{cases} \max\left[0, 1 - \dfrac{(S_n - v_r)}{s_r}\right] & S_n > v_r \\ \max\left[0, 1 - \dfrac{(v_l - S_n)}{s_l}\right] & S_n < v_l \\ 1 & \text{其他} \end{cases} \tag{5-5}$$

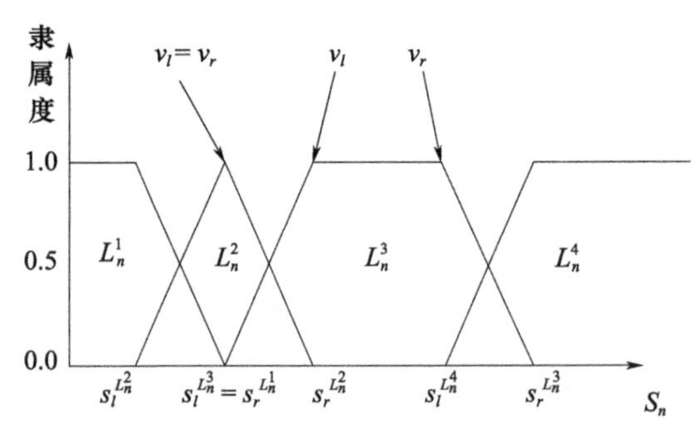

图 5-7 输入变量的模糊划分

5.3.1.3 规则的触发

规则的数量 N 由输入变量的数量 N_I 和每个变量中模糊变量的数量 N_L 决定,即 $N = \prod_{i=1}^{N_I} N_L(i)$ 。每条规则有相应的结论$(O_m^i)_{m=1,N_O}^{i=1,N}$,对于 N_O 条结论,每条规则与结论之间可以被看作是有如下性质的映射函数,即

$$\mu_{O_m^i}(Y_m) = \begin{cases} 1 & Y_m = \boldsymbol{o}_m^i \\ 0 & \text{其他} \end{cases} \tag{5-6}$$

$\boldsymbol{o}_m$ 是一个与规则相关的结论向量,用来近似函数 Y_m。由于输入向量与多个规则相关,即一个变量至少包含在两个模糊变量(标签)中,所以要解决规则冲突。事实上,由于模糊变量重叠,在同一时刻内可能有不止一个规则被触发。计

算所有拥有非零条件值规则(该规则下所有模糊标签的隶属度值大于0，$(\mu_{L^j})^{j=1,N_I}>0.0$)的规则值,这类规则的集合可以设为$A$,对于满足该条件的规则$R_i \in A$,其相对于输入的真值可以记为

$$\alpha_{R_i}(\boldsymbol{S}) = T(\mu_{L_1^i}(S_1),\mu_{L_2^i}(S_2),\cdots,\mu_{L_{N_I}^i}(S_{N_I})) \tag{5-7}$$

式中,T函数可以采取乘积的形式,即

$$\alpha_{R_i}(\boldsymbol{S}) = \prod_{j=1}^{N_I}\mu_{L_j^i}(S_j) \tag{5-8}$$

根据触发的规则值后,模糊推理系统的输出可以写为

$$Y_m(\boldsymbol{S}) = \sum_{R_i \in A}\alpha_{R_i}(S)o_m^i \tag{5-9}$$

5.3.1.4　学习

FQL[98-100]使用FIS来近似值函数,基于强化学习更新规则参数,调整模糊推理的输出,使得状态-行动的规则化映射不断趋于准确。在模型结构方面,这里基于AC(Actor-Critic)架构,使用模糊逻辑作为函数近似来进行状态表示中的泛化[99]。Critic由结论向量$\boldsymbol{v}$和与之关联的触发状态向量$\boldsymbol{\Phi}$建模,而Actor对于每条规则都有离散的动作集$\mathcal{U}(i)$。因此理论上,FQL不仅能处理离散动作,还能通过对离散动作的加权计算实现连续动作的输出。为了减小时间信度分配问题的影响,Actor的学习算法不使用原始强化信号,而是使用由Critic给出的内部强化信号。学习算法的思路是调整Actor去选择动作使得Critic的值更好,进而执行一个最优的策略。

如图5-8所示,在FQL中,每条规则R_i都有一个离散的动作集$\mathcal{U}(i)$和与之关联的参数向量$\boldsymbol{\omega}_i$,参数向量决定在该条规则中动作被选择的概率。Actor在给定状态下执行的连续动作可以认为是描述该状态的规则中选出的动作的加权值。对于负责行动值的Actor而言,当一个规则被触发(即$R_i \in A$)后,规则R_i的动作集中的一个预定动作被确认选择,并按规则的真值综合至全局动作中。全局动作就是决策系统的输出,可以定义为

$$\boldsymbol{U}_t(\boldsymbol{S}_t) = \sum_{R_i \in A_t}\varepsilon - \text{Greedy}_{\mathcal{U}(i)}(\omega_t^i)\alpha_{R_i} \tag{5-10}$$

式中,ε-Greedy函数用来执行探索-利用的平衡策略,可以分为直接和间接两类。直接策略记录探索的具体知识以指导探索,而间接策略更强调自由探索。

同时,由于FQL算法中的动作是连续值而不是经典Q学习中的离散动作,

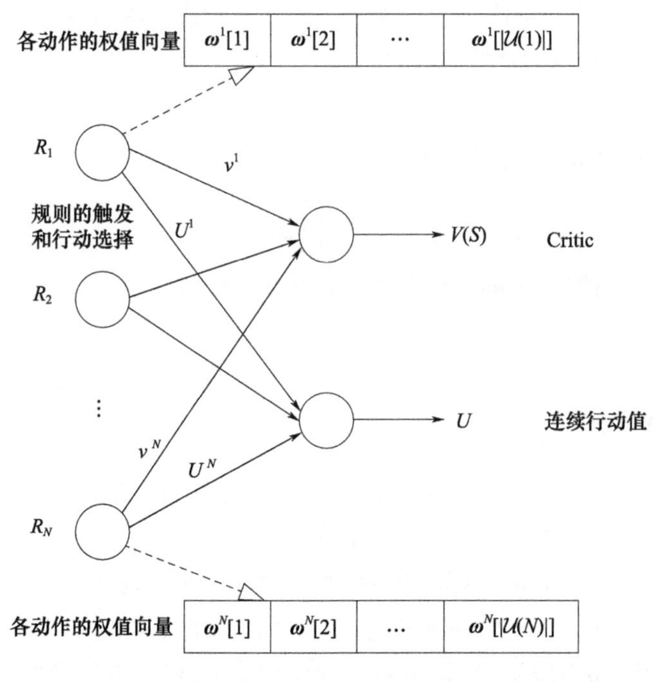

图 5－8　模糊 Q 学习框架

因此不能直接给出基于离散动作的 Q 值，而全局动作是由各个被触发规则的动作与其真值的加权和，因此可以将 Q 值函数定义为

$$Q_t(\boldsymbol{S}_t,\boldsymbol{U}_t) = \sum_{R_i \in A_t} \omega_t^i(U_t^i)\alpha_{R_i} \tag{5-11}$$

式中，U_t^i 是 t 时刻规则 R_i 中 $\boldsymbol{\varepsilon}$ － Greedy 函数得出的动作值，$\boldsymbol{U}_t$ 是各个规则下动作加权的全局动作。

如式(2－25)定义的 Q 学习算法，在此将最优动作的 Q 值定义为

$$Q_t^*(\boldsymbol{S}_t) = \sum_{R_i \in A_t} \left(\max_{U \in \mathcal{U}(i)} \omega_t^i(\boldsymbol{U}) \right) \alpha_{R_i} \tag{5-12}$$

则 TD 误差定义为

$$\tilde{\varepsilon}_{t+1} = r_{t+1} + \gamma Q_t^*(\boldsymbol{S}_{t+1}) - Q_t(\boldsymbol{S}_t,\boldsymbol{U}_t) \tag{5-13}$$

基于 TD 误差来调整 Q 函数的学习规则为

$$\omega_{t+1}^i(U_t^i) = \omega_t^i(U_t^i) + \tilde{\varepsilon}_{t+1}\alpha_{R_i} \quad \forall R_i \in A_t \tag{5-14}$$

因此，强化学习的过程是利用探索得出的经验数据，基于 TD 误差调节动作参数向量 $\boldsymbol{\omega}$，不断优化规则的权值，实现状态与行动之间的映射。其中，U_t^i 是第

t 时间步规则 R_i 中的 ε – Greedy 动作。

5.3.2　基于优势函数的态势评估模型

本节将结合应用背景,建立一对一空战的优势函数。优势函数从角度、距离、速度、高度四个方面综合评价空战中无人机相对于目标的态势优劣。典型的空战态势如图 5 – 9 所示。

5.3.2.1　角度优势

如图 5 – 9 所示,α_U 和 α_T 分别表示无人机和目标的方位角,即无人机与目标的速度向量分别与距离向量 $\boldsymbol{D}$ 的夹角。距离向量 $\boldsymbol{D}=[x_T-x_U, y_T-y_U, z_T-z_U]$,设速度矢量 $\boldsymbol{v}=[v\cos\gamma\sin\psi, v\cos\gamma\cos\psi, v\sin\gamma]$,则 α_U 和 α_T 的定义为

$$\begin{cases}\alpha_U=\arccos\left(\dfrac{\boldsymbol{D}\boldsymbol{v}_U}{\|\boldsymbol{D}\|\ \|\boldsymbol{v}_U\|}\right)\\ \alpha_T=\arccos\left(\dfrac{\boldsymbol{D}\boldsymbol{v}_T}{\|\boldsymbol{D}\|\ \|\boldsymbol{v}_T\|}\right)\end{cases}\tag{5-15}$$

空战中,尾追态势是优势,背离或迎头飞行认为处于均势,被尾追时处于劣势,定义角度优势函数来描述角度的态势优劣,角度优势函数 $f_\alpha(\alpha)$ 为

$$f_\alpha(\alpha)=\frac{(\pi-\alpha_U)(\pi-\alpha_T)}{\pi^2}\tag{5-16}$$

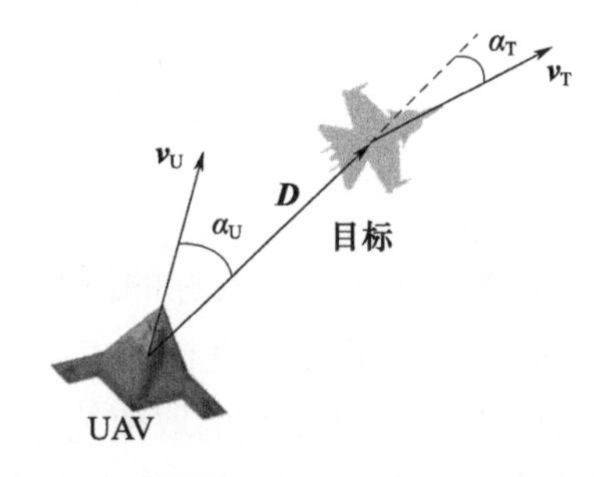

图 5 – 9　空战态势中的距离和角度定义

由式(5 – 16)可以计算出角度优势函数值,根据图 5 – 9 可知,当 α_U 和 α_T 趋于 0 时,角度优势函数最大,此时无人机处于对目标的尾追攻击态势,处于优势。反之,当 α_U 和 α_T 趋于 π 时,角度优势函数最小,此时无人机处于被目标尾追攻击态势,处于劣势。

5.3.2.2　距离优势

距离优势函数与无人机的武器射程有关,为了使强化学习在距离维度上有一个学习的方向性的引导,距离优势函数定义为

$$f_D(D)=\begin{cases}1 & D\leqslant D_w\\ e^{\left(-\frac{(D-D_w)^2}{2\sigma^2}\right)} & D>D_w\end{cases}\tag{5-17}$$

式中：$D=\|\boldsymbol{D}\|$，即距离向量的模；D_{w} 为无人机的武器射程；σ 为标准偏差。

5.3.2.3 速度优势

空战中，武器设计有相对于目标的最佳攻击速度，设为

$$v^{*}=\begin{cases}v_{\mathrm{T}}+(v_{\max}-v_{\mathrm{T}})\left(1-\mathrm{e}^{\left(\frac{D_{\mathrm{W}}-D}{D_{\mathrm{W}}}\right)}\right) & D>D_{\mathrm{w}}\\ v_{\mathrm{T}} & D\leqslant D_{\mathrm{w}}\end{cases} \tag{5-18}$$

式中：$v_{\max}$为无人机的速度上限；v_{T} 为目标速度。基于最佳攻击速度的定义，定义速度优势函数$f_v(v)$为

$$f_v(v)=\frac{v}{v^{*}}\mathrm{e}^{\left(-\frac{2\left|v-v^{*}\right|}{v^{*}}\right)} \tag{5-19}$$

5.3.2.4 高度优势

空战中，处于较高的相对高度具有势能优势，考虑武器性能因素，在攻击时存在最佳的攻击的高度差 h_{op}。高度优势函数$f_h(\Delta z)$定义为

$$f_h(\Delta z)=\begin{cases}1, & h_{\mathrm{op}}\leqslant\Delta z\leqslant h_{\mathrm{op}}+\sigma_h\\ \mathrm{e}^{\left(-\frac{(\Delta z-h_{\mathrm{op}})^2}{2\sigma_h^2}\right)} & \Delta z\leqslant h_{\mathrm{op}}\\ \mathrm{e}^{\left(-\frac{(\Delta z-h_{\mathrm{op}}-\sigma_h)^2}{2\sigma_h^2}\right)} & \Delta z>h_{\mathrm{op}}+\sigma_h\end{cases} \tag{5-20}$$

式中：h_{op}表示无人机对目标的最佳攻击高度差；$\Delta z=z_{\mathrm{U}}-z_{\mathrm{T}}$ 为无人机与目标的高度差；σ_h 为最佳攻击高度标准偏差。

以上四个优势函数的取值范围均为[0,1]，当 4 个优势函数均趋近于 1 时，无人机处于空战的优势位置，当优势函数均趋近于 0 时，无人机处于被目标攻击的不利态势。在不同态势下，各个因素对空战态势的影响不同，因此，综合空战优势函数设为各因素优势函数的加权和，即

$$f(f_\alpha,f_{\mathrm{D}},f_{\mathrm{v}},f_{\mathrm{h}})=\omega_\alpha f_\alpha+\omega_{\mathrm{D}}f_{\mathrm{D}}+\omega_{\mathrm{v}}f_{\mathrm{v}}+\omega_{\mathrm{h}}f_{\mathrm{h}} \tag{5-21}$$

式中：ω_α、ω_{D}、ω_{v}、ω_{h} 分别是角度、距离、速度、高度优势函数的权重，各个权值的和设为 1。权重的设置可以根据研究的目标和不同的场景采用层次分析法等分析方法确定。

5.3.3 空战机动决策的动态模糊 Q 学习建模

在上述态势评估模型的基础上，基于 FQL 算法，构建空战机动决策的动态模糊 Q 学习模型，主要包括以下两部分内容，强化学习各个元素的设计和状态

空间动态划分方法设计。

5.3.3.1　强化学习中元素的确定

首先,确定空战机动决策强化学习的状态空间,并基于模糊理论将状态输入模糊化。空战机动决策强化学习的状态空间应该包括所有影响空战优势函数计算的双方态势因素,包括:无人机、目标的方位角 α_U 和 α_T;无人机与目标的距离 $D, D \in [D_{min}, D_{max}]$;无人机与目标的速度 v_U 和 $v_R, v \in [v_{min}, v_{max}]$;无人机和目标之间的高度差 Δz。如表5-1所列,以上述 α_U、α_T、D、v_U、v_R、Δz 作为强化学习的输入状态,分别记为 $s_i(i=1,2,\cdots,6)$,描述当前时刻的空战态势。

为了强化学习对连续状态空间的处理,以模糊隶属函数将各个状态输入的取值空间模糊化。采用高斯函数作为各个输入的模糊隶属函数。设状态 s_i 具有 n 个隶属函数,则输入状态属于其中第 j 个隶属函数的隶属度可以计算为

$$\mu_{ij}(s_i) = e^{-\frac{(s_i - c_{ij})^2}{\sigma_{ij}^2}}$$
$$i=1,2,\cdots,6, \quad j=1,2,\cdots,n \tag{5-22}$$

式中,c_{ij} 和 σ_{ij} 是状态 s_i 第 j 个高斯隶属函数的中心和宽度。

表5-1　空战机动决策FQL模型的状态变量

状态	意义	变量
s_1	无人机方位角	α_U
s_2	目标方位角	α_T
s_3	距离	D
s_4	无人机速度	v_U
s_5	目标速度	v_R
s_6	高度差	Δz

其次,确定空战机动决策强化学习的行动空间,并从行动空间中选择典型值构建空战中无人机的基本动作。根据式(3-1)和式(3-2)所建立的飞机运动模型,飞机的控制量为 $[\eta_x, \eta_z, \mu]$,设 $\eta_x \in [\eta_x^{min}, \eta_x^{max}]$,$\eta_z \in [0, \eta_z^{max}]$,$\mu \in [-\pi, \pi]$,一组控制量取值代表一种机动动作。首先按照7种典型的机动动作[102]选取7组控制量作为基础控制量如表5-2所列,然后根据模糊强化学习中各个规则的触发强度对各个规则输出的控制量进行加权,从而覆盖整个行动空间。

七种基本动作为:匀速直线运动,$[\eta_x, \eta_z, \mu] = [0,1,0]$;最大加速度飞行,$[\eta_x, \eta_z, \mu] = [\eta_x^{max}, 1, 0]$;最大减速飞行,$[\eta_x, \eta_z, \mu] = [\eta_x^{min}, 1, 0]$;最大过载左

转，$[\eta_x,\eta_z,\mu]=[\eta_x^{\max},\eta_z^{\max},\frac{\pi}{2}]$；最大过载右转，$[\eta_x,\eta_z,\mu]=[\eta_x^{\max},\eta_z^{\max},-\frac{\pi}{2}]$；最大过载爬升，$[\eta_x,\eta_z,\mu]=[\eta_x^{\max},\eta_z^{\max},0]$；最大过载俯冲，$[\eta_x,\eta_z,\mu]=[\eta_x^{\max},\eta_z^{\max},\pi]$。分别将这 7 种动作的控制量记为 $\boldsymbol{a}_i,i=1,2,\cdots,7$。

表 5－2　典型机动动作的控制量

序号	机动动作	控制量		
		n_x	n_z	μ
$\boldsymbol{a}_1$	匀速飞行	0	1	0
$\boldsymbol{a}_2$	最大加速飞行	$n_x^{\max}$	1	0
$\boldsymbol{a}_3$	最大减速飞行	$n_x^{\min}$	0	0
$\boldsymbol{a}_4$	最大过载左转	$n_x^{\max}$	$n_z^{\max}$	$\frac{\pi}{2}$
$\boldsymbol{a}_5$	最大过载右转	$n_x^{\max}$	$n_z^{\max}$	$-\frac{\pi}{2}$
$\boldsymbol{a}_6$	最大过载爬升	$n_x^{\max}$	$n_z^{\max}$	0
$\boldsymbol{a}_7$	最大过载俯冲	$n_x^{\max}$	$n_z^{\max}$	π

最后，根据状态空间和行动空间，设计 FQL 算法中的各个要素。由于模糊逻辑是条件－结果的规则型结构，因此空战机动决策的思路设定为：以各个状态 s_i 分属不同的隶属函数的组合为条件，以执行的 7 个基本动作并配属相应的动作权值为结果构建规则。通过 Q 学习算法，以空战优势函数的大小作为奖励值进行强化学习，不断调整每一条规则中所执行各个动作的权值，使得所选择的动作能在规则条件所表述的状态下让无人机取得空战优势。在算法的构建过程中，需要在上述内容的基础上计算以下这些值。

1）触发强度

在 1 条规则中，设定一个状态隶属于其中一个隶属函数，则该条规则中各状态隶属于其设定隶属函数的隶属度乘积被定义为该条规则的触发强度，规则 j 的触发强度为

$$\Phi_j(s_1,s_2,\cdots,s_6)=\exp\left[-\sum_{i=1}^{6}\frac{(s_i-c_{ij})^2}{\sigma_{ij}^2}\right] \tag{5-23}$$

为了计算的收敛，将触发值归一化，设有 m 条规则，归一化后规则 i 的触发强度为

$$\rho_i=\frac{\Phi_i}{\sum_{j=1}^{m}\Phi_j} \tag{5-24}$$

2)行动值的定义与更新

定义规则j中各行动值$\boldsymbol{a}_i, i=1,2,\cdots,7$的权值为$q_j^{a_i}$,根据$\varepsilon$-贪婪算法针对7个$q_j^{a_i}$选取规则$j$的行动值为$\boldsymbol{a}_j$,则在$t$时刻全局行动的输出表征为各条规则的行动值$\boldsymbol{a}_j$与其触发强度$\rho_j$的乘积之和,即

$$\boldsymbol{A}_t(\boldsymbol{S}_t) = \sum_{i=1}^{m} \boldsymbol{a}_t^i \rho_t^i \tag{5-25}$$

式中,$\boldsymbol{S}_t=(s_t^1, s_t^2, \cdots, s_t^6)$,表征$t$时刻的状态输入。

3)Q值的定义与计算

采用线性近似的方法对Q值进行估计,根据式(5-11),Q函数为

$$Q_t(\boldsymbol{S}_t, \boldsymbol{A}_t) = \sum_{i=1}^{m} q_t(\boldsymbol{S}_t, \boldsymbol{a}_t^i)\rho_t^i \tag{5-26}$$

式中,$q_t(\boldsymbol{S}_t, \boldsymbol{a}_t^i)$表示规则$i$中所选取行动$\boldsymbol{a}_t^i$所对应的权值。对于最优行动的$Q$值的估计定义为各规则中动作权值的最大值与规则触发值的加权和,即

$$V_t(\boldsymbol{S}_t) = \sum_{i=1}^{m} (\max_{a \in A} q_t(\boldsymbol{S}_i, \boldsymbol{a}))\rho_t^i \tag{5-27}$$

4)强化学习奖励值的定义

根据式(5-21),空战优势函数的取值范围为[0,1],不能较好地引导强化学习的学习方向,因此要在优势函数的基础上增加奖惩项,以加速引导强化学习向更好的方向发展。

设定门限值a和b,且$0<a<b<1$。当优势函数值$f_t>b$时,无人机进入优势地位,奖励值$r_t=f_t+\beta$,其中β为一个较大的奖励值;当优势函数值$a<f_t<b$时,无人机处于均势位置,奖励值$r_t=f_t$;当优势函数值$f_t<a$时,无人机处于劣势,奖励值$r_t=f_t+\zeta$,其中ζ是一个绝对值较大的负值,用以实现惩罚。综合考虑,强化学习的奖励值可计算为

$$r_t = \begin{cases} f_t+\beta & f_t>b \\ f_t & a<f_t<b \\ f_t+\zeta & f_t<a \end{cases} \tag{5-28}$$

5)资格迹

为了使得学习过程更加平稳,减小震荡,在FQL算法中引入了资格迹的定义。采用资格迹来记录过去的学习过程中各规则中各动作的选择情况。定义$e_t(\boldsymbol{S}_i, \boldsymbol{a}_i)$为规则$i$在$t$时选择动作$\boldsymbol{a}_i$的资格迹,其计算公式为

$$e_t(\boldsymbol{S}_i, \boldsymbol{a}_i) = \begin{cases} \gamma_d \lambda e_{t-1}(\boldsymbol{S}_i, \boldsymbol{a}_i) + \rho_t^i & \boldsymbol{a}_i = \boldsymbol{a}_t^i \\ \gamma_d \lambda e_{t-1}(\boldsymbol{S}_i, \boldsymbol{a}_i) & \boldsymbol{a}_i \neq \boldsymbol{a}_t^i \end{cases} \tag{5-29}$$

式中:γ_d 为强化学习中对未来奖励的折扣率,$0<\gamma_d\leqslant 1$;λ 为资格迹随时间衰减的遗忘率,$0<\lambda<1$。

基于上述内容,完成 TD 误差的计算和动作权值的更新。TD 误差定义为

$$\delta_{t+1}=r_{t+1}+\gamma_d V_t(\boldsymbol{S}_{t+1})-Q_t(\boldsymbol{S}_t,\boldsymbol{A}_t) \tag{5-30}$$

根据 TD 误差和资格迹,各规则中各动作的权值可以通过式(5-31)更新,即

$$\begin{gathered}q_{t+1}(\boldsymbol{S}_i,\boldsymbol{a}_j)=q_t(\boldsymbol{S}_i,\boldsymbol{a}_j)+\xi\delta_{t+1}e_t(\boldsymbol{S}_i,\boldsymbol{a}_j)\\ i=1,2,\cdots,m,\quad j=1,2,\cdots,7\end{gathered} \tag{5-31}$$

式中:ξ 表示强化学习的学习率,一般为一个小于 1 的正数。

5.3.3.2 状态空间动态划分

对状态空间的预划分不能最大限度地反映各个状态输入在整个空间中的分布情况,难免会造成划分粗疏的情况。如果固定隶属度函数个数和区间,则很有可能会出现输入的不同状态属于同一隶属区间,即不同的状态输入对应相同的触发强度,这样使得模型的状态转移无法进行,导致训练失败。因此,可以采用动态规则生成的方法对状态空间进行进一步的实时动态划分,保证模型精度。

设定一个门限值 κ,在当前状态下当所有规则中触发强度最大的值 Φ_j 小于 κ 时,认为此时所有现存的规则不能有效反映当前状态,应该增加 1 条规则。在新规则产生时,对每一个输入状态进行判断,看当前输入状态 s_i 与其最邻近的隶属函数的中心值 c_{ij}距离的大小,如果距离值小于一定门限,则在该状态维度不产生新的隶属函数;如果距离值大于门限,则产生一个隶属函数,该隶属函数的中心值即为输入状态 s_i,隶属函数的宽度按式(5-32)计算,即

$$\sigma_{ik}=\frac{\max\{\,|c_{ik}-c_{i(k-1)}|,|c_{i(k+1)}-c_{ik}|\,\}}{d\sqrt{\ln\left(\dfrac{1}{\kappa}\right)}} \tag{5-32}$$

其中,d 为调节系数,宽度的计算就是取新隶属函数中心与邻居隶属函数中心的距离的最大值再除以调节系数。在添加新的隶属函数后,其两个邻居隶属函数的宽度也要按式(5-32)调整。

5.3.3.3 算法运行逻辑

综上,建立的基于动态 FQL 的空战机动决策强化学习的算法流程如图 5-10所示。

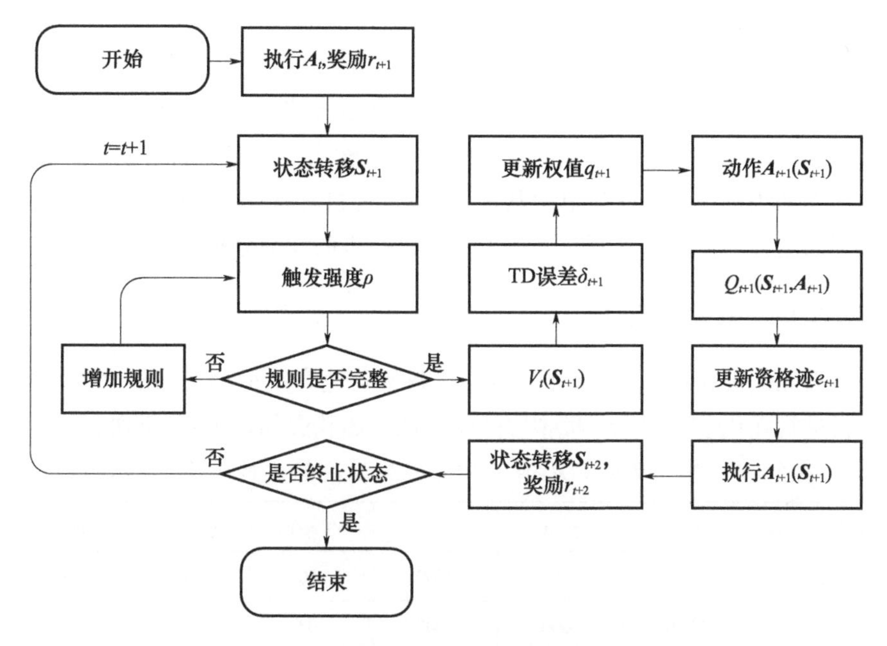

图5－10 基于动态FQL的空战机动决策算法流程

设当前时刻为$t+1$且无人机已经执行了动作$\boldsymbol{A}_t$并已获得强化学习奖励r_{t+1},则算法运行步骤如下。

步骤1:根据无人机和目标当前的运动状态计算出态势中的各个输入量s_i($i=1,2,\cdots,6$)组成状态$\boldsymbol{S}_{t+1}$,再根据式(5－24)计算当前状态$\boldsymbol{S}_{t+1}$的各规则触发强度,进而根据式(5－27)计算$V_t(\boldsymbol{S}_{t+1})$。

步骤2:根据式(5－30)计算TD误差δ_{t+1}。

步骤3:根据式(5－31)调整各规则内动作的权值为q_{t+1}。

步骤4:进行规则完整性检查,如果不满足规则完整性,则动态生成一条新规则。

步骤5:根据ε－贪婪算法,基于各规则中更新后的权值q_{t+1}选择各个规则的动作,再根据式(5－25)产生$t+1$时刻的动作输出$\boldsymbol{A}_{t+1}(\boldsymbol{S}_{t+1})$。

步骤6:根据式(5－26)计算出当前时刻Q函数的估计值$Q_{t+1}(\boldsymbol{S}_{t+1},\boldsymbol{A}_{t+1})$,用于下一步TD误差的计算。

步骤7:根据式(5－29)更新各规则中动作的资格迹,用于下一时间步的参数更新。

步骤8:无人机执行$\boldsymbol{A}_{t+1}(\boldsymbol{S}_{t+1})$,空战状态转移至$\boldsymbol{S}_{t+2}$,获得奖励$r_{t+2}$,算法转入步骤1再次循环直至到达终止状态。

5.3.4 仿真训练与分析

在模型的强化学习训练过程中，无人机和目标飞机采用相同的运动模型。无人机的行动决策按照所建立的强化学习算法输出控制量，目标飞机的飞行轨迹在先期训练过程中采取简单的基本飞行动作，如匀速直线运动、匀速转弯运动等。下面结合一个训练实例对上述方法作进一步的详细分析。

5.3.4.1 仿真实验设计

假设无人机和目标飞机相向飞行，以目标匀速直线运动飞行的空战场景对无人机进行强化学习训练。模拟空战仿真的初始状态如表 5-3 所列。

表 5-3 基于动态 FQL 算法的空战机动决策仿真初始状态设定

飞机初始状态	x/m	y/m	z/m	v/(m/s)	γ/(°)	ψ/(°)
无人机	0	0	2700	250	0	45
目标	3000	3000	3000	204	0	-135

算法中所涉及的各个参数在本实例中的取值如表 5-4 所列。决策周期T = 1s，每回合学习进行 30 个决策周期。目标执行匀速直线飞行，即在每一时刻的行动值均为[0,1,0]。

表 5-4 基于动态 FQL 算法的空战机动决策模型参数取值

参数	g/(m/s^2)	D_w/m	σ/m	$v_{\max}$/(m/s)	$v_{\min}$/(m/s)
取值	9.8	1000	500	406	90
参数	$D_{\min}$/m	$D_{\max}$/m	$\eta_x^{\max}$	$\eta_x^{\min}$	$\eta_z^{\max}$
取值	200	10000	1.5	-1	9
参数	h_{op}/m	σ_h/m	γ_d	λ	ξ
取值	0	1000	0.9	0.95	0.05
参数	β	ζ	a	b	κ
取值	5	-6	0.35	0.8	0.25

除此之外，考虑仿真边界条件限制，当无人机的高度超出限制值之后，或者两机距离小于最小距离限制后，强化学习奖励值均设为 -10，且退出此回合仿真，重新从初始位置开始新一回合仿真。

按照上述场景和参数值，执行 8000 回合学习训练后，空战仿真的轨迹如图 5-11所示。

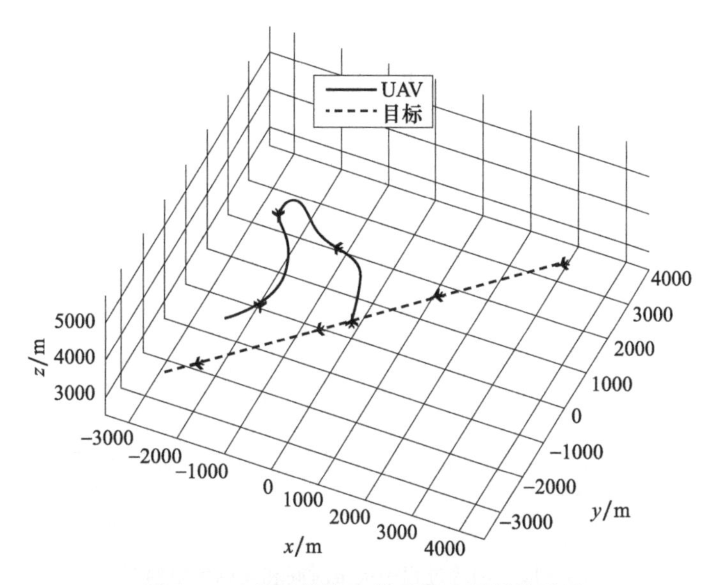

图 5 − 11　基于模糊 Q 学习算法的训练效果

图中实线为无人机轨迹，虚线为目标轨迹，可以看出，无人机在初始时刻开始爬升，消除了高度劣势，进而右转爬升再左转，进而形成了对目标尾追的优势态势，虽然在爬升的过程中有一阶段处于劣势（第 2 个飞机标志时刻，目标处于无人机的后半球，无人机处于被尾追的不利态势），但从整个过程看，无人学习的机动策略能够引导其进入优势态势。实验证明，本节所提出的基于动态 FQL 的空战机动决策方法，通过大量训练能够产生合理的机动决策序列，能够让无人机完成自主决策进而达到空战中的优势。

训练过程中的规则数量和单步决策时间如图 5 − 12 所示。从图中可以看出，规则的数量随着训练的开展持续增加，在训练结束时刻并没有收敛。与此同时随着规则的增加，单步决策时间持续增加，到训练结束时刻，单步决策时间已经达到了 2s，超过模型的决策周期 T 一倍。随着训练的开展，规则的增多，决策的时间还将持续增大，因此模型难以实现实时决策。同时不难得出，在目标进行复杂机动的场景下，状态组合会更加复杂，因此规则数量更加庞大，模型的训练效率会进一步下降。

由于空战的状态空间较大，如果固定状态空间的隶属度划分，而不在此基础上进行动态细分，状态范围粗疏的规则难以体现空战的真实态势，容易使训练陷入局部状态循环，导致无法学习正确的机动策略。如果采用动态规则生成的方法，对状态空间进行实时动态划分，则会不断产生新的规则，即使有规则生成标准来限制规则数量，在空战状态中探索产生的规则数量依然会非常庞大。因此，基于动态 FQL 的空战机动决策模型能够实现机动策略的自主学习,但是其学习效率和决策实时性有待进一步研究提高。

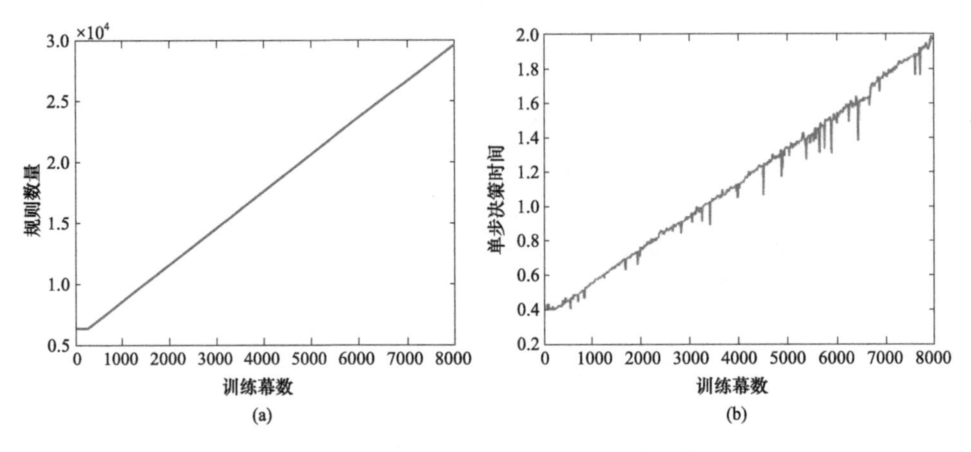

图 5-12 训练过程中决策时间和规则数量情况

(a)规则数量;(b)单频决策时间。

5.3.4.2 分析与讨论

本节结合模糊逻辑和 Q 学习建立了无人机自主空战机动决策模型,模型通过自主训练能够生成无人机空战机动决策规则,采用模糊的方法对状态空间进行了动态划分,根据规则产生的机动序列从一定程度上实现了泛化的效果,避免了人为总结空战规则的粗疏性和烦琐易错,动态学习的过程和训练方法能使得产生的规则不断精细准确,同时,学习生成的机动策略以条件-结果的形式保存,策略的可解释性强,方便研究和修改。

可以看出,采用模糊逻辑处理连续状态空间,其本质上还是将连续的状态空间离散成多个隶属度区间,再将各个状态的不同隶属度区间排列组合成规则的条件部分,完成对整个状态空间的覆盖,因此规则的数量随着在训练过程中状态空间的动态划分而持续增长,使得模型的训练效率降低,无法完成状态更加复杂的训练。

基于动态 FQL 的机动决策研究证明,在设计的强化学习空战机动决策框架下,以态势评估值作为奖励值,以空战状态为状态输入的模式能够实现无人机空战机动策略的自主学习,但是如果继续采用类似于模糊逻辑的直接离散连续区间的泛化方法,需要进一步设计状态空间的动态划分方法,使得状态的数量规模、完备性和模型的粒度与学习效率之间达到平衡。

深度强化学习是将人工神经网络与强化学习的算法相结合的一种算法架构。人工神经网络主要用于对强化学习中的值函数的非线性近似,与 FQL 将连续区间直接划分有限个隶属度区间不同,深度神经网络通过神经网络来非线性逼近值函数,以神经网络的参数来拟合出非线性函数,从而将强化学习算法扩展至连续状态空间和连续行动空间,而强化学习的智能体则在同环境交互的过程中不断获得学习的样本,用于调整神经网络的参数,使之不断向更优方向演进,最终完成从状态到最优行动的映射。

5.4 基于 DQN 的智能空战机动决策方法

本章 5.3 节结合模糊逻辑的方法对空战环境的状态空间进行模糊划分,同时利用线性近似的方法对 Q 值进行近似处理,但是随着对状态空间的不断模糊细分,规则数量的剧增导致强化学习的效率下降,容易陷于维度爆炸而失败。针对这一不足,面对空战环境状态为多维度连续变量的问题,本节采用深度神经网络进行值函数的近似估计,采用 DQN 方法搭建空战机动决策的强化学习模型,进而对模型开展训练。针对空战环境状态空间大,随机探索效率低的问题,根据空战机动的特点提出了分步训练的方法,提高了探索效率,仿真实验表明本节建立的空战机动决策模型经过训练能够在空战中实现自主机动决策获取空战优势。

5.4.1 基于武器攻击区的态势评估模型

5.4.1.1 攻击区定义

空战中机动的目的是让目标进入我方的攻击范围的同时避免我方进入目标的攻击范围,使我方从任何态势进入优势位置。在现代近距空战中,多使用红外制导的近距格斗空空导弹作为主要攻击武器,这类空空导弹可将一定距离范围内处于其导引头视场内的目标截获锁定,截获目标后即可发射导弹。虽然目前红外空空导弹具有对目标全向攻击的能力,但是红外导引头对发动机尾焰的敏感度远高于其他部位,本章假定红外格斗导弹按照尾后攻击方式攻击。导弹的截获区域如图 5 - 13 所示。

设导弹的最远截获距离为 D_m,视场角为 φ_m,则导弹的截获区域为一个圆锥区域 Ω。无人机在空战中机动的目标就是让目标进入无人机的截获区域 Ω_U 同时避免无人机进入目标的截获区域 Ω_T。

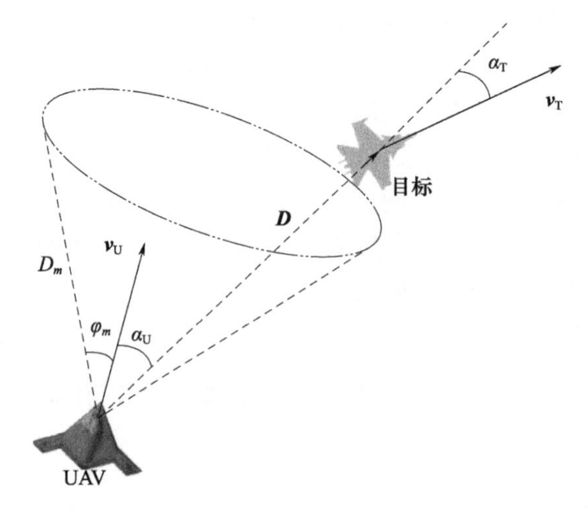

图 5-13　导弹截获区域示意图

5.4.1.2　态势评估模型

空战态势评估是为了定量地表征无人机在当前态势中的优/劣程度。根据导弹截获区域的定义,如果目标处于己方导弹的截获区域,则说明己方能够发射武器攻击目标,处于优势。定义无人机基于截获区域获得的优势值为

$$\eta_U = \begin{cases} \mathrm{Re} & (x_T, y_T, z_T) \in \Omega_U, \alpha_T < \dfrac{\pi}{2} \\ 0 & \text{其他} \end{cases} \tag{5-33}$$

同理,如果无人机进入目标飞机导弹的截获区,可以得出目标截获无人机获得的优势值 η_T。综合 η_U 和 η_T,空战中,无人机基于发射机会获得的优势值定义为

$$\eta_A = \eta_U - \eta_T \tag{5-34}$$

除此之外,在近距一对一空战中,由于航炮和一些导弹的视场角较小,一般只有在尾追的情况下才能构成发射条件,因此对于角度关系的要求较为严苛,故定义基于双方角度参数与距离参数获得的优势值为

$$\eta_B = \begin{cases} \dfrac{\pi - \alpha_U - \alpha_T}{\pi} & D < D_m \\ \dfrac{\pi - \alpha_U - \alpha_T}{\pi} e^{-\frac{(D-D_m)^2}{D_m^2}} & D > D_m \end{cases} \tag{5-35}$$

式中,α_U 和 α_T 分别为无人机速度矢量 $\boldsymbol{v}_U$ 和目标速度矢量 $\boldsymbol{v}_T$ 与距离矢量 $\boldsymbol{D}$ 之间的夹角。从式(5-35)可以看出,当无人机对目标尾追时,优势值为 1,在无人机被目标尾追时,优势值为 -1,此外当双方距离大于导弹最远截获距离时,优势值

按指数函数衰减。综合式(5－34)和式(5－35)，得出无人机所处空战态势的评估函数为

$$\eta = \eta_A + \eta_B \tag{5-36}$$

由于 η_A 的值离散单一，作为奖励函数容易使得强化学习面临正向奖励值稀疏的问题，而 η_B 的值较为连续，因此将 η_A 和 η_B 相结合后，态势函数的变化较为连续，梯度信息因此更加明确，以此作为强化学习的奖励函数，有利于强化学习算法从中获取梯度信息，从而提高算法的学习效率。

5.4.1.3　空战状态描述变量

任意时刻空战状态的几何关系可以由同一坐标系内的无人机位置矢量、无人机速度矢量、目标位置矢量、目标速度矢量所包含的信息完全确定。但是三维坐标的取值范围过大，不适于作为网络模型的状态输入。因此将上述无人机和目标各自的绝对矢量信息转化为双方的相对关系，采用角度来表征矢量信息，不仅能减少状态空间的维度，还能有利于状态信息取值范围的归一化，从而提升强化学习的效率。因此空战状态的描述可以由以下五个方面组成。

(1)无人机的速度信息，包括速度大小 v_{U}、航迹角 γ_{U} 和航向角 ψ_{U}。

(2)目标的速度信息，包括速度大小 v_{T}、航迹角 γ_{T} 和航向角 ψ_{T}。

(3)无人机与目标之间的相对位置关系，采用距离矢量 $\boldsymbol{D}$ 表征，将距离矢量的信息转换为模和夹角的形式表征。距离矢量的模 $D = \|\boldsymbol{D}\|$，γ_D 表示 $\boldsymbol{D}$ 与 $o-x-y$ 平面的夹角，ψ_D 表示 $\boldsymbol{D}$ 在 $o-x-y$ 平面上的投影矢量与 oy 轴之间的夹角，无人机与目标的相对位置关系用 D、γ_D 和 ψ_D 表示。

(4)无人机与目标之间的相对运动关系，包括无人机速度矢量与距离矢量之间的夹角 α_{U} 和目标速度矢量与距离矢量之间的夹角 α_{T}。

(5)无人机的高度信息 z_{U} 和目标的高度信息 z_{T}。

基于上述变量可以完备地表征任意时刻的一对一空战态势。

5.4.2　空战机动决策的 DQN 模型的设计

在上述空战环境模型的基础上，采用 DQN 算法作为强化学习的算法框架，从而构建基于深度强化学习的无人机近距空战机动决策模型。DQN 算法的核心就是利用深度神经网络近似表征值函数，采用 Q 学习方式，利用 TD 误差来不断调整神经网络的参数 θ，使得网络输出的状态值函数不断逼近真实值，即 $Q(s,a) \approx Q(s,a|\theta)$。为了防止强化学习交互产生的样本之间的关联性导致神经网络训练的不收敛，DQN 算法中采用了经验回放技术，从经验池中随机抽取经验

样本进行学习,打破了样本间的关联性,保证了强化学习的收敛,文献[103]提出了基于权重的样本选择方法,提高了 DQN 的学习效率,本节就是采用基于加权经验回放的 DQN 算法构建一对一空战的机动决策模型。

5.4.2.1 强化学习的状态空间

强化学习的状态空间用以描述空战态势,空战态势的描述按前文所述分为五个方面。目标的速度大小采用与无人机速度差的形式表述更能表征速度大小的差距,便于状态的表征,$\Delta v = v_{\mathrm{U}} - v_{\mathrm{T}}$。同理,目标的高度也以高度差的形式表征,$\Delta z = z_{\mathrm{U}} - z_{\mathrm{T}}$。为了使状态范围统一,提升网络学习效率,将各个状态值的取值范围都转换为以 0 为中心的区间数,强化学习的状态空间各状态变量如表 5-5 所列。记状态空间为 $\boldsymbol{S} = [s_1, s_2, \cdots, s_{13}]$。

其中 $v_{\max}$ 和 $v_{\min}$ 分别代表飞机运动模型的最大速度和最小速度,$z_{\max}$ 和 $z_{\min}$ 分别代表飞机的升限和最小安全高度,$D_{\mathrm{Threshold}}$ 为距离阈值,取近距空战的发起距离,a 和 b 为两个正数,且满足 $a = 2b$。

5.4.2.2 强化学习的行动空间

DQN 模型的行动空间即为无人机的机动动作库。战斗机的任何复杂机动动作,如桶滚、眼镜蛇机动、高速摇摇、低速摇摇等都是由一系列基本操纵组合而成,因此只要无人机的机动动作库应该包含这些基本动作[101]。

表 5-5 空战机动决策 DQN 模型的状态变量

状态	定义	状态	定义
s_1	$\frac{v_{\mathrm{U}}}{v_{\max}} \times a - b$	s_8	$2 \times \frac{\gamma_D}{\pi} \times b$
s_2	$\frac{\gamma_{\mathrm{U}}}{2\pi} \times a - b$	s_9	$\frac{\psi_D}{2\pi} \times a - b$
s_3	$\frac{\psi_{\mathrm{U}}}{2\pi} \times a - b$	s_{10}	$\frac{\alpha_{\mathrm{U}}}{2\pi} \times a - b$
s_4	$\frac{\Delta v}{v_{\max} - v_{\min}} \times a$	s_{11}	$\frac{\alpha_{\mathrm{T}}}{2\pi} \times a - b$
s_5	$\frac{\gamma_{\mathrm{T}}}{2\pi} \times a - b$	s_{12}	$\frac{z_{\mathrm{U}}}{z_{\max}} \times a - b$
s_6	$\frac{\psi_{\mathrm{T}}}{2\pi} \times a - b$	s_{13}	$\frac{\Delta z}{z_{\max} - z_{\min}} \times a$
s_7	$\frac{D}{D_{\mathrm{Threshold}}} \times a - b$		

根据常见的空战机动方式，美国 NASA 学者[102]设计了7种典型机动动作，分别为匀速直线飞行、加速直线飞行、减速直线飞行、左转弯、右转弯、爬升、俯冲。在5.3.3节中模型的行动空间是对基本向量加权求和的连续空间，因此可以选择这7个基本动作作为基本向量，但是在 DQN 架构下的行动空间是由有限个离散的行动值组成，因此，虽然这7个基本机动动作能够实现无人机在水平和垂直两个独立的面内的运动，但是对于速度的控制却仅限于直线飞行，这样使得在执行其他机动时难以实现对速度的控制。如图5-14所示，在7个机动动作的基础上对机动动作库扩展后，无人机能够向前向、左、右、上、下五个方向进行机动，每个方向都有匀速、加速、减速控制，同理机动动作库可以根据控制精度的要求任意扩充。机动动作库中的每一个机动动作$\boldsymbol{a}_i$对应一组控制量$[n_x, n_z, \mu]$，因此 DQN 模型的行动空间$\boldsymbol{A}$由一些离散的控制量组成，是控制的子集，即$\boldsymbol{A}=[\boldsymbol{a}_1, \boldsymbol{a}_2, \cdots, \boldsymbol{a}_n] \subseteq \boldsymbol{\Lambda}$。

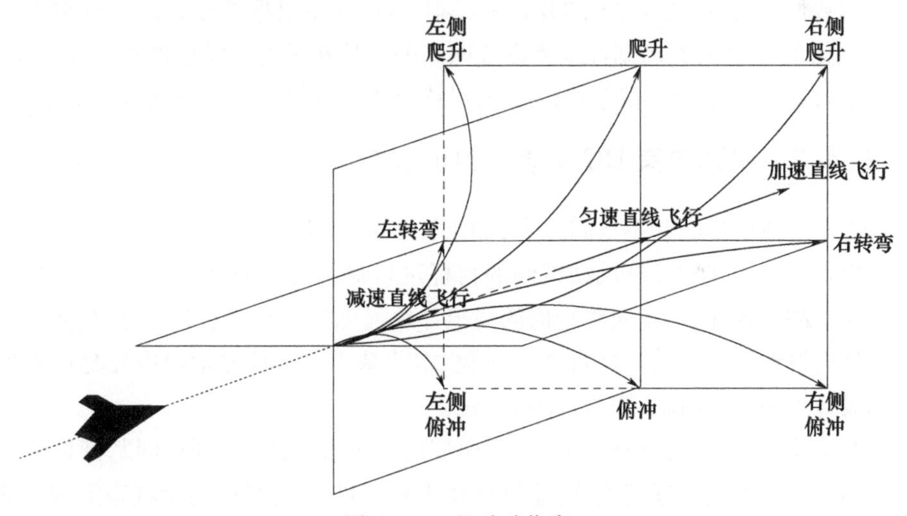

图5-14 机动动作库

5.4.2.3 强化学习的奖励值模型

强化学习的奖励值是环境对智能体行动效果的立即评价。本节采用无人机空战态势的评估函数计算奖励值，作为对机动决策的立即评价。同时奖励值应该反映在仿真过程中对于超出飞行范围的行动所进行的惩罚，飞行范围的限制包括飞行高度的限制和两机间的最小距离。定义惩罚函数为

$$\eta_p = \begin{cases} P & (z_{\mathrm{U}} < z_{\min}) \text{或} (z_{\mathrm{U}} > z_{\max}) \text{或} (D < D_{\min}) \\ 0 & \text{其他} \end{cases} \tag{5-37}$$

式中，P为惩罚值，设为较小的负数；$z_{\min}$和$z_{\max}$分别为最小最大飞行高度；$D_{\min}$为

最小安全距离。

基于态势评估函数 η 和惩罚函数 η_P，强化学习模型的奖励函数为

$$r = \eta + \eta_p \tag{5-38}$$

5.4.2.4 空战机动决策的 DQN 模型

结合状态空间、行动空间、奖励值和 DQN 算法框架，基于 DQN 算法的无人机空战机动决策模型架构如图 5－15 所示。模型的运行过程如下：当前的空战状态为 $\boldsymbol{s}_t$，在线 Q 网络基于 ε－贪婪算法向空战环境输出行动值 $\boldsymbol{a}_t \in \boldsymbol{A}$，无人机按照行动值 $\boldsymbol{a}_t$ 飞行，同时目标按照既定的策略飞行，状态转移至 $\boldsymbol{s}_{t+1}$，空战环境根据状态 $\boldsymbol{s}_{t+1}$ 计算得到奖励值 r_t。将 $(\boldsymbol{s}_t, \boldsymbol{a}_t, r_t, \boldsymbol{s}_{t+1})$ 作为一次交互的变迁样本存储在经验回放空间 R 中。在学习的过程中，基于加权经验回放策略从 R 中采样一批样本数据，计算这些样本的 TD 误差，利用 TD 误差根据梯度下降原理更新在线 Q 网络的参数 $\boldsymbol{\theta}$，并周期性地将在线网络的参数 $\boldsymbol{\theta}$ 赋给目标 Q 网络的参数 $\boldsymbol{\theta}'$。不断学习更新，直到 TD 误差趋近于 0，最终得出训练场景下的空战机动策略。

5.4.3 机动决策 DQN 模型的训练方法

由于空战模型的状态空间巨大，如果让不具有任何策略的无人机从零开始采用探索的方法在与具有机动策略的目标进行对抗交互的过程中学习策略，会产生大量的无效样本，正向奖励值的稀疏导致强化学习的效率低下，甚至陷于局部最优而导致训练失败。针对这一问题，本节基于人类认知学习中先易后难的准则设计了一套“基础－对抗”训练方法。

基于这种思想，将机动决策 DQN 模型的训练分为两个阶段，即基础训练和对抗训练。首先进行基础训练，让目标在优势、均势和劣势的初始状态下进行简单的基本动作飞行，例如匀速直线飞行和水平盘旋飞行，让无人机“熟悉”空战的态势范围并且学习到基本的空战态势下的机动策略。然后，基于基础训练获得的简单飞行策略，进行对抗训练，在对抗训练中，目标飞机采用一定的机动策略根据当前态势进行机动决策，其获取对无人机的空战态势优势，无人机在仿真对抗过程中探索战胜目标的机动策略。

训练过程中对于初始状态优势、均势、劣势的定义如图 5－16 所示，当无人机对目标尾追时，无人机处于优势，相反，当目标对无人机尾追时，无人机处于劣势，当无人机和目标迎头相向飞行时，双方处于均势，当双方背离飞行时，说明双方正在脱离交战状态，这种状态不利于机动策略的学习，因此，在训练过程中不采用双方背离飞行的初始态势。

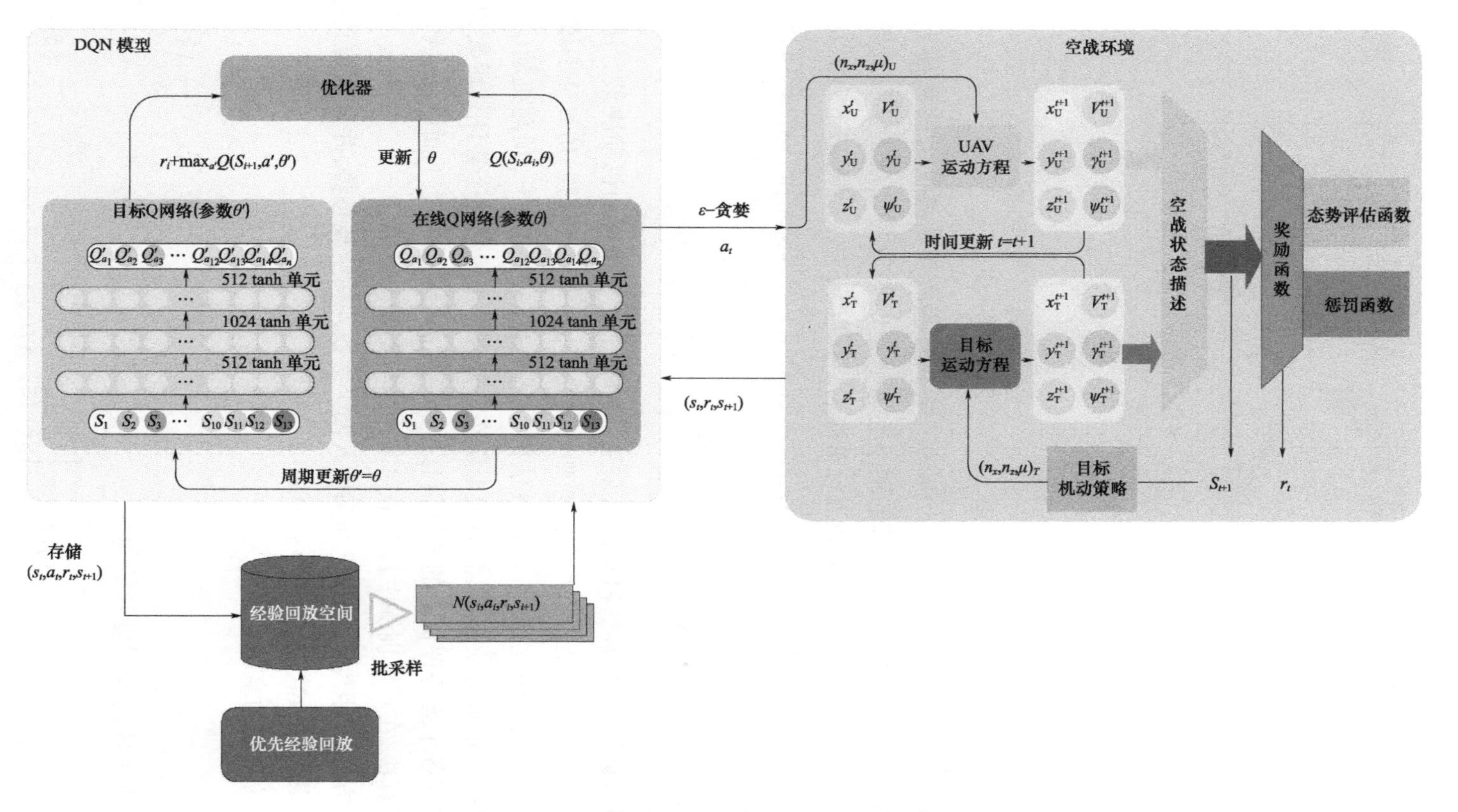

图 5-15　基于 DQN 算法的无人机空战机动决策模型(见彩图)

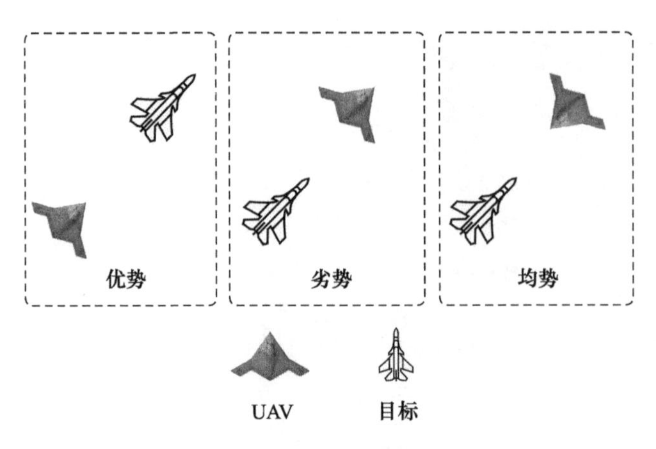

图 5-16　敌我优劣态势示意图

基础训练的项目根据目标的机动策略和空战的初始条件由简单到复杂开展，后续的训练直接在之前训练的网络的基础上开展，这样实现了学习效果的叠加。然后，在无人机学习完基础飞行策略后，再开展不同初始态势下目标具有机动策略下的对抗训练，让无人机学习到对抗条件下的机动策略，以及在对抗中战胜目标的机动策略。

5.4.3.1　对抗训练的目标策略

对抗训练中，目标的机动策略采用一种基于统计原理的机动决策方法[101]，该方法的核心属于基于一步最优原则的贪婪算法，稳健性较强，仿真证明该方法优于传统的最小最大法[104]。该算法的框架是在当前状态下，预测机动动作库中各个行动带来的新态势，然后根据新态势计算各个稳健性态势评估函数的值，最后根据各个态势评估值的统计信息选择最优的行动执行。下面以无人机为己方介绍算法，在对抗训练中目标采用该算法与无人机对抗。

由方位 α、距离 D、速度 v 和高度 h 四个参数评估空战态势，并分别定义各个参数的隶属度函数，以增强态势描述的稳健性。

方位参数的隶属度函数为

$$f_\alpha = \frac{(\pi - \alpha_{\mathrm{U}})(\pi - \alpha_{\mathrm{T}})}{\pi^2} \tag{5-39}$$

距离参数的隶属度函数为

$$f_D(D) = \begin{cases} 1 & \Delta D \leqslant 0 \\ \mathrm{e}^{\left(-\frac{\Delta D2}{2\sigma 2}\right)} & \Delta D > 0 \end{cases} \tag{5-40}$$

式中:σ 为武器攻击距离的标准差;$\Delta D = D - D_{\mathrm{m}}$,$D_{\mathrm{m}}$ 为导弹的最大截获距离。

速度参数的隶属度函数为

$$f_v(v) = \frac{v_{\mathrm{U}}}{v_*}\mathrm{e}\left(-\frac{2\left|v_{\mathrm{U}} - v_*\right|}{v_*}\right) \tag{5-41}$$

式中,v_* 表示攻击目标的最佳攻击速度,设 $\Delta v = v_{\max} - v_{\mathrm{T}}$,$v_*$ 取值为

$$v_* = \begin{cases} v_{\mathrm{T}} + \Delta v(1 - \mathrm{e}^{\frac{\Delta D}{D_{\mathrm{m}}}}) & \Delta D > 0 \\ v_{\mathrm{T}} & \Delta D \leqslant 0 \end{cases} \tag{5-42}$$

高度参数的隶属度函数定义为

$$f_h(\Delta z) = \begin{cases} 1 & h_s \leqslant \Delta z \leqslant h_s + \sigma_h \\ \mathrm{e}\left(-\frac{(\Delta z - h_s)^2}{2\sigma_h^2}\right) & \Delta z < h_s \\ \mathrm{e}\left(-\frac{(\Delta z - h_s - \sigma_h)^2}{2\sigma_h^2}\right) & \Delta z > h_s + \sigma_h \end{cases} \tag{5-43}$$

式中:h_s 为无人机对目标的最佳攻击高度差;σ_h 为最佳攻击高度标准偏差。

当上述4个参数的隶属函数都渐进趋近于1时,本机处于占位攻击态势,当趋近于0时,本机处于被攻击态势[101]。算法的流程如图5-17所示。

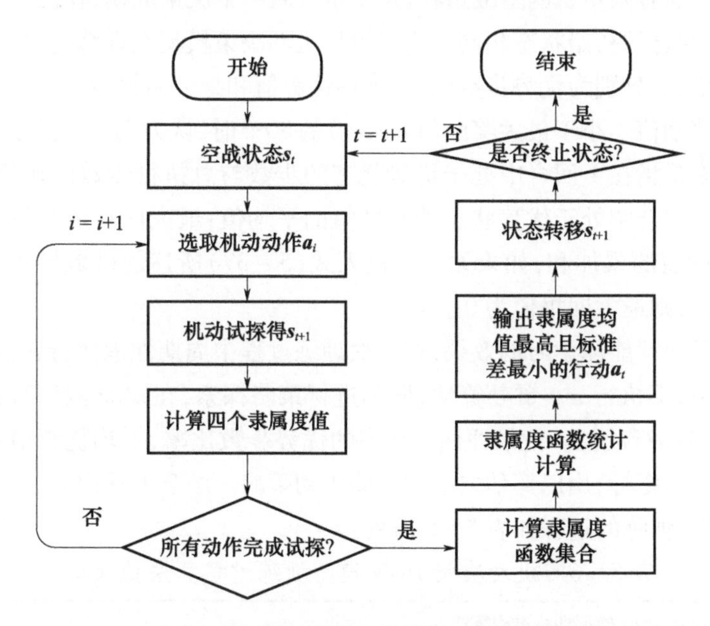

图5-17　基于统计原理的空战机动决策算法流程

步骤1:根据 t 时刻的相对态势,将所有动作 $\boldsymbol{a}_i$ 的依次代入运动模型,得到不同动作下预测的新态势。

步骤2:对每个$\boldsymbol{a}_i$带来的新态势计算隶属函数,得

$$F_i^{t+\Delta t}=\{f_\alpha^{i,t+\Delta t}(\alpha),f_D^{i,t+\Delta t}(D),f_v^{i,t+\Delta t}(v),f_h^{i,t+\Delta t}(\Delta z)\} \tag{5-44}$$

则所有动作得出的结果为$F^{t+\Delta t}=\{F_1^{t+\Delta t},F_2^{t+\Delta t},\cdots,F_n^{t+\Delta t}\}$。

步骤3:对$\boldsymbol{a}_i$得到的集合$F_i^{t+\Delta t}$求均值$m_i^{t+\Delta t}$和标准差$s_i^{t+\Delta t}$,即

$$m_i^{t+\Delta t}=E[F_i^{t+\Delta t}] \tag{5-45}$$

$$s_i^{t+\Delta t}=\sqrt{(\eta_\alpha^{i,t+\Delta t}(\alpha)-m_i^{t+\Delta t})^2+(\eta_R^{i,t+\Delta t}(R)-m_i^{t+\Delta t})^2+(\eta_h^{i,t+\Delta t}(\Delta z)-m_i^{t+\Delta t})^2+(\eta_v^{i,t+\Delta t}(v)-m_i^{t+\Delta t})^2} \tag{5-46}$$

得到数组$\mathrm{MS}_i^{t+\Delta t}=(m_i^{t+\Delta t},s_i^{t+\Delta t})$,对于$i=1,2,\cdots,n$,构成集合$\mathrm{MQ}^{t+\Delta t}=\{\mathrm{MS}_i^{t+\Delta t}\}$,选择集合$\mathrm{MQ}^{t+\Delta t}$中期望最大且标准差最小的元素所对应的动作作为结果输出。

步骤4:执行所选动作,判断是否终止状态,如果尚未结束则向前演进,返回步骤1继续执行。

5.4.3.2 训练评估

在机动决策强化学习模型训练过程中,每一个训练项目要进行多回合,每1回合代表一次有限步长的空战过程,每1步代表一个决策周期,在同一个项目的训练中,每回合的初始状态相同。为了评估机动决策模型在训练过程的效果,定义了三个指标,分别为优势步数比率,平均优势值和最大回报值。

设当奖励值不小于最大奖励值$\max(r)$的80%时,认为无人机处于优势。优势步数比率是指在1回合中处于优势状态的步数与总执行步数的比值;平均优势值是指该回合中处于优势状态的奖励值的平均值;最大回报值是指在该回合中所有奖励值的累加和,如果无人机进入式(5-37)所述的区域导致该回合没有执行完毕,则最大回报值为0。

为了反映智能体学习的效果,在一次训练过程中周期性地执行评估回合,在评估回合中,不执行ε-贪婪算法,即不进行策略探索,在线Q网络直接输出最大Q值对应的行动值。记录评估回合中的优势步数比率,平均优势值和最大回报值三项评估指标,用以评估之前学习的机动策略。综合上述内容,整理机动决策DQN模型训练的过程如表5-6所列。

表5-6 机动决策DQN模型训练过程算法伪代码

算法 机动决策DQN模型训练过程算法
随机初始化在线网络Q的参数为$\boldsymbol{\theta}$
初始化目标网络Q'参数$\boldsymbol{\theta}'\leftarrow\boldsymbol{\theta}$
初始化经验回放空间R

续表

算法　机动决策 DQN 模型训练过程算法

设置目标的机动策略(基础/对抗)
for episode $=1,2,\cdots,M$ **do**
　空战状态置为初始值
　接收到初始空战状态$\boldsymbol{s}_1$
　If episode % 评估回合执行周期 $=0$
　　for $t=1,2,\cdots,T$ do
　　　选择行动 $\boldsymbol{a}_t=\max_a Q(\boldsymbol{s}_t,\boldsymbol{a};\boldsymbol{\theta})$
　　　UAV 执行行动 $\boldsymbol{a}_t$,目标根据设定的策略执行行动
　　　收到奖励值 r_t 并观测到新状态 $\boldsymbol{s}_{t+1}$
　　end for
　　统计该回合的优势步数比率,平均优势值和最大回报值
　for $t=1,2,\cdots,T$ **do**
　　以概率 ε 从机动动作库中随机选择行动$\boldsymbol{a}_t$
　　否则选择行动$\boldsymbol{a}_t=\max_a Q(\boldsymbol{s}_t,\boldsymbol{a};\boldsymbol{\theta})$
　　UAV 执行行动$\boldsymbol{a}_t$,目标根据设定的策略执行行动
　　收到奖励值 r_t 并观测到新状态$\boldsymbol{s}_{t+1}$
　　将变迁数据$(\boldsymbol{s}_t,\boldsymbol{a}_t,r_t,\boldsymbol{s}_{t+1})$存入 R
　　从 R 中随机采样一批 N 条变迁数据$(\boldsymbol{s}_i,\boldsymbol{a}_i,r_i,\boldsymbol{s}_{i+1})$
　　设 $y_i=r_i+\gamma_d\max_{a'}Q'(s_{i+1},\boldsymbol{a}';\boldsymbol{\theta})$
　　在$(y_i-Q(\boldsymbol{s}_i,\boldsymbol{a}_i;\boldsymbol{\theta}))^2$ 上针对网络参数 $\boldsymbol{\theta}$ 执行梯度下降计算
　　每 C 步设 $\boldsymbol{\theta}'=\boldsymbol{\theta}$
　end for
end for

5.4.4　仿真分析

为了验证空战机动决策的 DQN 模型,建立无人机与目标一对一的空战仿真,无人机基于 DQN 模型进行空战机动策略的学习,目标根据设定的策略进行机动,双方在三维空间内从初始状态开始进行有限时间的仿真对战。

5.4.4.1　仿真环境

本节采用 python 语言建立了空战环境模型,采用 TensorFlow 搭建 DQN 网络模型。运行模型的计算机的 CPU 为 Intel(R) Core(TM) i7 - 8700k,RAM 内存

16GB，同时安装了 NVIDIA GeForce GTX 1080 TI 显卡为 Tensorflow 训练 DQN 网络参数提供 GPU 加速计算支持。

空战环境模型中各个参数的设置如下，导弹的最远截获距离为 $D_m = 3\text{km}$，视场角为 $\varphi_m = \frac{\pi}{6}$，截获目标时的优势值 Re = 5，两架飞机之间的最小安全距离 $D_{\min} = 200\text{m}$，升限 $z_{\max} = 12000\text{m}$，最小安全高度 $z_{\min} = 1000\text{m}$，惩罚值 $P = -10$，最大速度 $v_{\max} = 400\text{m/s}$，最小速度 $v_{\min} = 90\text{m/s}$，距离阈值 $D_{\text{Threshold}} = 10000\text{m}$，$a = 10$，$b = 5$。控制量方面，设 $n_x \in [-1,2]$，$n_z \in [0,8]$，$\mu \in [-\pi,\pi]$，扩展 7 种基本机动动作至 15 种，实现方向和速度的控制，机动动作库中各动作的控制量如表 5-7 所列。

表 5-7　机动动作的控制量

序号	机动动作	控制量		
		n_x	n_z	μ
$\boldsymbol{a}_1$	匀速前向	0	1	0
$\boldsymbol{a}_2$	加速前向	2	1	0
$\boldsymbol{a}_3$	减速前向	-1	0	0
$\boldsymbol{a}_4$	匀速左转	0	8	$-\arccos(1/8)$
$\boldsymbol{a}_5$	加速左转	2	8	$-\arccos(1/8)$
$\boldsymbol{a}_6$	减速左转	-1	8	$-\arccos(1/8)$
$\boldsymbol{a}_7$	匀速右转	0	8	$\arccos(1/8)$
$\boldsymbol{a}_8$	加速右转	2	8	$\arccos(1/8)$
$\boldsymbol{a}_9$	减速右转	-1	8	$\arccos(1/8)$
$\boldsymbol{a}_{10}$	匀速上升	0	8	0
$\boldsymbol{a}_{11}$	加速上升	2	8	0
$\boldsymbol{a}_{12}$	减速上升	-1	8	0
$\boldsymbol{a}_{13}$	匀速下降	0	8	π
$\boldsymbol{a}_{14}$	加速下降	2	8	π
$\boldsymbol{a}_{15}$	减速下降	-1	8	π

5.4.4.2　基础训练

基础训练中，目标分别执行匀速直线运动和水平盘旋机动，在无人机初始态势处于优势、均势、劣势的状态下依次开展训练，使得无人机熟悉空战的态势环境。基础训练的项目如表5-8所列。

表5-8　基础训练项目

项目	目标机动	无人机初始态势
1	匀速直线运动	优势
2	匀速直线运动	均势
3	匀速直线运动	劣势
4	水平盘旋运动	优势
5	水平盘旋运动	均势
6	水平盘旋运动	劣势

表5-8中的无人机初始态势为优势，是指无人机在目标后方追击目标，均势是指无人机和目标迎头相向而行，劣势是指目标在无人机后方对目标进行追击。按照表5-8中的序号顺序逐项开展基础训练，每一项训练10^6回合，每隔3000回合执行一次评估回合。

在每一项训练过程中，为了使得无人机充分熟悉空战环境，提高样本的多样性，防止网络的过拟合，训练回合中无人机和目标的初始状态在较大范围内进行随机设定，而为了确保机动策略评估的统一性，评估回合中采用同一种初始态势。例如进行第1项基础训练时，初始态势设置如表5-9所列和图5-18所示。

图5-19是项目1训练过程中最大回报值的变化情况，可以看出无人机通过探索学习，更新策略，最大回报值持续提高。图5-20是项目1训练完成后，一次评估回合的机动轨迹。从图中可以看出无人机从目标的左后方追击目标，不断调整航向和速度，保持尾追态势，使得目标始终处于导弹的截获区域内。

表5-9　基础训练项目1的初始状态设置

初始状态		x/m	y/m	z/m	v/(m/s)	γ/(°)	ψ/(°)
训练回合	无人机	[-200,200]	[-300,300]	3000	280	0	[-60,60]
	目标	[-3500,3500]	[2000,3500]	[2000,4000]	[100,300]	0	[-60,60]
评估回合	无人机	0	0	3000	180	0	0
	目标	3000	3000	3000	180	0	0

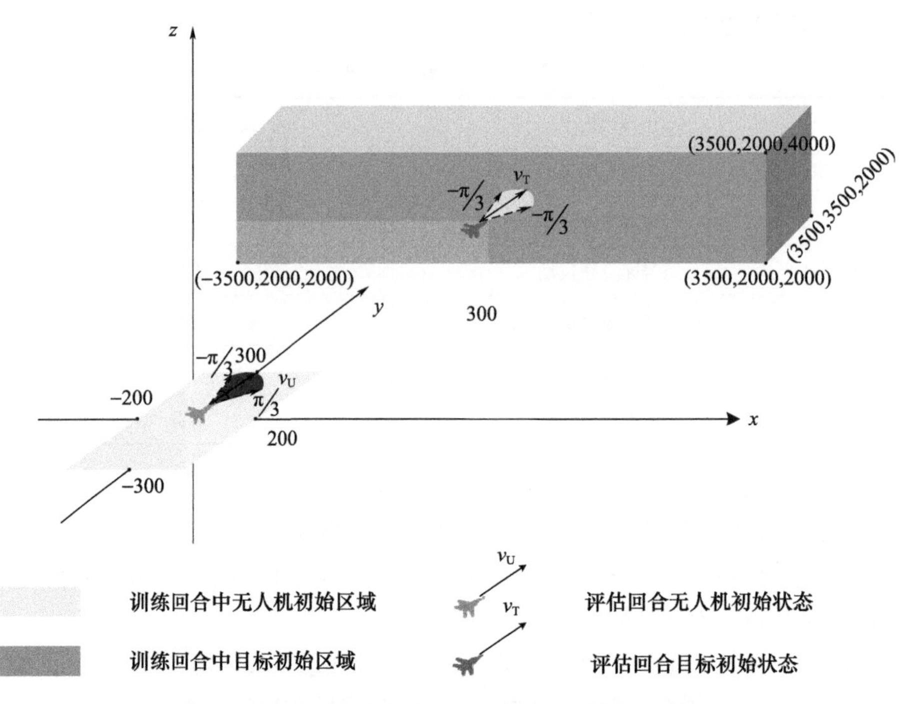

图 5－18　基础训练项目 1 的初始状态设定(见彩图)

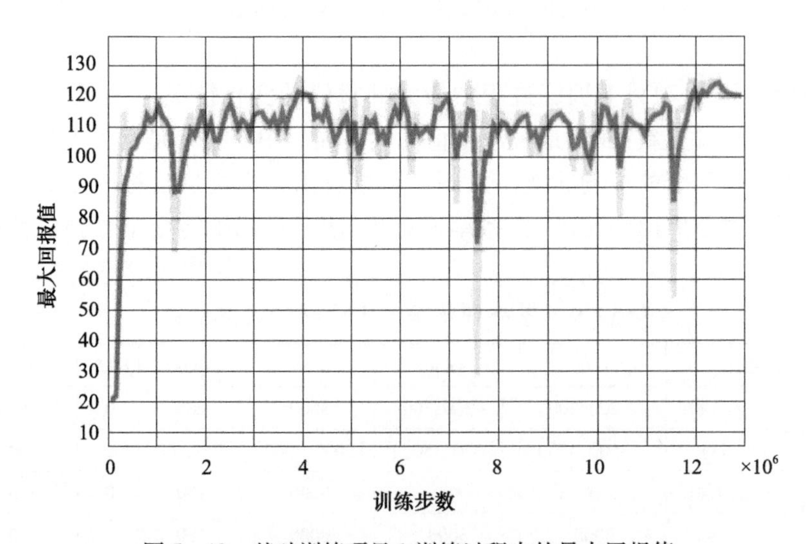

图 5－19　基础训练项目 1 训练过程中的最大回报值

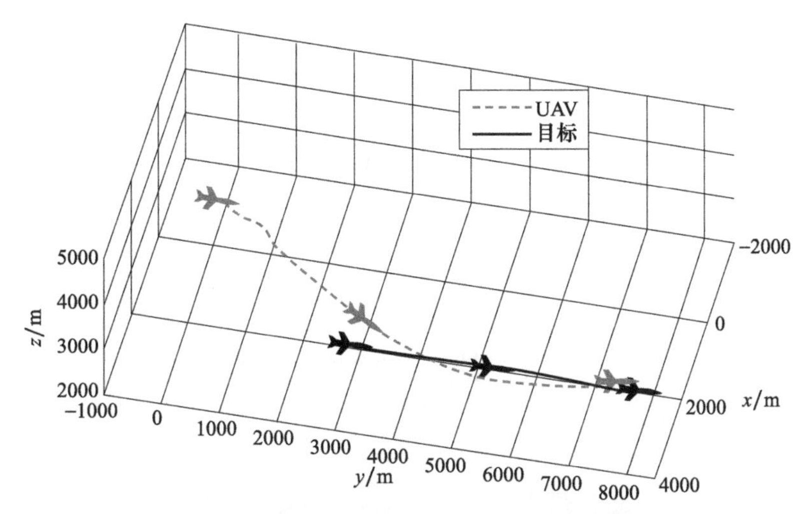

图 5 – 20　基础训练项目 1 的学习结果轨迹图

图 5 – 21 是项目 3 训练过程中最大回报值的变化情况,从图中可以看出由于无人机初始态势处于劣势,所以最大回报值在训练开始时刻较低,但是随着训练的开展,无人机逐渐掌握了摆脱劣势,转入优势的机动策略,从而使得最大回报值不断上升。图 5 – 22 是项目 3 训练结束后评估回合的机动轨迹,可以看出,无人机在初始时刻在目标正前方处于劣势,随即开始右转,与目标相向而行,最后再右转进入目标尾后,并调整速度追上目标,保持对目标的近距离跟踪。相比于图 5 – 11 所示的基于 FQL 的训练效果,基于 DQN 的机动决策模型学习的策略更加准确,在对抗过程中没有让无人机处于劣势。

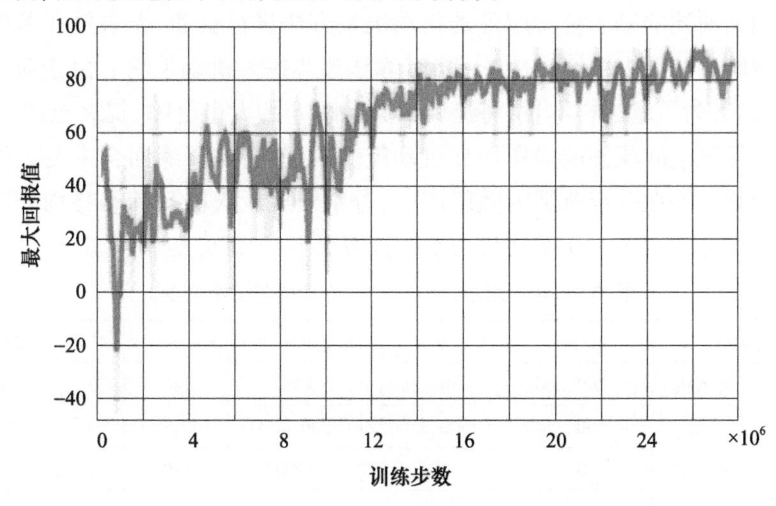

图 5 – 21　基础训练项目 3 训练过程中的最大回报值

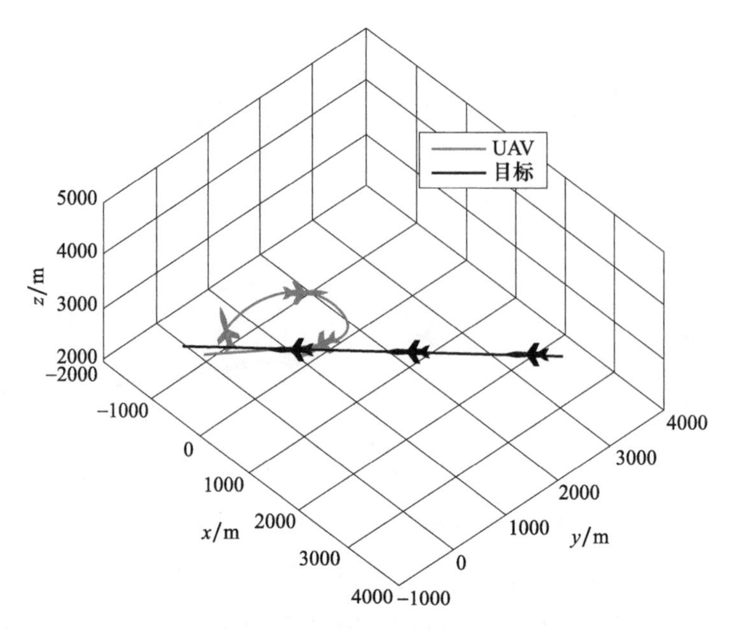

图 5 - 22　基础训练项目 3 的学习结果轨迹图

上述基础训练的仿真结果证明,本章设计的基于 DQN 的空战决策模型能够自主学习获得合理的空战机动策略。

5.4.4.3　对抗训练

在表 5 - 8 中的所有基础训练项目完成后开展对抗训练。在对抗训练中,目标采用前文所述的基于统计原理的机动决策方法进行机动,无人机在基础训练学习的策略的基础上继续采用 ε - 贪婪算法逐步探索机动策略。由于对抗中状态更加复杂,为了增加样本量,将经验回放空间 R 的大小由10^5 提高至10^6。

为了保证空战状态的多样性和机动策略的泛化,在训练回合中无人机和目标的初始状态均在一定范围内随机产生,分别开展无人机初始态势均势和劣势情况下的训练。表 5 - 10 所列为初始均势情况下,训练的初始状态。

表 5 - 10　对抗训练中均势初始态势设置

初始状态		x/m	y/m	z/m	v/(m/s)	γ/(°)	ψ/(°)
训练回合	无人机	[-200,200]	[-300,300]	3000	280	0	[-60,60]
	目标	[-3500,3500]	[2500,3500]	[2000,4000]	[100,300]	0	[120,240]
评估回合	无人机	0	0	3000	180	0	0
	目标	3000	3000	3000	180	0	0

初始状态为均势的训练过程中，优势步数比率，平均优势值和最大回报值的变化情况分别如图5-23、图5-24和图5-25所示。在这3幅图中，黄色线条显示的是未开展基础训练而直接开展对抗训练的情况，蓝色线条表示的是开展基础训练后再进行对抗训练的指标变化过程。

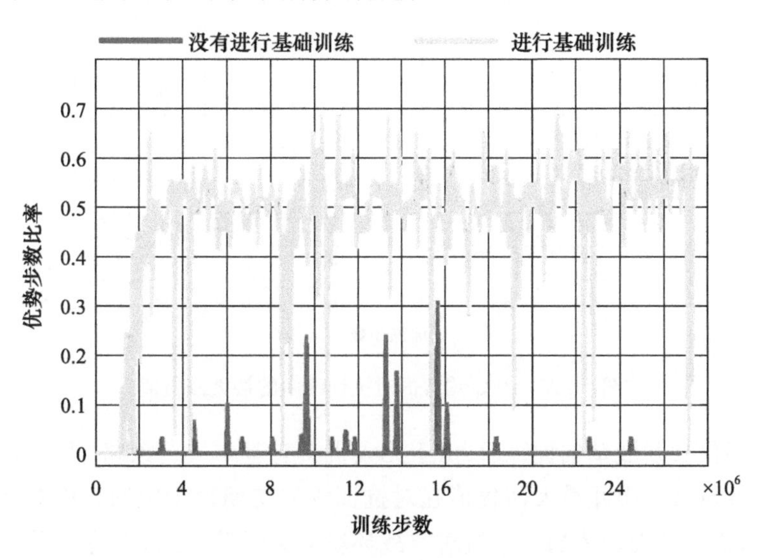

图5-23 初始均势的对抗训练中优势步数比率

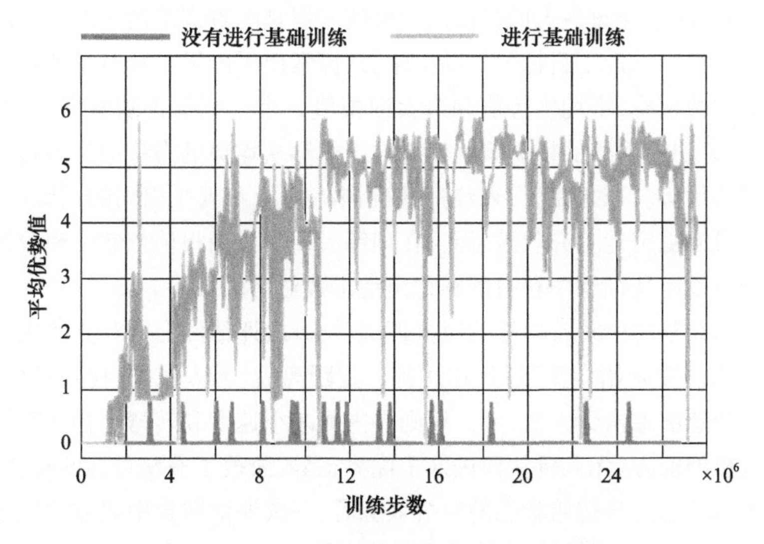

图5-24 初始均势的对抗训练中平均优势值

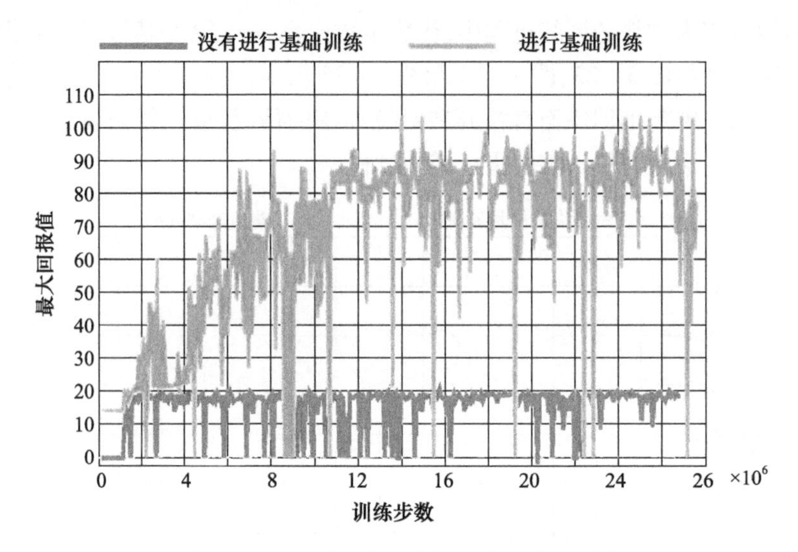

图 5-25 初始均势的对抗训练中的最大回报值

可以看出，开展基础训练后，由于无人机具有基本飞行策略，不会出现飞出边界等低级错误，因此最大回报值在对抗训练的初期很少因回合中断而出现 0 值。而未进行基础训练的无人机对空战环境毫无经验，在探索的过程中很容易超出边界，从而使最大回报值出现 0 值较多。

此外，由于训练初期目标比无人机聪明，因此获得的开火机会更多，让无人机处于劣势，所以导致最大回报值出现负值。但是随着训练的开展，经过基础训练的无人机逐步掌握了目标的机动策略，并探索出了能够击败对手的机动策略，因此优势步数比率，平均优势值和最大回报值 3 个指标值都随着训练的开展而逐步增加，证明无人机的机动策略使得自己能够从均势的态势中尽快转入优势，并持续保持优势。与之相反，未经过基础训练的无人机在相同的训练周期内，3 个指标均没有稳定地上升收敛，而且在训练后期最大回报值依然出现较大负值，说明无人机没有从训练中获得能够稳定地击败对手的策略。

图 5-26 是初始状态均势的对抗训练后，一次评估回合中双方的机动轨迹。双方从初始位置开始迎头飞行，在达到一定距离后，无人机向目标右侧飞行，目标向右转弯意图追击无人机，无人机则在内测减小速度和转弯半径，使得目标冲到了无人机的前方，无人机从而进入了优势态势，获得了截获目标的机会。

图 5-27 是劣势初始状态的对抗训练后，一次评估回合中双方的机动轨迹。在初始时刻，目标对无人机形成了尾追的态势，因此不断向无人机方向机动，意图减小距离使得无人机进入目标的导弹截获区域，无人机则向右后方向转弯，意

图摆脱被尾追的不利态势，并且不断调整速度和航向，在与目标交会后，迅速右转爬升，从目标滚筒机动的内侧切入了目标的后侧，实现了对目标的尾追，获得了武器发射机会。

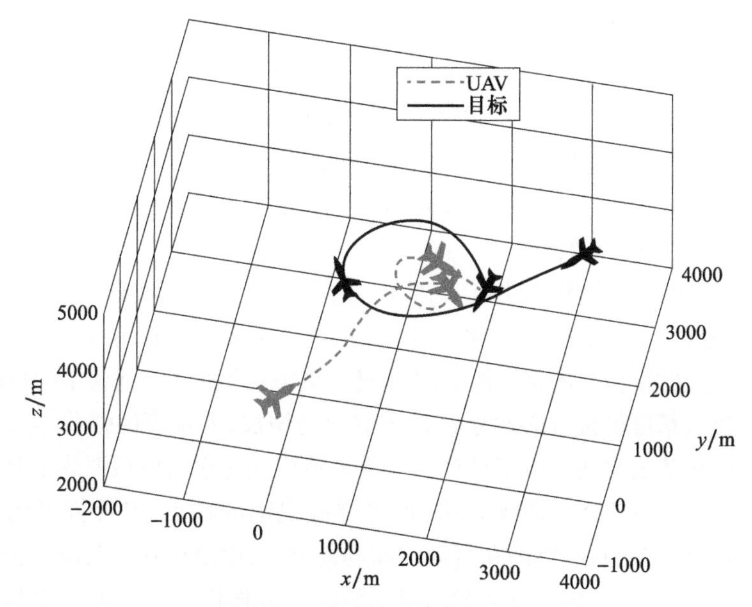

图 5－26　均势态势下对抗轨迹

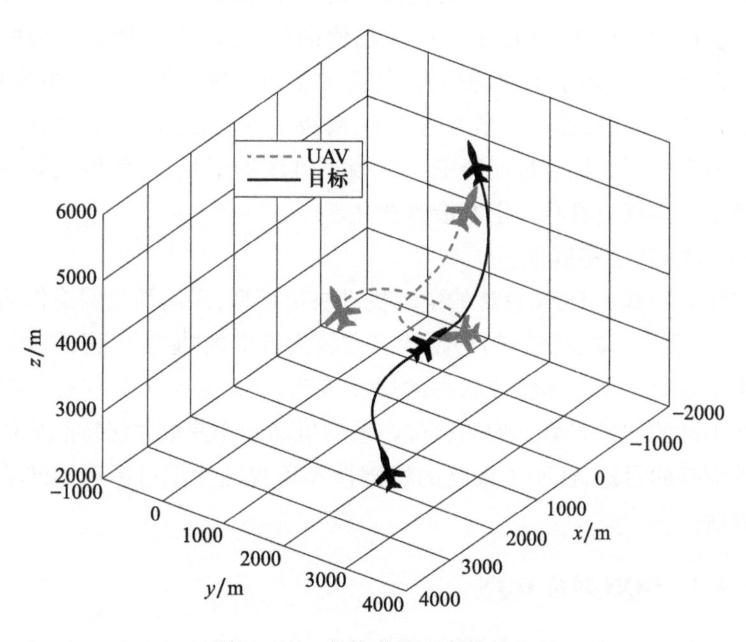

图 5－27　劣势态势下对抗轨迹

上述仿真结果证明了以下三点。

(1)建模方法的正确性。

本节所建立的基于 DQN 算法的无人机空战机动决策模型能够通过自主学习获得机动策略,在仿真空战中战胜其他算法控制的目标飞机。证明了在本章提出的基于强化学习的空战机动决策模型框架下,以基于攻击区与态势因素相结合的态势评估值作为奖励值,以空战态势描述变量为状态空间,以典型机动动作作为行动空间,以深度神经网络为策略泛化和更新的载体,所建立的机动决策模型能够实现复杂机动空战机动策略的自主学习。

(2)训练方法的有效性。

本章建立的空战模型,采用了 2 阶 3 自由度的飞机模型,实现了三维空间内的速度控制,相对于现有的基于强化学习的空战机动决策研究中,采用的二维平面模型[105]或者速度恒定[106]的空战模型,本章建立的方法提高了空战模型的精度。

空战模型精度的提升必然导致状态空间的增加,大规模的强化学习模型必然面临奖励稀疏的难题。本章针对奖励稀疏造成强化学习模型训练不收敛的问题,提出了“基础 - 对抗”训练方法,根据空战机动的特点,设计模型的训练流程,在不改变模型的状态空间和行动空间的前提下,由简单到复杂地逐步调整目标机动策略,训练无人机得出复杂的机动策略。从强化学习的角度,“基础 - 对抗”训练方法在单次训练项目中通过目标的运动策略限定了状态转移的范围,降低了算法探索的空间,增加了正向奖励值的概率,从而降低了奖励稀疏的现象,通过分步训练实现了策略的提升,将总的学习目标分解为多个由易到难、前后衔接的子任务开展,提高了学习的效率,解决了深度强化学习算法在空战机动决策应用研究中因训练困难而降低空战模型维度的不足,对其他大规模深度强化学习模型的训练也具有一定的借鉴意义。

(3)机动策略的稳健性。

本节建立的基于 DQN 算法的空战机动决策模型,采用神经网络作为泛化方法,在训练过程中,单项训练的初始状态在较大范围内随机产生,因此训练产生的策略不是针对一个具体特殊状态的运动策略,而是对某一类状态范围的综合反映。在不同的初始态势下均能通过一系列机动动作获取并保持态势优势击败具有机动策略的目标,证明了策略的稳健性和远视性优于目标选用的单步寻优的贪婪算法。

5.4.4.4 DQN 对抗 DQN

除了与基于统计学原理的决策方法对抗之外,本章开展了 DQN 模型自我对抗的仿真。在仿真实验中，无人机和目标均采用相同的 DQN 机动决策模型进行对抗训练，两个模型均采用基础训练后的参数，在均势的初始态势下训练10^6回合，训练过程中双方最大回报值的差如图 5-28 所示，从图中可以看出，在训练初期，由于模型探索的随机性，最大回报值差值在 0 附近震荡，随着训练的进行，震荡的幅度逐渐减小，最终收敛于 0 附近，说明双方的策略趋于一致。如图 5-29 所示，训练形成均衡策略后，双方在对抗中相互追逐，形成了平衡态势，双方均无法在对抗中获取优势。

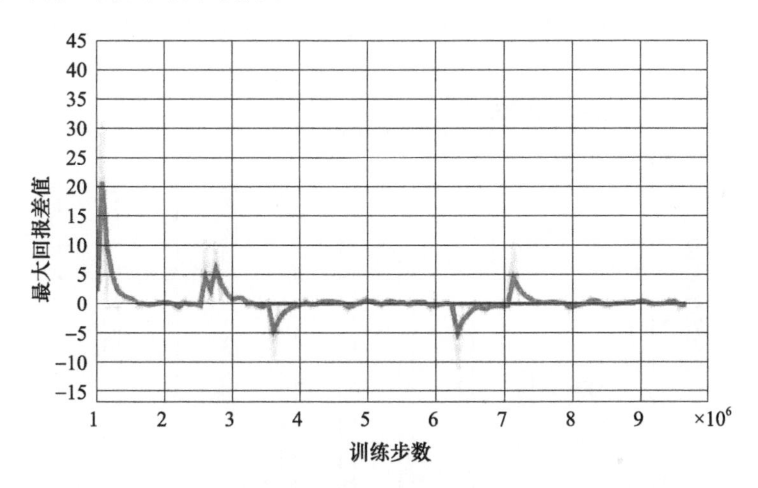

图 5-28　双 DQN 模型自我对抗过程中双方最大回报值的差值

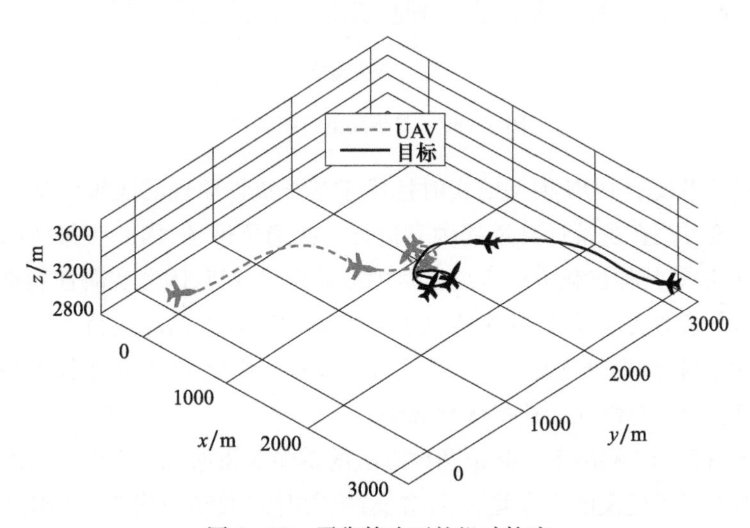

图 5-29　平衡策略下的机动轨迹

5.4.4.5 决策时间

空战对机动决策有严格的实时性要求。因此有必要测试机动决策模型的实时性。根据机动动作库的大小，做了9组测试，各组实验中模型的机动动作依次由7增加至15。在各组实验中，通过1000步决策时间的统计，计算DQN模型和基于统计理论方法的平均单步决策时间，实验结果如图5－30所示。从图中可以看出，随着机动动作数量的增加，DQN模型的单步决策时间保持在0.6ms左右，而基于统计原理的决策算法的单步决策时间从2ms增加到了将近6ms。

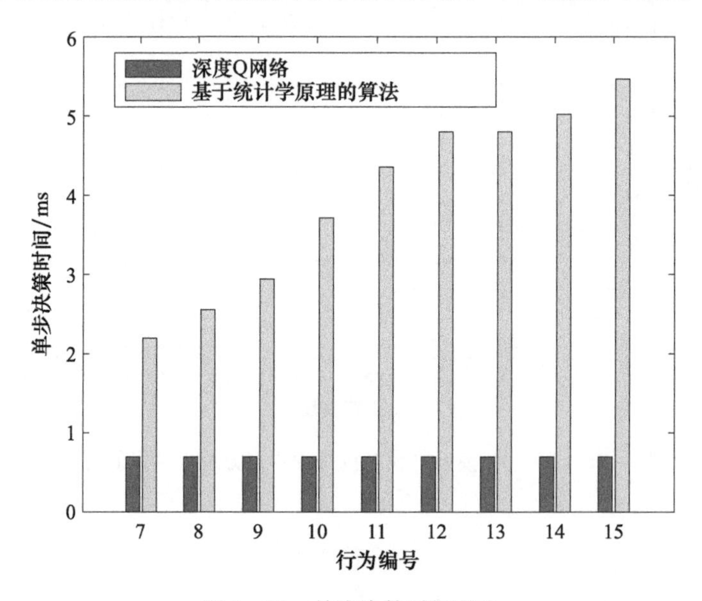

图5－30　单步决策时间对比

实验结果显示DQN模型的实时性优于基于统计原理的决策方法。基于统计原理决策方法在决策计算过程中只进行一次遍历循环，因此决策时间相对较短，遗传算法等其他优化方法需要大量的循环迭代计算，因此实时性能难以满足空战机动决策的要求，所以这类方法在空战机动决策中的应用目的不是实现在线的决策控制，而是研究发现一些新的战术动作。由此可知，基于深度强化学习的决策模型的实时性优于迭代优化算法。

对比图5－12和图5－30中两种方法的单步决策时间，基于FQL的单步决策时间由于模型规模的不断增大而增长，决策时间最终到达2s，超出了仿真步长一倍，无法实时决策，而基于DQN的机动决策模型的模型大小固定，因此单步决策时间一直保持在0.6ms左右。由此证明，基于深度强化学习的机动决策模型的实时性优于 FQL 等离散型的传统强化学习方法。

5.4.4.6　分析与讨论

本节基于 DQN 算法建立了无人机空战机动决策模型。基于武器攻击区的概念，结合角度和距离因子构建了态势评估函数，直观准确地反映了空战态势优劣，同时以此为基础建立了强化学习模型的奖励值函数。针对空战状态空间太大造成的 DQN 模型学习效率低下和训练易陷于局部最优的问题，本节提出了先进行基本训练，再进行对抗训练的分步训练方法，仿真结果证明了训练方法能有效提升无人机学习对抗策略的效率，进而证明了本节所建立的基于 DQN 算法的无人机空战机动决策模型能够实现自主学习不断更新策略直至击败基于其他算法机动的目标，策略的稳健性优于遍历迭代的寻优算法。同时还就模型的实时性展开了分析研究，结果表明基于深度强化学习的决策模型相对于迭代优化算法和离散型传统强化学习算法在实时性的优势。

但是同时也发现，DQN 模型虽然相对于 FQL 模型在学习效率和效果方面有明显的优势，但是也存在策略无法解析表述的难题。此外，DQN 模型中，无人机的行动空间是将连续的控制空间划分为了有限个离散的机动动作，从理论上看，行动空间划分越细致，无人机的控制精度越高，但是过多的输出在增大网络规模提高训练难度的同时，又将导致神经网络的分类能力变差，因此需要找到合适的方法实现在不改变网络结构的同时能够让模型在连续的行动空间进行决策，5.5 节将就这一问题继续展开研究。

5.5　基于 DDPG 的智能空战机动决策方法

5.4 节基于 DQN 算法构建空战机动决策模型，利用神经网络实现了值函数近似，但是 DQN 算法中的行动空间是离散、有限个数的行动值，因此无人机只能从有限的几个行动中选择执行，所以控制的精度不高，难以满足实际空战对飞机控制的要求。DDPG 是基于 AC(Actor - Critic)框架，结合了强化学习中的值迭代方法和策略梯度算法的深度强化学习方法。DDPG 相对于 DQN，能够处理连续行动空间的强化学习问题。因此，本节采用 DDPG 算法建立无人机与目标进行一对一空战的机动策略模型。针对连续行动空间加剧强化学习奖励稀疏的问题，提出了依概率增加先验行动值样本的训练方法，提高了训练效率，实现了连续行动空间内行动值的求解。

5.5.1 DDPG 算法

虽然 DQN 算法解决了高维连续状态空间的决策建模问题,但是在行动空间方面,该算法只能处理离散低维的行动空间。对于大多数问题而言,行动空间均为高维连续的行动空间。DQN 不能直接处理连续行动空间,因为它依赖于最大化行动 - 值函数(Q 函数),如果将连续行动空间离散化,会产生较多行动 - 值函数,导致计算量激增的同时也会使网络的辨识能力减弱,无法训练出准确的决策模型,而且均匀离散化行动空间意味着舍弃了行动领域的结构信息,而这些信息是解决问题所必需的,因此对行动空间的离散化本身就会导致值函数估计出现误差,与原有模型的误差会显著增大,甚至由于离散导致计算错误。基于 DQN 算法的上述不足,本节提出了将策略梯度算法与神经网络函数近似相结合的 AC(Actor - Critic)算法,即 DDPG 算法[106]。

5.5.1.1 策略梯度

策略梯度算法是处理连续行动空间强化学习问题最为流行的方法。这类算法的基础是 Sutton 于 1999 年提出的策略梯度理论。与 Q 学习等通过值函数计算行动策略的思想不同,基于策略的方法是直接构造一个参数化的策略函数 $\pi_{\boldsymbol{\theta}}$,通过调整参数 $\boldsymbol{\theta}$ 使得策略的目标函数 $J(\pi_{\boldsymbol{\theta}})$ 最大,策略梯度算法的基本思想是向目标函数的梯度方向 $\nabla_{\boldsymbol{\theta}} J(\pi_{\boldsymbol{\theta}})$ 调整 $\boldsymbol{\theta}$。假设策略 $\pi_{\boldsymbol{\theta}}$ 是可微且非零的,记策略梯度为 $\nabla_{\boldsymbol{\theta}}\pi_{\boldsymbol{\theta}}(s,a)$。根据似然比推出如下等式

$$\nabla_{\boldsymbol{\theta}}\pi_{\boldsymbol{\theta}}(s,a) = \pi_{\boldsymbol{\theta}}(s,a)\frac{\nabla_{\theta}\pi_{\boldsymbol{\theta}}(s,a)}{\pi_{\boldsymbol{\theta}}(s,a)} = \pi_{\boldsymbol{\theta}}(s,a)\nabla_{\boldsymbol{\theta}}\log\pi_{\boldsymbol{\theta}}(s,a) \tag{5-47}$$

对于一个单步的 MDP 过程,从状态 $s \sim d(s)$ 开始,$d(s)$ 为状态的稳态分布,在执行一步获得奖励 $r = R_{s,a}$ 后结束,则 $J(\theta) = \mathbb{E}_{\pi_{\boldsymbol{\theta}}}[r] = \sum_{s\in S} d(s) \sum_{a\in A}\pi_{\boldsymbol{\theta}}(s,a)R_{s,a}$,利用似然比计算策略梯度,有

$$\begin{aligned}\nabla_{\boldsymbol{\theta}} J(\theta) &= \mathbb{E}_{\pi_{\boldsymbol{\theta}}}[r] = \sum_{s\in S} d(s) \sum_{a\in A}\pi_{\boldsymbol{\theta}}(s,a)\ \nabla_{\boldsymbol{\theta}}\log\pi_{\boldsymbol{\theta}}(s,a)R_{s,a} \\ &= \mathbb{E}_{\pi_{\boldsymbol{\theta}}}[\nabla_{\theta}\log\pi_{\boldsymbol{\theta}}(s,a)r]\end{aligned} \tag{5-48}$$

将似然比方法由单步推广至多步 MDP 中,将瞬时奖励值 r 用长期值 $Q^{\pi}(s,a)$ 代替,得出策略梯度理论,即对于任意一个可微分策略 $\pi_{\boldsymbol{\theta}}(s,a)$,采用任意一种策略目标函数,策略梯度为

$$\nabla_{\boldsymbol{\theta}} J(\boldsymbol{\theta}) = \mathbb{E}_{\pi_{\boldsymbol{\theta}}}[\nabla_{\boldsymbol{\theta}}\log\pi_{\boldsymbol{\theta}}(s,a)Q^{\pi_{\theta}}(s,a)] \tag{5-49}$$

确定策略是随机策略的一种极限形式,将状态到行动的概率映射转变为确

定映射，对于一个确定策略 $\boldsymbol{v}_{\boldsymbol{\theta}}: S \to A$，其参数向量 $\boldsymbol{\theta} \in \mathbb{R}^n$，定义目标函数 $J(\boldsymbol{v}_{\boldsymbol{\theta}}) = \mathbb{E}[r_t^{\gamma} \mid \boldsymbol{v}]$，概率分布 $p(s \to s', t, \boldsymbol{v})$，折扣型的状态分布 ρ^{v}，目标函数可以写为期望的形式，即

$$J(\boldsymbol{v}_{\boldsymbol{\theta}}) = \int_S \rho^{v}(s) r(s, \boldsymbol{v}_{\boldsymbol{\theta}}(s)) \mathrm{d}s = \mathbb{E}_{s \sim \rho^{v}}[r(s, \boldsymbol{v}_{\boldsymbol{\theta}}(s))] \tag{5-50}$$

根据策略梯度理论的确定性类推，得出确定策略梯度定理，即，在假设 MDP 中 $\nabla_{\boldsymbol{\theta}} \boldsymbol{v}_{\boldsymbol{\theta}}(s)$ 和 $\nabla_a Q^{v}(s, a)$ 存在且确定策略梯度存在，则有

$$\begin{aligned} \nabla_{\boldsymbol{\theta}} J(\boldsymbol{v}_{\boldsymbol{\theta}}) &= \int_S \rho^{v}(s)\ \nabla_{\boldsymbol{\theta}} \boldsymbol{v}_{\boldsymbol{\theta}}(s)\ \nabla_a Q^{v}(s, a) \big|_{a = \boldsymbol{v}_{\boldsymbol{\theta}}(s)} \mathrm{d}s \\ &= \mathbb{E}_{s \sim \rho^{v}}[\nabla_{\boldsymbol{\theta}} \boldsymbol{v}_{\boldsymbol{\theta}}(s)\ \nabla_a Q^{v}(s, a) \big|_{a = \boldsymbol{v}_{\boldsymbol{\theta}}(s)}] \end{aligned} \tag{5-51}$$

5.5.1.2　Critic

Critic 用于评价行动的优劣。基于行动 - 值函数，在状态 s_t 下采取行动值 a_t 后，按照策略 π 获得的期望回报值可以表述为

$$Q^{\pi}(\boldsymbol{s}_t, \boldsymbol{a}_t) = \mathbb{E}_{\pi}[R_t \mid \boldsymbol{s}_t, \boldsymbol{a}_t] \tag{5-52}$$

根据贝尔曼方程的展开，得

$$Q^{\pi}(\boldsymbol{s}_t, \boldsymbol{a}_t) = \mathbb{E}_{r_t, s_{t+1} \sim E}[r(\boldsymbol{s}_t, \boldsymbol{a}_t) + \gamma \mathbb{E}_{a_{t+1} \sim \pi}[Q^{\pi}(\boldsymbol{s}_{t+1}, \boldsymbol{a}_{t+1})]] \tag{5-53}$$

在目标策略确定的情况下，使用函数 $\boldsymbol{v}: S \to A$ 来表述行动，并可以避免内部的期望运算，即

$$Q^{\mu}(\boldsymbol{s}_t, \boldsymbol{a}_t) = \mathbb{E}_{r_t, s_{t+1} \sim E}[r(\boldsymbol{s}_t, \boldsymbol{a}_t) + \gamma Q^{v}(\boldsymbol{s}_{t+1}, \boldsymbol{v}(\boldsymbol{s}_{t+1}))] \tag{5-54}$$

期望值仅与环境相关，意味着可以使用离策略的探索方法，用一个不同的行为策略 $\boldsymbol{v}'$ 产生的经验样本来学习获得 Q^{v}。

采用神经网络近似 Q 函数，定义近似函数的参数为 $\boldsymbol{\theta}^Q$，并通过最小化误差来优化该参数，误差定义为

$$L(\boldsymbol{\theta}^Q) = \mathbb{E}_{\mu}'[(Q(\boldsymbol{s}_t, \boldsymbol{a}_t \mid \boldsymbol{\theta}^Q) - y_t)^2] \tag{5-55}$$

式中，$y_t = r(\boldsymbol{s}_t, \boldsymbol{a}_t) + \gamma Q(\boldsymbol{s}_{t+1}, \boldsymbol{v}(\boldsymbol{s}_{t+1}) \mid \boldsymbol{\theta}^Q)$。

5.5.1.3　Actor

确定策略梯度算法中提出用参数化的 Actor 函数 $\boldsymbol{\mu}(\boldsymbol{s} \mid \boldsymbol{\theta}^{v})$ 来表征确定性的从状态到具体行动的当前策略，Actor 的更新依靠对公式(5 - 54)中 Actor 的参数使用链式法则，有

$$\begin{aligned} \nabla_{\boldsymbol{\theta}^{v}} \boldsymbol{v} &\approx \mathbb{E}_{v}'[\nabla_{\boldsymbol{\theta}^{v}} Q(\boldsymbol{s}, \boldsymbol{a} \mid \boldsymbol{\theta}^Q) \big|_{s = s_t, a = v(s_t \mid \boldsymbol{\theta}^{v})}] \\ &= \mathbb{E}_{v}'[\nabla_a Q(\boldsymbol{s}, \boldsymbol{a} \mid \boldsymbol{\theta}^Q) \big|_{s = s_t, a = v(s_t)} \nabla_{\theta_{\mu}} \boldsymbol{\mu}(\boldsymbol{s} \mid \boldsymbol{\theta}^{v}) \big|_{s = s_t}] \end{aligned} \tag{5-56}$$

利用大规模的非线性近似函数来学习值函数或者行动－值函数在过去很长时间里由于理论上无法保证收敛性，同时实际学习效果不稳定而被放弃使用。DQN 方法中提出的经验回放和目标网络技术有效提高了网络稳定性。在 DDPG 方法中很好地使用了以上两点，并将其与策略梯度方法结合了起来。

DDPG 中采用了类似 DQN 中的目标网络，但是对 Actor 和 Critic 的目标网络采用了“软”更新，而不是像 DQN 中那样周期性地直接复制网络的权值给目标网络。分别创建 Actor 和 Critic 的目标网络，$\boldsymbol{v}'(s \mid \boldsymbol{\theta}^{v'})$ 和 $Q'(s,a \mid \boldsymbol{\theta}^{Q'})$，用来计算目标值。这些目标网络的权值通过缓慢跟踪当前学习网络权值方式更新，即 $\boldsymbol{\theta}' \leftarrow \tau\boldsymbol{\theta} + (1-\tau)\boldsymbol{\theta}', \tau \ll 1$。这种方法使得目标值的变化被限制得较慢，极大地提高了学习的稳定性。

在连续行动空间中学习的另一项挑战是探索。对于有限个离散的行动，DQN 采用了 ε－贪婪算法实现探索和利用的平衡，面对连续行动空间，ε－贪婪算法无法使用，因此 DDPG 采用给 Actor 输出行动值再叠加噪声的方法实现行动的探索，通过在现有策略上 $\boldsymbol{v}(\boldsymbol{s}_t \mid \boldsymbol{\theta}_t^v)$ 叠加从一个噪声过程采样到的噪声 ϑ_t 创建一个探索策略，即

$$a_t = \boldsymbol{v}(\boldsymbol{s}_t \mid \boldsymbol{\theta}_t^v) + \boldsymbol{\vartheta}_t \tag{5-57}$$

$\boldsymbol{\vartheta}_t$ 可以选择适应于环境的过程，在应用中多采用奥恩斯坦－乌伦贝克（Ornstein－Uhlenbeck，OU）过程。

综上，设 Actor 为网络参数化的策略函数 $\boldsymbol{v}(\boldsymbol{s} \mid \boldsymbol{\theta}^v)$，参数为 $\boldsymbol{\theta}^v$，Critic 为网络参数化的行动－值函数 $Q(\boldsymbol{s},\boldsymbol{a} \mid \boldsymbol{\theta}^Q)$，参数为 $\boldsymbol{\theta}^Q$，两个目标网络分别为 $\boldsymbol{v}'$ 和 Q'，参数分别为 $\boldsymbol{\theta}^{v'}$ 和 $\boldsymbol{\theta}^{Q'}$。目标网络的参数采用了软更新的方式，DDPG 算法的运行流程如表 5－11 所列。

表 5－11　DDPG 算法

算法　DDPG
随机初始化 Critic 网络 $Q(\boldsymbol{s},\boldsymbol{a} \mid \boldsymbol{\theta}^Q)$ 和 Actor 网络 $\boldsymbol{v}(\boldsymbol{s} \mid \boldsymbol{\theta}^v)$ 的权值参数 $\boldsymbol{\theta}^Q$ 和 $\boldsymbol{\theta}^v$
初始化目标 Q' 和的参数 $\boldsymbol{\theta}^{Q'} \leftarrow \boldsymbol{\theta}^Q, \boldsymbol{\theta}^{v'} \leftarrow \boldsymbol{\theta}^v$
初始化经验回放空间 R
for episode $=1,2,\cdots,M$ **do**
初始化随机过程 ϑ 来进行行动探索
接收到初始状态 s_1
for $t=1,2,\cdots,T$ **do**
根据当前策略和探索噪声选择行动 $a_t = \boldsymbol{v}(\boldsymbol{s}_t \mid \boldsymbol{\theta}^v) + \vartheta_t$

续表

算法　DDPG
执行行动 $\boldsymbol{a}_t$ 进而获得奖励值 r_t 并观测到新的状态 $\boldsymbol{s}_{t+1}$ 将变迁数据$(\boldsymbol{s}_t,\boldsymbol{a}_t,r_t,\boldsymbol{s}_{t+1})$存入 R 从 R 中随机采样一批 N 条变迁数据$(\boldsymbol{s}_i,\boldsymbol{a}_i,r_i,\boldsymbol{s}_{i+1})$ 设 $y_i=r_i+\gamma Q'(s_{i+1},v'(\boldsymbol{s}_{i+1}\mid\boldsymbol{\theta}^{v'})\mid\boldsymbol{\theta}^{Q'})$ 通过最小化 loss：$L=\frac{1}{N}\sum_i(y_i-Q(\boldsymbol{s}_i,\boldsymbol{a}_i\mid\boldsymbol{\theta}^Q))^2$ 更新 Critic 网络 根据如下所示的采样梯度更新 Actor 策略： $$\nabla_{\boldsymbol{\theta}^v}\mu\big|_{s_i}\approx\frac{1}{N}\sum_i\nabla_a Q(\boldsymbol{s},\boldsymbol{a}\mid\boldsymbol{\theta}^Q)\big|_{s=s_i,a=v(s_i)}\nabla_{\boldsymbol{\theta}^v}v(\boldsymbol{s}\mid\boldsymbol{\theta}^v)\big|_{s_i}$$ 更新目标网络： $$\boldsymbol{\theta}^{Q'}\leftarrow\tau\boldsymbol{\theta}^Q+(1-\tau)\boldsymbol{\theta}^{Q'}$$ $$\boldsymbol{\theta}^{v'}\leftarrow\tau\boldsymbol{\theta}^v+(1-\tau)\boldsymbol{\theta}^{v'}$$ **end for** **end for**

5.5.2　空战机动决策的 DDPG 模型的设计

基于 DDPG 算法的无人机空战自主机动决策就是采用 DDPG 算法与空战环境进行交互，更新 Actor 和 Critic 网络参数，学习空战机动策略的过程就是网络参数更新优化的过程，形成的空战机动规则以 Actor 的网络参数的形式保存。

空战环境模型依然沿用 5.4.2 节中构建的一对一空战模型，则基于 DDPG 算法的机动决策模型，状态空间、行动空间和奖励值的定义如下。

5.5.2.1　状态空间

如表 5-5 所列，状态空间包含 13 个变量，状态空间为 $\boldsymbol{S}=[s_1,s_2,\cdots,s_{13}]$。

5.5.2.2　奖励值模型

奖励值函数沿用式(5-44)，即以态势评估值和惩罚项相结合。

5.5.2.3　行动空间

空战机动决策的 DQN 模型中，行动空间由机动动作库中的有限个动作组成，行动空间包含于控制空间 $\boldsymbol{A}=[\boldsymbol{a}_1,\boldsymbol{a}_2,\cdots,\boldsymbol{a}_n]\subseteq\boldsymbol{\Lambda}$。在本节基于 DDPG 算法的机动决策模型中，行动空间直接取无人机的控制空间，即 $\boldsymbol{A}=\boldsymbol{\Lambda}$。设网络参数

化的策略函数为 $v(s \mid \boldsymbol{\theta}^v)$，则 $v(s \mid \boldsymbol{\theta}^v)$ 函数的值域为由 $\eta_x \in [\eta_x^{\min}, \eta_x^{\max}]$，$\eta_z \in [0, \eta_z^{\max}]$，$\mu \in [-\pi, \pi]$ 组成的三维连续空间。空战机动策略函数实现空战状态空间到行动空间的映射，即 $v(s \mid \boldsymbol{\theta}^v): \boldsymbol{S} \to \boldsymbol{A}$。

5.5.2.4 空战机动决策的 DDPG 模型

结合状态空间、行动空间、奖励值和 DDPG 算法框架，基于 DDPG 算法的无人机空战机动决策模型架构如图 5-31 所示。模型的运行过程如下。当前的空战状态为 $\boldsymbol{s}_t$，在线策略网络根据输入的状态 $\boldsymbol{s}_t$ 输出行动值 $v(\boldsymbol{s}_t)$，输出的行动值按照设定的随机过程向行动值添加噪声 ϑ_t，实现对行动空间的探索，则向空战环境输出的行动值为 $\boldsymbol{a}_t = v(\boldsymbol{s}_t \mid \boldsymbol{\theta}^v) + \vartheta_t$，无人机按照行动值 $\boldsymbol{a}_t$ 飞行，同时目标按照既定的策略飞行，状态转移至 $\boldsymbol{s}_{t+1}$，空战环境根据状态 $\boldsymbol{s}_{t+1}$ 计算得到奖励值 r_t。将 $(\boldsymbol{s}_t, \boldsymbol{a}_t, r_t, \boldsymbol{s}_{t+1})$ 作为一次交互的变迁样本存储在经验回放空间 R 中。在每次参数学习的过程中，从 R 中采样一批 N 条样本数据 $(\boldsymbol{s}_i, \boldsymbol{a}_i, r_i, \boldsymbol{s}_{i+1})$，以最小化样本数据中的 Critic 值（$Q$ 值）估计误差为原则，基于梯度下降法更新在线 Critic 网络参数 $\boldsymbol{\theta}^Q$，再通过样本数据中的策略梯度信息，更新在线 Actor 网络参数的参数 $\boldsymbol{\theta}^v$，并采用软更新的方式将在线网络的参数 $\boldsymbol{\theta}^Q$ 和 $\boldsymbol{\theta}^v$ 分别渐进赋给目标网络的参数 $\boldsymbol{\theta}^{Q'}$ 和 $\boldsymbol{\theta}^{v'}$。通过大量的交互训练在行动空间中获取大量的样本，通过样本中的梯度信息，不断更新网络参数，直到梯度趋于 0，完成空战机动策略的学习。

5.5.3 空战机动决策 DDPG 模型的训练方法

机动决策 DDPG 模型的训练方法依然采用 5.4.3 节中所述的“基础－对抗”训练方法。但是 DDPG 模型的探索是在连续的行动空间内采样，相比于 DQN 模型有限个离散动作，DDPG 模型的行动探索范围非常庞大，而模型样本的探索是由服从随机过程的噪声实现的，噪声虽然能实现对连续区间范围的覆盖，但是机动决策模型行动空间的维度较大，而且正确的行动值中的 3 个量之间存在一定关联关系，直接在行动值各个维度上添加随机噪声会产生大量无效的行动值组合，难以获取正确的行动值，导致训练效率低下，如果存在的可执行动作较少，则整个强化学习的训练过程会陷入局部最优，导致训练失败。

针对这种情况，在模型训练探索初期，应该考虑加入先验的行动值样本，提供虽不精确但却相对正确的行动值，达到在经验回放库中增加奖励值较高样本的目的，引导学习过程向好的方向发展，提高训练的效率和学习质量。

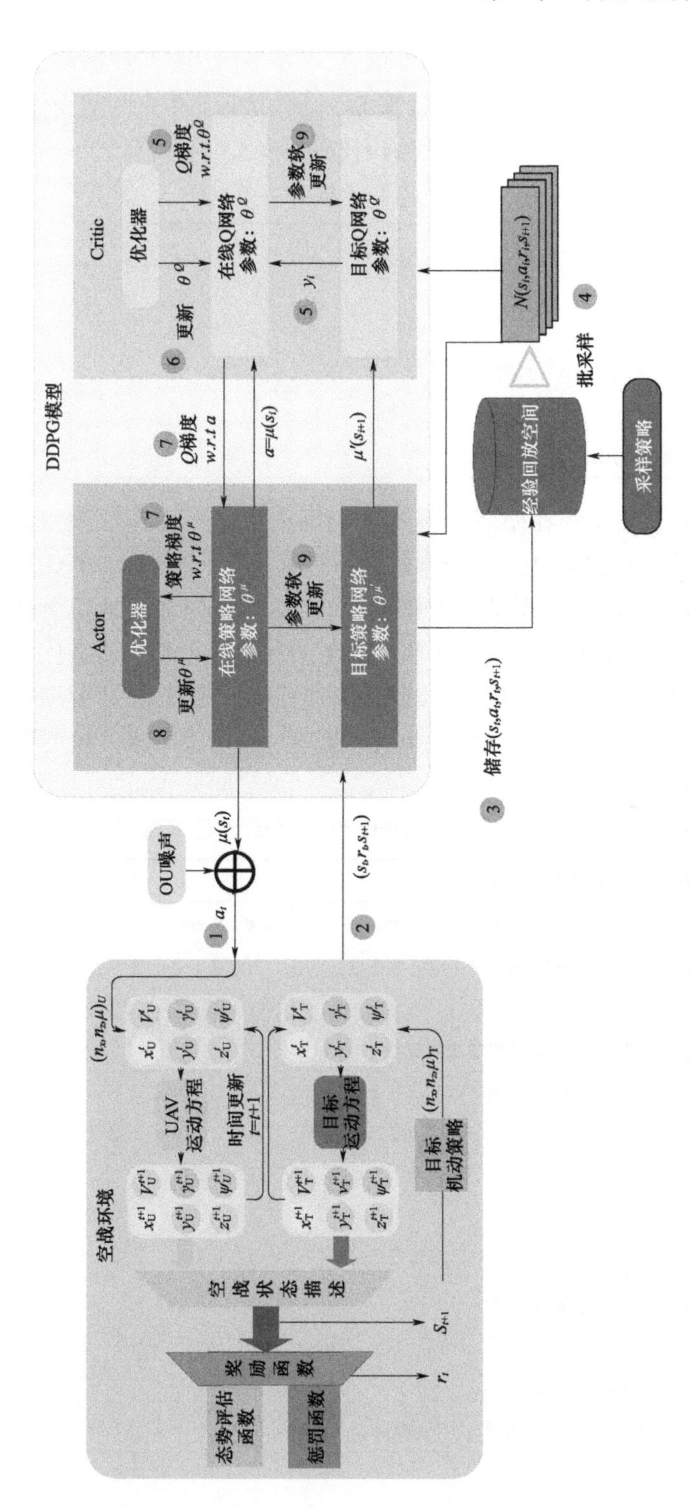

图 5-31　基于 DDPG 算法的无人机空战自主机动决策模型的运行流程（见彩图）

本节采用一步最优法产生先验样本信息，一步最优法是指在当前态势下，以机动动作库中的各个动作进行试探，计算各个动作执行后带来的奖励值，进而取奖励值最大的动作作为行动值。算法的伪代码如表 5 – 12 所列。

表 5 – 12　一步最优机动决策法

算法　一步最优机动决策算法
状态为$\boldsymbol{s}_t$，机动动作库为 $\boldsymbol{A}$
for $\boldsymbol{a}_i$ **in** $\boldsymbol{A}$
执行动作 $\boldsymbol{a}_i$，根据式(5 – 38)计算奖励值 r_i
end for
选择获得最大奖励值 r_i 的动作 $\boldsymbol{a}_i$ 输出执行

由于一步最优方法存在循环计算，计算时间相对较长，如果在模型训练过程中使用一步最优机动决策法产生样本的频率过高，不仅会破坏 DDPG 算法的探索，让策略的学习局限于有限的几个样本中，而且模型的训练时间会过长。因此，本节设计采用依概率添加经验值的方法，在训练前期使用一步最优机动决策法的概率较大，随着训练的开展，逐步降低添加经验值的概率，让模型在学习经验数据的基础上充分探索。综合上述内容，整理机动决策 DDPG 模型训练的过程如表 5 – 13 所列。

表 5 – 13　空战机动决策 DDPG 模型训练过程算法伪代码

算法　机动决策 DDPG 模型训练过程算法
随机初始化 Critic 网络 $Q(\boldsymbol{s},\boldsymbol{a} \mid \boldsymbol{\theta}^Q)$ 和 Actor 网络 $v(\boldsymbol{s} \mid \boldsymbol{\theta}^v)$ 的参数 $\boldsymbol{\theta}^Q$ 和 $\boldsymbol{\theta}^v$
初始化目标网络 Q'和 v'的参数$\boldsymbol{\theta}^{Q'} \leftarrow \boldsymbol{\theta}^Q$，$\boldsymbol{\theta}^{v'} \leftarrow \boldsymbol{\theta}^v$
初始化经验回放空间 R
设置指数函数参数 ε 来执行一步最优机动决策算法
初始化一个随机过程 ϑ 来实现行动探索
设置目标的机动策略（基础/对抗）
for episode = 1,2,⋯,M **do**
随着 episode 增加减小 ε
接收到初始空战状态$\boldsymbol{s}_1$
If episode % 评估回合执行周期 = 0
for t = 1,2,⋯,T **do**
根据当前策略选择行动$\boldsymbol{a}_t = v(\boldsymbol{s}_t \mid \boldsymbol{\theta}^v)$
执行行动 $\boldsymbol{a}_t$ 并且获得奖励值 r_t 并观察到新状态$\boldsymbol{s}_{t+1}$

续表

算法　机动决策 DDPG 模型训练过程算法

end for
统计该回合的优势步数比率，平均优势值和最大回报值
for $t=1,2,\cdots,T$ **do**
计算概率阈值 $p=1-\mathrm{e}^{-\varepsilon\cdot\mathrm{episode}}$
产生一个符合(0,1)均匀分布的随机数 a
if $a>p$
根据一步最优机动决策算法选择行动 $\boldsymbol{a}_t=\boldsymbol{a}_i$
else
根据当前策略和探索噪声选择行动 $\boldsymbol{a}_t=\boldsymbol{v}(\boldsymbol{s}_t\mid\boldsymbol{\theta}^v)+\vartheta_t$
执行行动 $\boldsymbol{a}_t$ 并且获得奖励值 r_t 并观察到新状态 $\boldsymbol{s}_{t+1}$
将变迁数据 $(\boldsymbol{s}_t,\boldsymbol{a}_t,r_t,\boldsymbol{s}_{t+1})$ 存入 R
从 R 中随机采样一批 N 条变迁数据 $(\boldsymbol{s}_i,\boldsymbol{a}_i,r_i,\boldsymbol{s}_{i+1})$
设 $y_i=r_i+\gamma Q'(\boldsymbol{s}_{i+1},\boldsymbol{v}'(\boldsymbol{s}_{i+1}\mid\boldsymbol{\theta}^{v'})\mid\boldsymbol{\theta}^{Q'})$
通过最小化 loss：$L=\frac{1}{N}\sum_i(y_i-Q(\boldsymbol{s}_i,\boldsymbol{a}_i\mid\boldsymbol{\theta}^Q))^2$ 更新 Critic 网络
通过采用下面的采样梯度更新 Actor 策略：
$$\nabla_{\theta^v}\mu\Big\vert_{s_i}\approx\frac{1}{N}\sum_i\nabla_a Q(\boldsymbol{s},\boldsymbol{a}\mid\boldsymbol{\theta}^Q)\Big\vert_{\boldsymbol{s}=\boldsymbol{s}_i,\boldsymbol{a}=v(\boldsymbol{s}_i)}\nabla_{\theta^v}\boldsymbol{v}(\boldsymbol{s}\mid\boldsymbol{\theta}^v)\Big\vert_{s_i}$$
更新目标网络：
$$\boldsymbol{\theta}^{Q'}\leftarrow\tau\boldsymbol{\theta}^Q+(1-\tau)\boldsymbol{\theta}^{Q'}$$
$$\boldsymbol{\theta}^{v'}\leftarrow\tau\boldsymbol{\theta}^v+(1-\tau)\boldsymbol{\theta}^{v'}$$
end for
end for

5.5.4　仿真分析

为了验证空战机动决策的 DDPG 模型，建立无人机与目标一对一的空战仿真，无人机基于 DDPG 模型进行空战机动策略的学习，目标根据设定的策略进行机动，双方在三维空间内从初始状态开始进行有限时间的仿真对战。

5.5.4.1　仿真环境

开发环境与硬件资源与 5.4.4 节中基于 DQN 算法的机动决策模型的仿真开发环境相同，基于 DDPG 算法的无人机空战自主机动决策仿真模型在 python

环境下编辑完成,其中 DDPG 算法采用 tensorflow 模块搭建。

空战环境模型中各个参数的设置与 5.4.4 节中一致。在网络结构方面,Actor 和 Critic 均采用了全连通网络,学习率分别为10^{-3}和10^{-4}。Actor 网络的输入 13 维,中间包括两个隐含层,隐含层中的网络节点个数分别 800 和 600,输出为三维,分别代表行动值的 3 个量,Q 网络的输入为 13 维状态和三维行动值,输出为一维 Q 值,两个隐含层的网络节点个数分别为 1000 和 600,行动值从第二个隐含层输入。折扣因子 $\gamma_d = 0.99$。目标网络的软更新,采用 $\tau = 0.001$。对 Actor 和 Critic 的状态输入都进行了 Normalization。训练时采样的批大小设为 256。经验回放空间大小设为10^6。采用随机采样策略。噪声采用 OU 过程,以增加动作空间的探索。

在空战仿真过程中,设决策周期 $T = 1\mathrm{s}$,每 30 个周期为 1 回合。在 1 回合仿真的执行过程中,如果无人机飞出式(5-43)所示的边界,则这 1 回合仿真结束。下面以一项基础训练为例,验证模型训练方法的有效性和模型的自学习能力。

5.5.4.2 仿真训练

训练时,设定目标沿着初始状态进行匀速直线水平飞行,为了训练态势的多样性,目标的初始位置在一定范围内随机选择,在训练进行 3000 回合后,周期地执行一次评估回合,以观察之前的训练效果。评估回合中,空战双方的初始状态为迎头态势,初始状态设置如表 5-14 所列,无人机从如表中所示的初始状态开始执行 Actor 输出的无噪声的行动值,在初始状态为均势的情况下评估 DDPG 的学习情况。在每一回合中,如果无人机处于式(5-43)中所描述的区域,则该轮回合结束。

表 5-14 DDPG 模型基础训练初始状态设置

初始状态		x/m	y/m	z/m	v/(m/s)	γ/(°)	ψ/(°)
训练回合	无人机	0	0	3000	200	0	0
	目标	[-3000,3000]	[-3000,3000]	3000	[180,220]	0	[-180,180]
评估回合	无人机	0	0	3000	200	0	0
	目标	3000	3000	3000	200	0	-135

在不添加任何初始样本的情况下,执行基于 OU 过程噪声进行动作空间探索的 DDPG 算法10^6 回合,3 个评估值变化如图 5-32 所示。

从图 5-32 中可以看出,在整个训练过程中,平均优势值和优势步数比率均为0，而且最大回报值也不超过10，说明行动探索没有达到优势状态，整个DDPG算法陷入局部最优，没有学习形成好的机动策略。

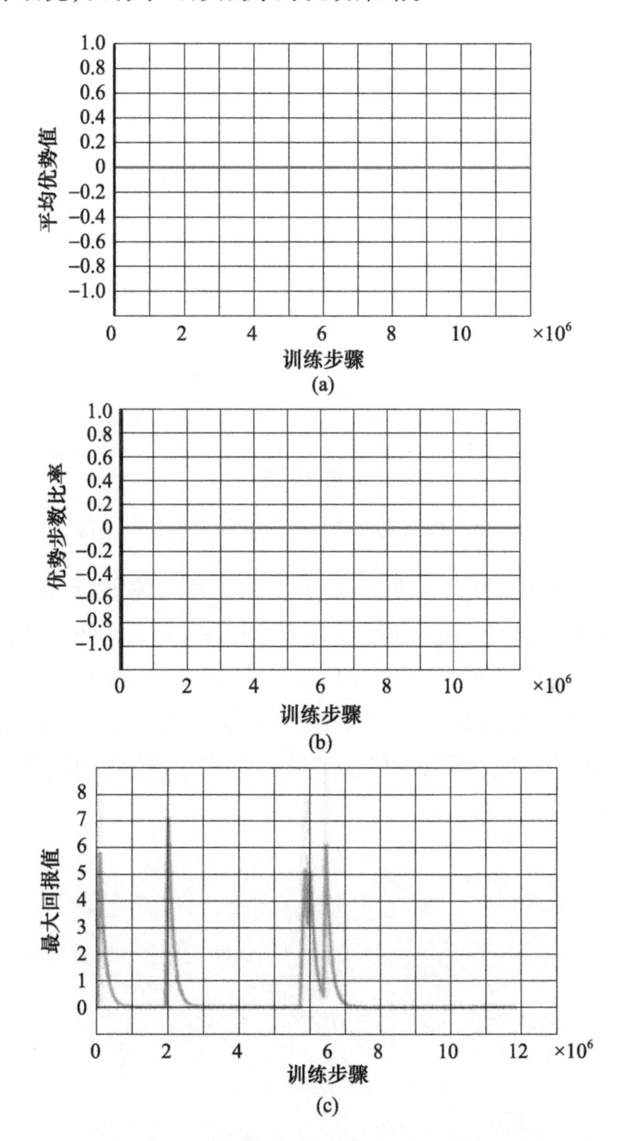

图5－32 基于OU过程噪声动作探索的DDPG模型训练情况
(a)平均优势值；(b)优势步数比率；(c)最大回报值。

与之对应，采用5.5.3节所述的训练方法，在依概率添加基于一步最优法添加先验样本的情况下，执行训练算法5×10^5回合，三个评估值变化如图5－33所示。

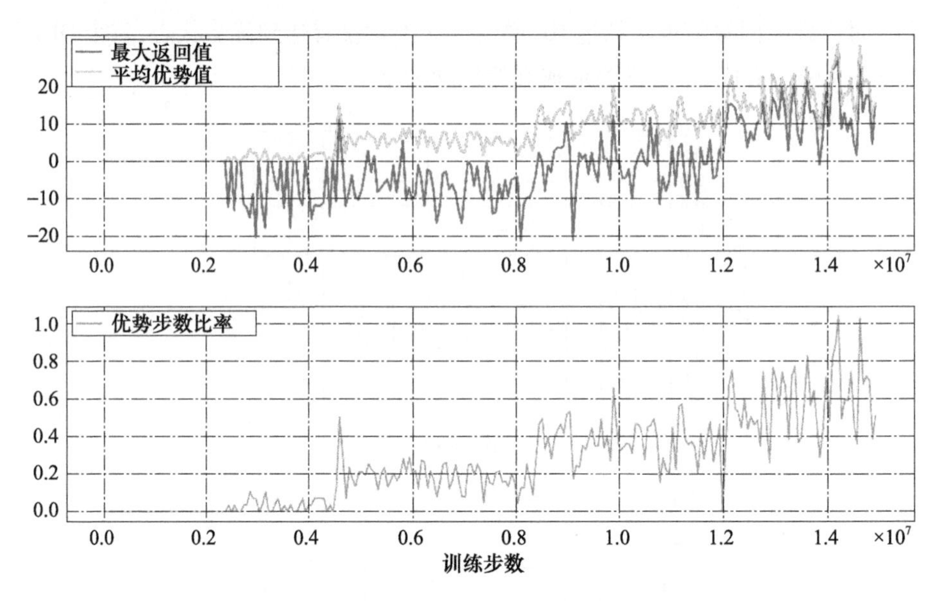

图 5－33　添加先验样本的 DDPG 模型训练情况

从图 5－33 中可以看出，在训练的初期，由于学习率较低，Actor 输出的行动值不能让无人机进入优势态势，所以优势步数比率，平均优势值和最大回报值均为 0。随着训练的继续开展，3 个指标均有上升，说明 Actor 输出的行动值能够使得无人机进入优势态势，DDPG 模型的决策质量得到了提升。在整个训练过程中，由于探索噪声的影响，评估指标在上升的过程中震荡，而且震荡的幅度在训练的后期随着探索的加强而变大。

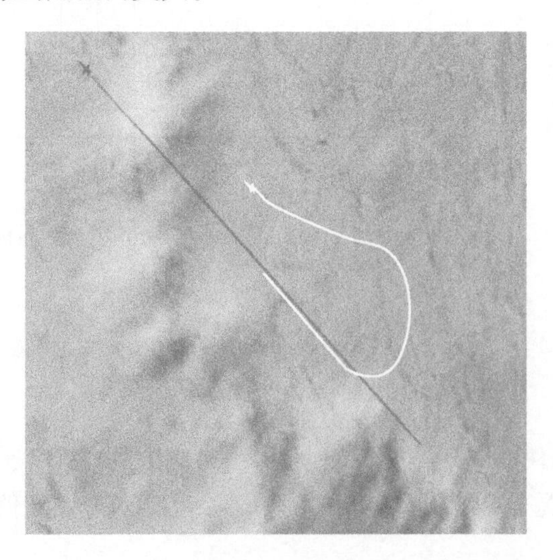

图 5－34　经过训练后的 DDPG 模型决策的机动轨迹

3个指标的变化证明了本章提出的依概率添加先验样本的训练方法能够有效提高基于DDPG算法的空战机动决策模型的训练效果。通过在训练前期以较大概率添加优化算法生成的先验样本，提高了正向奖励值样本的数量，避免了在连续行动空间内随机探索产生的大量无效样本让训练由于奖励稀疏而失败，随着训练的开展，逐步减小添加先验样本的概率，让具备一定策略的模型加强探索，这样在降低训练时间的同时保证了对连续行动空间的充分探索，避免学习的策略完全成为先验样本的产生策略。基于该方法，实现了空战机动决策模型。

图5-34显示了训练完成后DDPG模型决策的无人机机动轨迹。从图中可以看出，DDPG模型让无人机从初始的迎头均势进入了尾追优势，证明了本节基于DDPG算法建立的空战机动决策模型能够通过所提出的强化学习训练方法获得在连续行动空间内的机动策略。

5.5.4.3　分析与讨论

在3.4节基于DQN算法建立空战机动决策模型的基础上，本节采用DDPG算法构建了无人机空战机动决策的强化学习模型。基于策略梯度理论建立的Actor网络直接输出连续的行动值，解决了DQN模型无法实现连续行动空间内机动决策的问题。在研究过程中，针对通过噪声在多维连续空间内的行动探索包含大量无效解，导致DDPG学习机动策略失败的问题，提出了结合优化算法，在训练过程中依概率添加先验样本的DDPG空战机动模型训练方法，在训练前期以较大概率添加优化方法产生的行动样本，随着训练过程的持续，在逐步降低优化方法比率的同时增加随机探索的概率，在提高了训练效率的同时保证了强化学习算法的探索性。仿真结果进一步证明了基于深度强化学习的空战机动决策模型可以通过试错的方法学习得出连续行动空间内的空战机动策略。

然而需要注意的是，DDPG算法基于与环境交互获取的样本中的梯度信息完成网络参数更新，高维连续行动空间中策略的学习需要大量的样本，因此DDPG模型的训练周期更长，同时，DDPG模型Actor-Critic的结构需要的网络规模更大，相较于DQN模型又增加了一组网络，因此模型训练对计算资源的需求更大，训练效率较低。

第6章
多无人机协同智能空战机动决策

相对于单机1对1对战,多机编队作战是空战的主要作战形式。在传统有人机编队的空战过程中,飞行员在做机动决策时除了根据自身的观察外,还通过与友机间相互通信来把握战场的整体态势,通过相互协同实现掩护、攻击等战术动作以获取空战的胜利。多机协同空战除了需要单机具备自主决策的能力之外,更需要团体策略的协同[107],是群体智能的结果。多无人机协同智能空战的机动决策研究就是无人机在单机决策的基础上,引入策略协调机制,实现群体智能决策的过程。针对传统多机协同空战机动决策模型的策略协调性和决策实时性不足的问题,本章基于分布式 MDRL 开展多无人机协同智能空战的机动决策研究,建立多无人机协同空战机动决策模型,设计策略协调方法,使得编队的战术目标与单个无人机的学习目标有机结合,生成协同战术机动策略。

6.1 引　言

第5章开展的基于强化学习的无人机空战机动决策研究是针对1对1单机对抗场景下进行的,而在实战中,空战双方都是多机编队作战。相对于单机空战,多机协同空战中由于个体数量的增多使得机动决策问题更加复杂。首先,以其中任意一架飞机的角度看,做出机动动作需要考虑与其余所有飞机之间的相对关系,使得决策的状态输入扩大。此外,多机空战机动决策需要考虑飞机相互之间的协同,而不仅仅是将整个空战过程分解为多个1对1的模型分立运行,任意一方做决策需要考虑友方的行动,理想的多机空战应该能体现出相互配合的战术动作。因此,策略的协同是多无人机协同智能空战的关键。

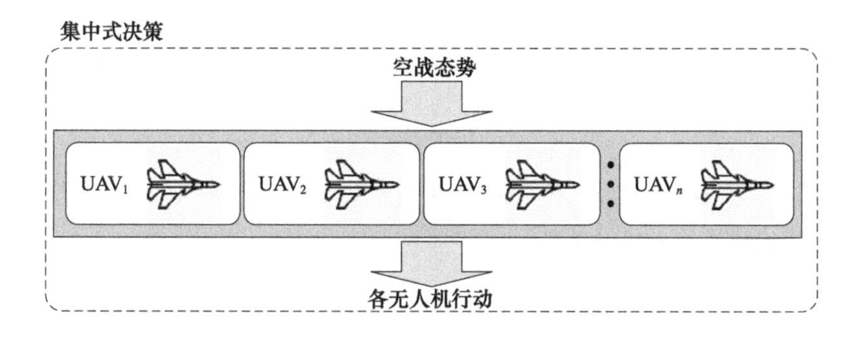

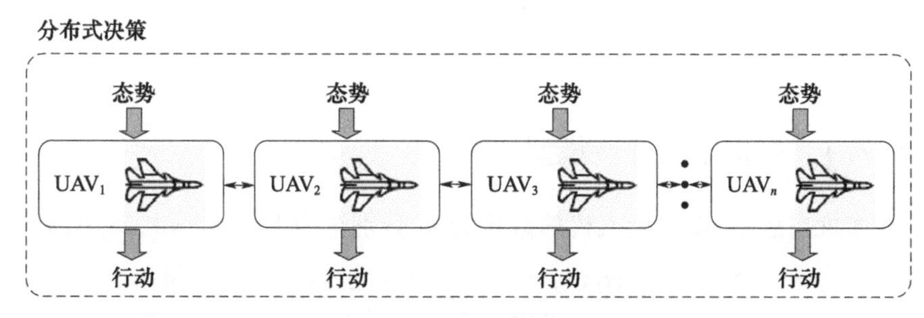

图 6－1　协同空战的决策方式

如图 6－1 所示，协同空战的决策模式可以分为集中式和分布式两种。集中式是将所有的无人机看作一个整体进行统一决策，由一个决策中心处理所有的态势信息，根据态势信息计算出每一架无人机的行动策略，这种决策方式在理论上能够将战术策略由决策中心分解成各个无人机的行动来实现策略协同，但是随着无人机平台数量的增多，决策模型的状态变量将指数级增长，决策中心很难实时处理庞大的计算，另外，集中式的模型结构较为固定，可扩展性较差，难以适应兵力的变化。与集中式相比，分布式的决策模式是将决策的计算下放到各个平台，由各个无人机平台做出自身的决策，每架无人机在机动决策时，除了考虑自身的状态外，还需要考虑友机的状态。在分布式架构下，态势信息一致的前提下才能实现策略的协同，因此在单无人机空战智能化机动决策的基础上，通过通信实现编队策略的协同，是实现多无人机协同智能空战机动决策的有效途径。本章在 1 对 1 无人机智能空战机动决策研究的基础上，基于分布式多智能体强化学习思想，建立了多无人机协同空战机动决策模型。在研究过程中主要解决如下几个问题。

首先，分析多机空战的特点，建立了多无人机协同智能空战机动决策框架，提出了需要解决的信息交互和策略协调问题。然后，针对提出的信息交互问题设计了基于双向循环神经网络（Bi－directional Recurrent Neural Network，BRNN）

的无人机编队的通信网络,分析验证了该网络结构下信息的一致性,基于通信网络将分立的单机 Actor – Critic 空战机动决策模型联结成编队模型,实现了组织架构上的协同。最后,针对提出的策略协调问题,根据多目标攻击特点设计目标分配方法,结合空战态势评估值计算无人机的强化学习奖励值,通过各个无人机的奖励值引导强化学习过程,使得编队的战术目标与单个无人机的学习目标紧密结合,生成协同战术机动策略。

6.2 多机空战环境模型

6.2.1 多机空战环境模型

在多机空战中,设定无人机的数量为 n,分别记为 $\mathrm{UAV}_i(i=1,2,\cdots,n)$,目标的数量为 m,分别记为 $\mathrm{Target}_j(j=1,2,\cdots,m)$,设定目标的数量不大于无人机的数量,即 $m\leqslant n$。在后续文中,设定每个无人机对空战环境中的其他个体的状态完全可观测,即无人机与任意一架飞机的相对态势是可以获得的,本章研究的重点就是在无人机个体状态完全可观测的前提下的协同空战机动决策问题。下面依然从状态空间、行动空间和奖励值三个方面分析多机空战环境。

6.2.1.1 状态空间

如图 6 – 2 所示,将 5.4.1 节定义的 1 对 1 空战环境模型扩展为多机空战模型。相对于 1 对 1 空战机动决策模型,多机空战中,由于无人机和目标的数量增多,每个无人机做出机动决策需要考虑与其他所有飞机(目标与友机)的相对状态,根据单机空战机动决策的状态空间可知,无人机与另外一架飞机在空战中的相对态势可以由 13 个变量完全描述,将任意两个 UAV_i 和 Target_j 间的相对状态记为 $\boldsymbol{s}_{ij}=[v_{U_i},\gamma_{U_i},\psi_{U_i},v_{T_j},\gamma_{T_j},\psi_{T_j},D_{ij},\gamma_{D_{ij}},\psi_{D_{ij}},\alpha_{U_{ij}},\alpha_{T_{ij}},z_{U_i},z_{T_j}]$,$\mathrm{UAV}_i$ 与任意一个友机 UAV_k 之间的相对状态记为 $\boldsymbol{s}_{ik}=[v_{U_i},\gamma_{U_i},\psi_{U_i},v_{T_k},\gamma_{T_k},\psi_{T_k},D_{ik},\gamma_{D_{ik}},\psi_{D_{ik}},\alpha_{U_{ik}},\alpha_{T_{ik}},z_{U_i},z_{T_k}]$,则多机空战中任意一架 UAV_i 的观测状态为

$$\boldsymbol{S}_i=[\cup\boldsymbol{s}_{ij}\mid_{j=1,2,\cdots,m},\cup\boldsymbol{s}_{ik}\mid_{k=1,2,\cdots,n(k\neq i)}] \tag{6-1}$$

在 n 对 m 空战的情况下,每架无人机的观测状态包括与所有目标的相对状态和其与所有友机的相对状态,状态空间由 1 对 1 的 13 维扩展为了 $13\times(n+m-1)$ 维,无人机的观测状态维度扩大了 $(n+m-1)$ 倍。

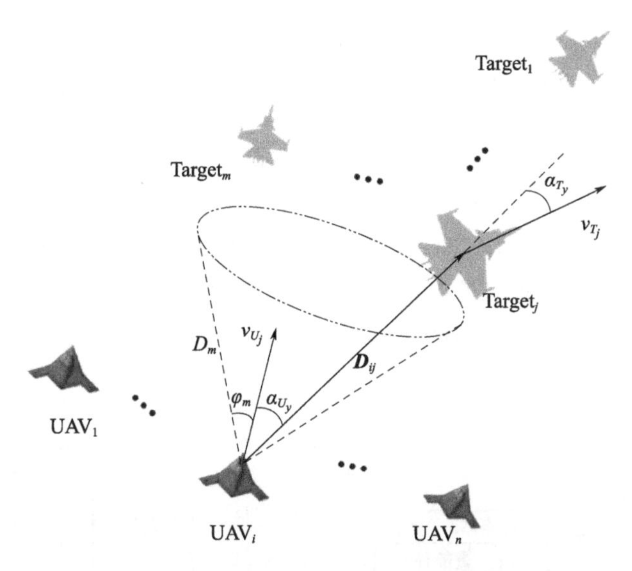

图6-2　多机空战状态变量示意图

6.2.1.2　行动空间

在多机空战过程中,每个无人机根据自己在空战环境中所处的态势做出自己的机动决策,根据如5.2.1.1节所述的飞机运动模型,无人机通过 n_x、n_z 和 μ 三个变量控制飞行,无人机个体的机动决策模型采用 Actor - Critic 架构,行动空间设为连续空间,因此 UAV$_i$ 的行动空间为 $\boldsymbol{A}_i = [n_{xi}, n_{zi}, \mu_i]$。

6.2.1.3　态势评估

1v1 空战中,无人机相对于目标的空战态势通过评估函数 $\eta = \eta_A + \eta_B$ 进行定量计算,并将评估值作为机动决策奖励值 $r = \eta$。在多机协同空战中,可以按照式(5-34)和式(5-35)分别计算每个无人机与每个目标之间的态势评估值 η_A 和 η_B,记 UAV$_i$ 与Target$_j$ 间的态势评估值为 $\eta_{A_{ij}}$ 和 $\eta_{B_{ij}}$,除此之外,还应考虑 UAV$_i$ 与友机UAV$_i$′的相对状态对自身态势的影响,如果与友机的距离过近,会增大碰撞的风险,因此定义 UAV$_i$ 与友机 UAV$_k$ 的态势评估函数为

$$\eta_{C_{ik}} = \begin{cases} -P & D_{ik} < D_{\text{safe}} \\ 0 & \text{其他} \end{cases} \tag{6-2}$$

式中:D_{safe} 为最小安全距离;P 为一个较大的正数。

在多机协同空战态势下,UAV$_i$ 计算得到 m 个 $\eta_{A_{ij}}$,m 个 $\eta_{B_{ij}}$,以及 $n-1$ 个

$\eta_{C_{ik}}$，通过这些值进行态势评估。

6.2.2 基于 MDRL 的多无人机协同空战机动决策模型框架

多智能体系统(Multi - Agent System,MAS)是多个交互智能体在一个环境中组成的系统,特别适用于分布式控制、协同决策等领域。智能体的智能可由函数、条件逻辑、学习算法来实现,而强化学习特别适用于行为策略的自主学习,因此随着强化学习理论的发展和深度强化学习的兴起,将深度强化学习方法融入 MAS 中,形成了多智能体深度强化学习。

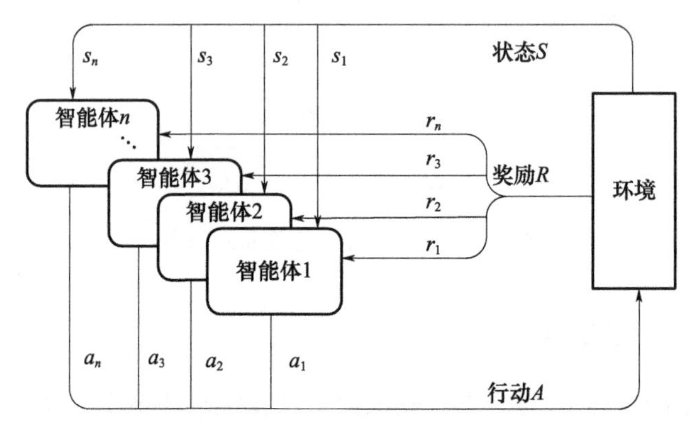

图 6-3　多智能体强化学习基本框架

如图 6-3 所示,多智能体强化学习是将单智能体与环境的交互过程扩展为多智能体与环境的交互过程。随着智能体数量的增多,多智能体强化学习首先面对的就是多智能体环境非平稳性问题,每个智能体将自身之外都当作环境,在单智能体强化学习中,环境的状态变化只与智能体的行动有关,而在多智能体的状态下,环境状态的变化是所有智能体行动的共同效果,因此从任何一个智能体的角度看,环境将不再是平稳的。如果直接将深度强化学习算法扩展到多智能体环境中,每个智能体独立地与环境进行交互,智能体之间不存在通信关联,这种完全无关联的多智能体强化学习方法虽然在一些较为简单的应用场景中能够表现出一定的适应性,但是局限性非常明显,由于智能体间互不连通,每个智能体将其他智能体均看作是外部环境的一部分,因此环境是不断变化的,环境的非平稳性严重影响了学习策略的稳定和收敛,造成该类方法的训练效率非常低下。

在智能体之间引入通信机制是解决多智能体强化学习环境非平稳性的有效手段,通过通信机制,每个智能体能够根据自身信息和其他智能体传递的信息进行决策,降低了环境的非平稳性。

根据 MAS 的框架结构和组织方法，综合单无人机智能空战机动决策和多智能体强化学习的建模特点，设计基于多智能体强化学习的多无人机协同空战机动决策模型框架如图 6－4 所示，其中每架无人机基于单机空战的机动决策模型构建学习模型，同时建立通信机制，将各无人机的学习模型连接成编队学习模型，基于通信机制实现各无人机间的信息交换，在此基础上设计多机协同空战的策略协调机制，结合多机协同空战的战术规则来完成多无人机协同空战飞行过程中的占位机动。

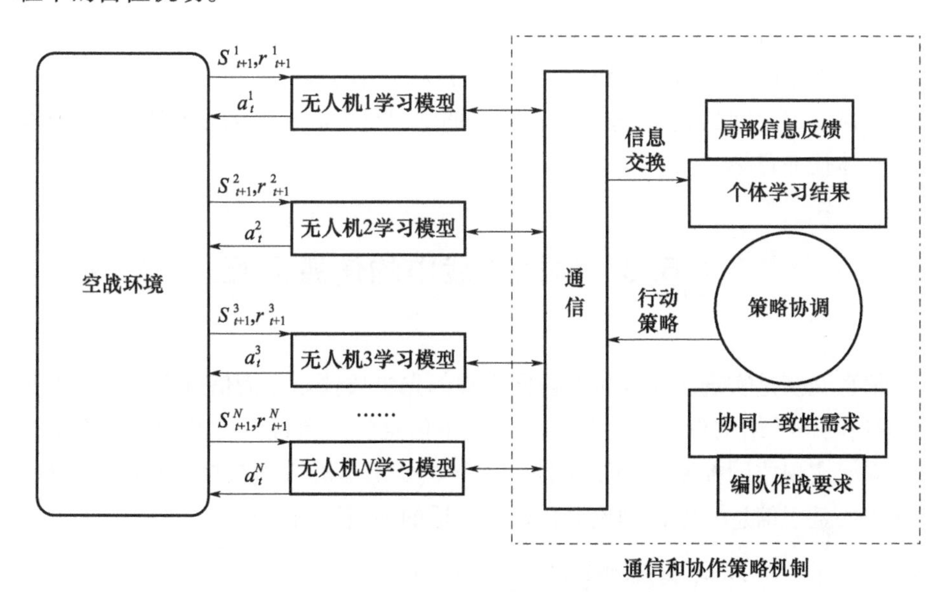

图 6－4　多无人机协同智能空战机动决策框架

6.2.3　关键技术问题

根据建模框架，建模过程需要将单机空战机动决策模型、通信网络和策略协调机制融合为一个整体。研究过程需要解决的主要问题包括信息交互和策略协调两个方面。

6.2.3.1　信息交互

多智能体强化学习，是单智能体强化学习与智能体之间信息交互机制的结合。其基本思想是在进行行动选择之前，相互交互信息，在保证强化学习的交互环境平稳的同时，实现编队整体协同目标和无人机个体策略学习之间进行协调，更新各自值函数和策略，基于更新后的策略来选择动作。信息交互是多智能体强化学习的关键问题。因此，在建立多机协同空战机动决策模型过程中，需要根据无人机个体的深度强化学习模型设计适合的通信网络，通信网络应该满足结构简单，便于模型中无人机平台数量的扩展和缩减。

6.2.3.2 策略协调

在多智能体强化学习系统中，每个智能体都能够单独对环境进行强化学习，如何对各个个体的学习活动进行有效的协同，使得整个编队能够快速达到学习目标，继而完成任务是多智能体强化学习系统设计的关键。因此设计多无人机协同空战的策略协调机制，就是要定义单个无人机的学习活动，描述任务整体目标与个体学习之间的关系，通过个体简单的学习行为和有效的相互协同，完成编队的整体任务目标。

6.3 协同空战中的信息交互

信息交互是实现多无人机间协同空战的先决条件。作为信息交互的物理基础，通信网络的结构设计关乎分布式系统中信息的一致性。信息的一致性是分布式系统实现协同控制的必要条件[108-109]。多无人机协同空战机动决策建模，首先需要基于信息一致性理论分析确定合适的通信网络结构。

6.3.1 分布式系统中的信息一致性

分布式系统的信息一致性研究主要基于图论和矩阵论开展。图论用以表述分布式系统中各智能体之间的通信拓扑，进而对多智能体的编队建模。建立编队模型后，利用编队拓扑图的矩阵信息分析特征值和谱半径等指标，获得编队信息一致性的稳定判据。

编队中无人机间的通信为有向通信，用有向图来表示通信拓扑。设 $\boldsymbol{G}=\{\boldsymbol{v},\boldsymbol{e},\boldsymbol{A}\}$ 表示 n 个节点的有向加权图，其中 $\boldsymbol{v}=\{v_1,v_2,\cdots,v_n\}$ 表示节点的集合，即无人机的编号，$\boldsymbol{e}\subseteq\boldsymbol{v}\times\boldsymbol{v}$ 表示边的集合，即无人机之间的通信链路，每条边用 (i,j) 表示，节点的下标集合为 $\boldsymbol{I}=\{1,2,\cdots,n\}$，$\boldsymbol{A}=[a_{ij}]_{n\times n}$ 表示加权邻接矩阵，a_{ij} 表示节点 i 到节点 j 之间的连接权重，当 $(i,j)\in\boldsymbol{e}$，则 $a_{ij}=1$，否则 $a_{ij}=0$。另外，无人机均不与自身建立通信链路，所以对所有 $i\in\boldsymbol{I}$，都有 $a_{ii}=0$。根据邻接矩阵元素，定义节点 i 的入度和出度分别为 $\deg_{\text{in}}(i)=\sum_{j=1}^{n}a_{ji}$，$\deg_{\text{out}}(i)=\sum_{j=1}^{n}a_{ij}$。设

$\boldsymbol{D}=[d_{ij}]_{n\times n}$为有向图 $\boldsymbol{G}$ 的出度矩阵，$\boldsymbol{D}$ 是对角矩阵，有向图 $\boldsymbol{G}$ 的拉普拉斯矩阵定义为 $\boldsymbol{L}=\boldsymbol{D}-\boldsymbol{A}$。

由盖尔圆理论可知，当且仅当有向图含有最小生成树时，$\boldsymbol{L}$ 仅有一个 0 特征值。最小生成树是指图 $\boldsymbol{G}$ 中的一个有向子图，除了根节点之外所有节点都只有一个入度的邻接点，而最终的输入源是根节点。文献[110]证明了在有向图中如果存在最小生成树，则系统可以实现渐进一致。比最小生成树更强的条件是连通，即在有向图中，当所有的节点都能从其他节点出发可达，则称该图为连通图，特别的，如果任意两个节点之间均有边连接，则图 $\boldsymbol{G}$ 为全连通图。

如图 6－5 所示的四种编队拓扑结构，均存在最小生成树，因此均能实现信息一致。从网络结构看，图 6－5(a)所示的拓扑结构适用于长机－僚机的组织架构，由节点 1 向另外两个节点下发指令。图 6－5(b)所示的拓扑结构是单向传递的模式，连通性不强，图 6－5(d)所示的全连通架构拥有最强的连通性，但是结构最为复杂，在节点增多后，边的数量呈指数级增长，不适合作为大规模的编队通信网络，而图 6－5(c)所示的双向传递的拓扑结构在具有较强的连通性的同时，在增加一个节点后仅仅增加 2 条边，不存在全联通网络中边的数量随着节点数量剧增的问题。因此本章采用类似图 6－5(c)架构的 BRNN 作为多无人机协同空战的编队通信网络。

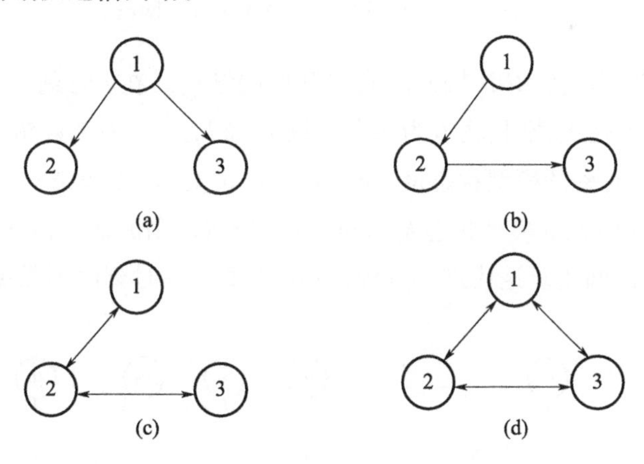

图 6－5　四种编队拓扑结构

6.3.2　双向循环神经网络

双向循环神经网络是循环神经网络的一种，除了循环神经网络所具有的记忆特性之外，还具有双向通信的特性。下面先介绍循环神经网络的基本特性。

6.3.2.1 循环神经网络

循环神经网络(Recurrent Neural Network,RNN)在传统神经网络的基础上增加了反馈信息[111]。如图6-6所示,传统神经网络从输入到输出层,上下层之间都是通过神经元单向连接,而RNN在隐含层神经元上增加了连接自身的通路,这样使得RNN具有了“记忆”的功能,能够从时间维度描述网络的动态行为,即当前的输入与之前时刻的输出共同决定当前时刻网络节点的输出。

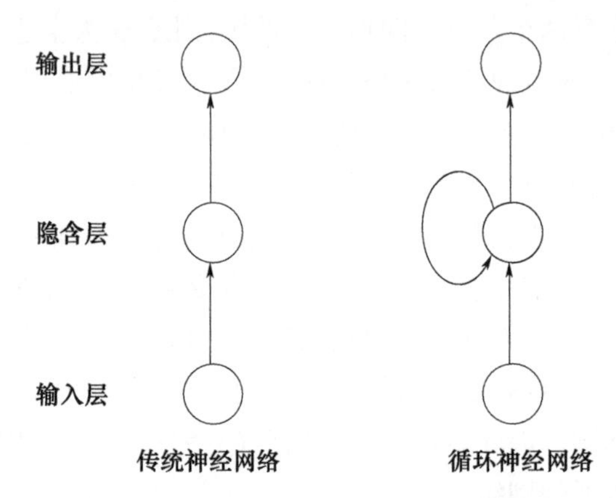

图6-6　传统神经网络与循环神经网络

如图6-7所示为RNN按照时间展开后的结构。在t时刻,RNN中的结构A在计算当前的输出值时,输入为两个参数x_t和h_{t-1},x_t为来自输入层的输入数据,h_{t-1}为$t-1$时刻的模型状态量,即RNN的“记忆”。循环结构A根据输入x_t及x_{t-1}计算出t时刻的模型状态h_t,同时输出当前时刻的输出值o_t。同理,可以在更长的时间区间重复迭代这一过程,展开RNN。各时刻序列数据的计算可以表示为

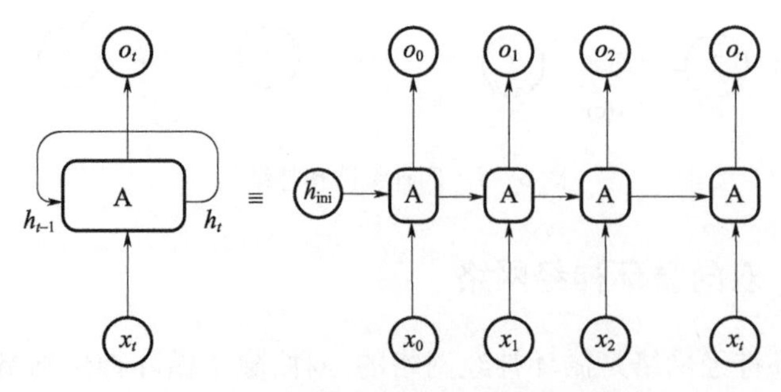

图6-7　循环神经网络按时间展开结构图

$$\begin{cases} a_t = \boldsymbol{W}_h h_{t-1} + \boldsymbol{W}_x x_t + b \\ h_t = \tanh(a_t) \\ o_t = V h_t \end{cases} \tag{6-3}$$

式中：$\boldsymbol{W}_h$ 和 $\boldsymbol{W}_x$ 为权值矩阵；b 为偏置项；tanh 为选用的激活函数；V 为输出权重系数。

因此，循环神经网络可以被归结为一种时间递归网络。

6.3.2.2　双向循环神经网络

在 RNN 的基础上，设置两个循环序列，循环方向相反，一个正向一个反向，两个循环网络共同连接输出层，即为 BRNN。BRNN 相较于 RNN 扩展了信息流动的方向，在输出结果的计算中增强了各个输入数据之间的关联[112]。BRNN 的结构如图 6-8 所示。

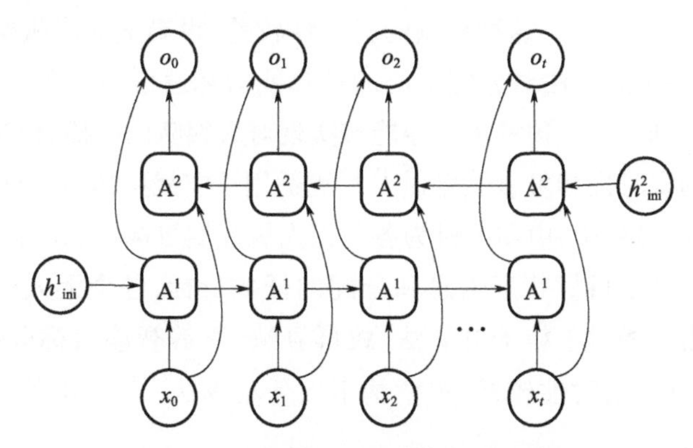

图 6-8　双向循环神经网络结构示意图

从通信网络的角度看 BRNN 能够实现信息的双向流通，形成如图 6-5(c)所示的通信拓扑，实现信息的一致性。从深度强化学习的网络角度看，BRNN 中的循环体结构既可以传递信息，又可以存储自身的策略信息。在无人机编队同构的情况下，可将单机的决策网络模型基于 BRNN 的时间维度展开的方式，生成多无人机的协同空战模型。

6.4　协同空战目标分配

在多机协同空战中，从空战整体角度看，编队在空战中取得最大优势意味着每一架敌机都可被无人机的武器攻击，然而每个无人机在同一时刻只能针对一个或多个(考虑到多目标攻击能力)目标进行机动以获取武器发射机会,因此相对于单机空战,多机协同空战在进行机动决策的同时还要进行目标分配,以实现战术策略的协同,所以多机协同空战是由目标分配和机动决策两个相互耦合的过程组成的。

有人机空战过程中,目标分配与战术指挥多由编队的指挥机完成。与有人机协同空战类似,多无人机协同空战过程中,整个无人机编队可以被看作是一个由多个无人机组成的多智能体分布式系统,每架无人机都基于自身的观测值对当前所处的态势进行判断,同时各个无人机间通过通信实现信息交互,达到整个编队的任务协同。

目标分配方法可以分为集中式[113-114]和分布式[115-116]两大类,虽然分布式的方法不需要分配中心,对个体的计算能力和通信能力要求不高,而且能够通过协商的方法获得整个编队的目标分配结果,但是这类方法多采用类似于拍卖算法的轮询和协商机制[116],这种机制的实时性较差,很难适应多机空战中瞬息万变的态势。而集中式方法对分配中心的计算能力和通信能力要求较高,但是随着装备性能的发展,现代预警机已经能够实现对大编队的指挥,相对于分布式方法,集中指挥的实时性和可靠性更强[117],更适用于空战中的目标分配。

假设在训练过程中,由预警机为各个无人机提供目标状态信息,并实时完成目标分配工作,基于目标状态信息和分配的任务目标,各个无人机进行机动决策,以完成攻击。相对于粒子群算法、蚁群算法[118]等智能目标分配算法,匈牙利算法的稳定性和实时性较好,本章基于匈牙利算法[119]设计多无人机编队的目标分配算法。

6.4.1 目标分配模型

在空战中,设 n 架无人机迎战 m 架目标,并设定无人机的兵力多于目标,即 $n \geqslant m$。如6.2.1节所述,根据攻击区和几何相对态势,得到 $\mathrm{UAV}_i(i=1,2,\cdots,n)$ 相对 $\mathrm{Target}_j(j=1,2,\cdots,m)$ 的态势评估值 $\eta_{A_{ij}}$(基于攻击区)和 $\eta_{B_{ij}}$(基于态势因素),则总的态势评估值为 $\eta_{ij}=\eta_{A_{ij}}+\eta_{B_{ij}}$。设目标分配矩阵为 $\boldsymbol{X}=[x_{ij}]$,$x_{ij}=1$ 表示 Target_j 分配给 UAV_i,$x_{ij}=0$ 表示 Target_j 没有分配给 UAV_i。

多机空战过程中,考虑无人机的多目标攻击能力,会存在多个目标同时处于一个无人机的攻击区内的情况。设每个无人机最多能同时对处于其攻击区内的 L 个目标发射武器,即 $\sum_{j=1}^{m} x_{ij} \leqslant L$。同时,作战时应该避免有目标被遗漏而放弃攻击,即每个目标均应至少分配一个无人机去攻击,因此 $\sum_{i=1}^{n} x_{ij} \geqslant 1$,而所有无人机均应投入战斗,因此 $\sum_{j=1}^{m} x_{ij} > 0$ 。根据无人机对目标的优势进行分配,所以建立目标分配模型如下:

$$\max \quad J = \sum_{j=1}^{m} \sum_{i=1}^{n} \eta_{ij} \cdot x_{ij}$$

$$\text{s. t.} \quad \begin{cases} \sum_{i=1}^{n} x_{ij} \geqslant 1 \\ 0 < \sum_{j=1}^{m} x_{ij} \leqslant L \\ x_{ij} \in \{0,1\} \end{cases} \tag{6-4}$$

6.4.2　目标分配方法

空战中 UAV 进行机动的目的就是完成攻击占位,使目标进入攻击区向目标发射武器,因此在目标分配过程中应该首先分配处于攻击区内的目标,然后再分配处于攻击区以外的目标,因此目标分配方法分为如下两个部分。

6.4.2.1　优先分配位于攻击区内的目标

以所有无人机与目标间的态势评估值 $\eta_{A_{ij}}$和 $\eta_{B_{ij}}$为元素构建两个 $n \times m$ 维的矩阵 $\boldsymbol{H}_A$ 和 $\boldsymbol{H}_B$,$\boldsymbol{H}_A = [\eta_{A_{ij}}]_{n \times m}$,$\boldsymbol{H}_B = [\eta_{B_{ij}}]_{n \times m}$。由式(5-33)可知,如果 Target_j 处于 UAV_i 的攻击区内,则 $\eta_{A_{ij}} = \text{Re}$,Re 为奖励值,否则 $\eta_{A_{ij}} \leqslant 0$。因此,令 $\boldsymbol{H}_{A_1} = [\eta_{A_{ij}}]_{n \times m} - [\text{Re}]_{n \times m}$,则 $\boldsymbol{H}_{A_1}$矩阵中所有的 0 元素对应列坐标的目标均处于对应行坐标的 UAV 的攻击区内,所以相应目标应该分配给对应无人机,令 $x_{ij} = 1$,在分配过程中,如果处于 UAV_i 攻击区内的目标个数χ 超过了无人机的最大攻击目标数量,即$\chi > L$,则比较这χ 个目标与 UAV_i 在 $\boldsymbol{H}_B$ 矩阵中的元素值,选择其中值最大的 L 个目标分配给 UAV_i。

6.4.2.2　分配位于攻击区以外的目标

对于 UAV_i,如果已经分配了处于其攻击区内的目标,则不能再向其分配攻击区外的目标,因为对于攻击区外的多个目标,无人机无法做出机动使得多个目标处于攻击区内,因而当目标均在攻击区之外时,只能为无人机分配一个目标。

因此,在完成攻击区内目标分配后,剩余的目标分配工作转变为未分配的无人机分配 1 个目标的过程,采用匈牙利算法即可实现分配。

首先根据当前的目标分配矩阵 $\boldsymbol{X}=[x_{ij}]_{n\times m}$,将 $\boldsymbol{H}_B$ 中所有 $x_{ij}=1$ 的对应的 i 行和 j 列删除,获得矩阵 $\boldsymbol{H}_{B_1}$。其次,基于 $\boldsymbol{H}_{B_1}$ 采用匈牙利算法计算分配结果,由于 $n\geqslant m$,且 $L>0$,如果 $\boldsymbol{H}_{B_1}$ 的行数大于列数,则采用补边法完成匈牙利算法,实现目标分配。

完成以上两步后,即完成了所有目标的分配,得到目标分配矩阵 $\boldsymbol{X}=[x_{ij}]_{n\times m}$。整个目标分配方法的运行逻辑伪代码如表 6-1 所列。

表 6-1 基于匈牙利法的协同空战目标分配方法伪代码

算法 协同空战目标分配算法
分别计算每个 $\eta_{A_{ij}}$ 和 $\eta_{B_{ij}}$
初始化矩阵 $\boldsymbol{H}_A=[\eta_{A_{ij}}]_{n\times m}$, $\boldsymbol{H}_B=[\eta_{B_{ij}}]_{n\times m}$, $\boldsymbol{X}=[x_{ij}]_{n\times m}=[0]_{n\times m}$
设 $\boldsymbol{H}_{A_1}=[\eta_{A_{ij}}]_{n\times m}-[\mathrm{Re}]_{n\times m}$
for $i=1,2,\cdots,n$ **do**
for $j=1,2,\cdots,m$ **do**
if $\boldsymbol{H}_{A_1}(i,j)==0$
set $x_{ij}=1$
for $i=1,2,\cdots,n$ **do**
if $\sum_{j=1}^{m} x_{ij} > L$ **do**
while $\sum_{j=1}^{m} x_{ij} > L$ **do**
寻找 $\boldsymbol{H}_B(i,j)$ 中最小值,令 $x_{ij}=1$
for x_{ij} in $\boldsymbol{X}$ **do**
if $x_{ij}==1$ **do**
删除 $\boldsymbol{H}_B$ 的第 i 行和第 j 列,得到新矩阵 $\boldsymbol{H}_{B_1}$
基于矩阵 $\boldsymbol{H}_{B_1}$,采用匈牙利算法完成剩余目标的分配
获得最终的目标分配矩阵 $\boldsymbol{X}$

6.5 基于 MDRL 的多无人机协同智能空战机动决策方法

有人驾驶的多机空战中,每名飞行员根据观察的当前态势,基于自身的经验和与友机之间的协同操纵飞机进行机动决策。与之类似,多无人机的协同空战是各无人机根据自身的状态观测和机动策略,在和友机协同的基础上做出自身决策的多智能体系统。

在6.2.1节中定义了多机空战中每个无人机进行机动决策的状态空间、行动空间和奖励值。如果直接使用DDPG算法将这3个元素结合起来,形成的各个无人机个体的空战机动决策模型,由于环境非平稳的问题无法实现让每个无人机基于自己观测的状态进行强化学习更新策略。另一方面,在系统结构上,如果使用集中式的模型,随着无人机的数量增多,模型的参数空间会指数增长,而且每个无人机都有复杂的行动策略,因此集中式的学习方法不可能处理这样庞大而复杂的问题,此外集中式的模型无法适应无人机数量的变化,模型的可扩展性差。对于分布式的MAS从架构而言,不仅能够有效处理智能体数量的变化,而且能通过协调机制将智能体个体的学习行为组织成群体的协作行为,实现真正意义上的群体智能。因此,本章以BRNN为通信网络,以基于DDPG的单机空战机动决策模型为基础,创建基于通信的分布式MDRL系统来实现多无人机协同空战的机动决策。

6.5.1 策略协调机制

多无人机协同空战中,编队中各架无人机相互合作与敌方编队对抗。因此,可以将空战对抗看作n架无人机与m架目标之间的竞争博弈。基于随机博弈的框架来建立模型,一个随机博弈可以用一个元组($\boldsymbol{S}$, $\{\boldsymbol{A}_i\}_{i=1}^{n}$, $\{\boldsymbol{B}_i\}_{i=1}^{m}$, T, $\{\boldsymbol{R}_i\}_{i=1}^{n+m}$)来表示。$\boldsymbol{S}$表示当前博弈的状态空间,所有智能体都能共享。$\text{UAV}_i$的行动空间定义为$\boldsymbol{A}_i$,$\text{Target}_i$的行动空间定义为$\boldsymbol{B}_i$。$T:\boldsymbol{S}\times\boldsymbol{A}^n\times\boldsymbol{B}^m\rightarrow\boldsymbol{S}$表示环境的确定性转移函数,$R_i:\boldsymbol{S}\times\boldsymbol{A}^n\times\boldsymbol{B}^m\rightarrow\mathbb{R}$表示$\text{UAV}_i$的奖励值函数。在协同空战的研究中,认为双方阵营中均采用相同构型的飞机平台,所以各自编队内飞机的行动空间相同,即对于UAV_i($i\in[1,n]$)和Target_j($j\in[1,m]$)分别有$\boldsymbol{A}_i=\boldsymbol{A}$和$\boldsymbol{B}_i=\boldsymbol{B}$。

协同空战中双方是否在对抗中处于优势,要以所有无人机对目标的态势优势来评价,定义无人机编队的全局奖励值为各个无人机奖励值的平均值,即

$$r(\boldsymbol{s},\boldsymbol{a},\boldsymbol{b}) = \frac{1}{n}\sum_{i=1}^{n} R_i(\boldsymbol{s},\boldsymbol{a},\boldsymbol{b}) \tag{6-5}$$

为了简化,省略全局奖励值$r(\boldsymbol{s},\boldsymbol{a},\boldsymbol{b})$的时间下标$t$。$r(\boldsymbol{s},\boldsymbol{a},\boldsymbol{b})$表示在$t$时刻,环境状态为$\boldsymbol{s}$,无人机编队采取行动$\boldsymbol{a}\in\boldsymbol{A}^n$,目标编队采取行动$\boldsymbol{b}\in\boldsymbol{B}^m$的情况下,无人机编队获得的奖励值。无人机编队的目标是学习一个策略使得奖励值

的折扣累加值的期望$\mathbb{E}[\sum_{k=0}^{+\infty}\lambda^k r_{t+k}]$最大化,其中$0<\lambda\leqslant 1$是折扣因子,表示对未来回报的不确定性。与UAV编队相反,目标编队的行动策略是最小化UAV奖励值累加值的期望,因此可以得到如下最小最大博弈为

$$Q^*(\boldsymbol{s},\boldsymbol{a},\boldsymbol{b}) = r(\boldsymbol{s},\boldsymbol{a},\boldsymbol{b}) + \lambda \max_{\theta}\min_{\phi} Q^*(\boldsymbol{s}',\boldsymbol{a}_\theta(\boldsymbol{s}'),\boldsymbol{b}_\phi(\boldsymbol{s}')) \tag{6-6}$$

其中,$\boldsymbol{s}'\equiv\boldsymbol{s}^{t+1}$,表示$t+1$时刻的状态,由状态转移函数$T(\boldsymbol{s},\boldsymbol{a},\boldsymbol{b})$确定,$Q^*(\boldsymbol{s},\boldsymbol{a},\boldsymbol{b})$表示最优的行动-值函数,服从贝尔曼优化方程。

假设无人机编队使用参数化的确定性策略$\boldsymbol{a}_\theta:\boldsymbol{S}\rightarrow\boldsymbol{A}^n$,目标编队使用参数化的确定性策略$\boldsymbol{b}_\phi:\boldsymbol{S}\rightarrow\boldsymbol{B}^m$,$\theta$和$\phi$分别是策略函数的参数,对于小规模的多智能体强化学习,可以使用最小最大Q学习方法求解,然而该方法对于复杂的博弈问题依然难以有效解决。为了简化问题,设定目标的策略是固定的,即在相同的状态下目标执行相同的机动动作,在后续研究中不考虑目标策略的影响,所以式(6-6)定义的随机博弈可以转变为一个马尔可夫决策问题[120]:

$$Q^*(\boldsymbol{s},\boldsymbol{a}) = r(\boldsymbol{s},\boldsymbol{a}) + \lambda \max_{\theta} Q^*(\boldsymbol{s}',\boldsymbol{a}_\theta(\boldsymbol{s}')) \tag{6-7}$$

采用式(6-5)定义的全局奖励值能够反映无人机编队整体的态势优劣,但是采用全局奖励值不能反映出个体在整体协同中的作用。事实上,全局的协同是由每个个体的目标所驱动的,因此,定义每个无人机的奖励值函数为

$$r_i(\boldsymbol{s},\boldsymbol{a},\boldsymbol{b}) = \sum_{j=1}^{m} x_{ij}\cdot\eta_{ij} + \sum_{k=0}^{n(k\neq i)} \eta_{C_{ik}} \tag{6-8}$$

用以表征在t时刻,环境状态为$\boldsymbol{s}$,UAV编队采取行动$\boldsymbol{a}\in\boldsymbol{A}^n$,目标编队采取行动$\boldsymbol{b}\in\boldsymbol{B}^m$的情况下,$\text{UAV}_i$获得的奖励值,其中$\sum_{j=1}^{m} x_{ij}\cdot\eta_{ij}$表征$\text{UAV}_i$相对为其分配的目标的态势优势值,$\sum_{k=0}^{n(k\neq i)}\eta_{C_{ik}}$是惩罚项,用以约束$\text{UAV}_i$与友机之间的距离。基于式(6-8),对于$n$个无人机个体,有$n$个如式(6-9)所示的贝尔曼方程,其中的策略函数$\boldsymbol{a}_\theta$拥有相同的参数$\theta$,即

$$Q_i^*(\boldsymbol{s},\boldsymbol{a}) = r_i(\boldsymbol{s},\boldsymbol{a}) + \lambda \max_{\theta} Q_i^*(\boldsymbol{s}',\boldsymbol{a}_\theta(\boldsymbol{s}')) \tag{6-9}$$

在学习训练过程中,通过奖励值的分配,定义了各个无人机在目标分配、态势优势和安全避碰的行为反馈,经过训练后实现策略协同,每架无人机的行为能与其他友机的行为达成默契,不需要进行集中的目标分配。

6.5.2 基于双向通信的学习机制

对于单个无人机个体,根据式(6-9)可以采用例如DDPG等强化学习算法

实现个体行动策略的学习，但是这类方法缺乏协调机制，只能实现个体行为策略的学习，无法实现集体行动的合作，实现集体合作的前提是个体间的信息交互，因此，本章采用 BRNN 建立多无人机机动决策模型，保证无人机间的信息交互，实现编队机动策略的协调。

如图 6－9 所示，5. 5. 2. 4 节建立的基于 DDPG 的单无人机空战机动决策模型包括 Actor 和 Critic 网络模块，在此基础上构建多无人机空战机动决策模型，就是将多个单无人机模型通过通信网络连接成多无人机模型。由此建立模型如图 6－10 所示，多无人机空战机动决策模型由 Actor 网络和 Critic 网络组成，Actor 网络和 Critic 网络分别由各个无人机个体的 Actor 和 Critic 网络通过 BRNN 连接而成。模型中将单无人机决策模型中策略网络（Actor）和 Q 网络（Critic）中的隐含层设置成为 BRNN 的循环单元，再按照无人机的数量将 BRNN 展开。策略网络输入当前的空战态势，输出各个无人机的行动值，由于 BRNN 不仅能够实现无人机个体间的通信，同时也能作为记忆单元，因此无人机可以在与友机交互信息的同时，保存个体的行动策略。

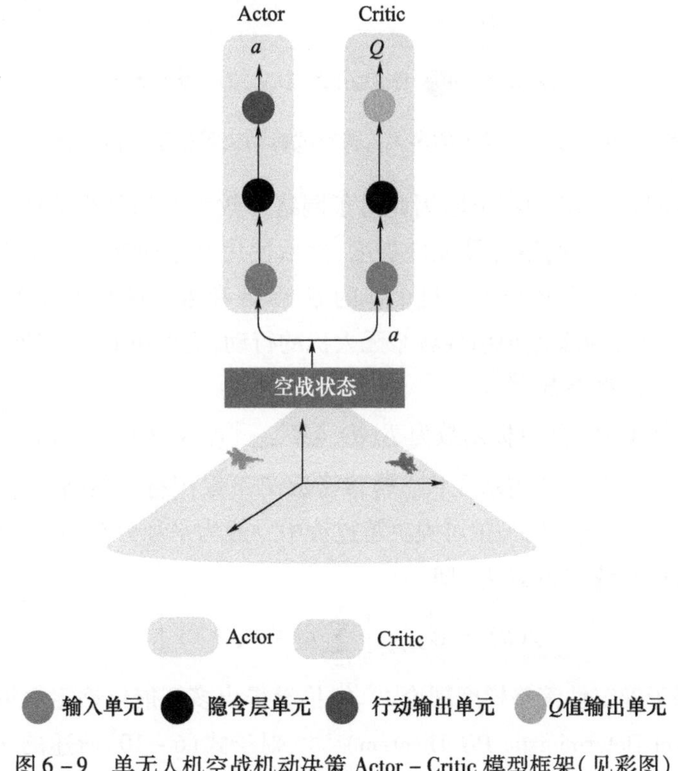

图 6－9　单无人机空战机动决策 Actor－Critic 模型框架（见彩图）

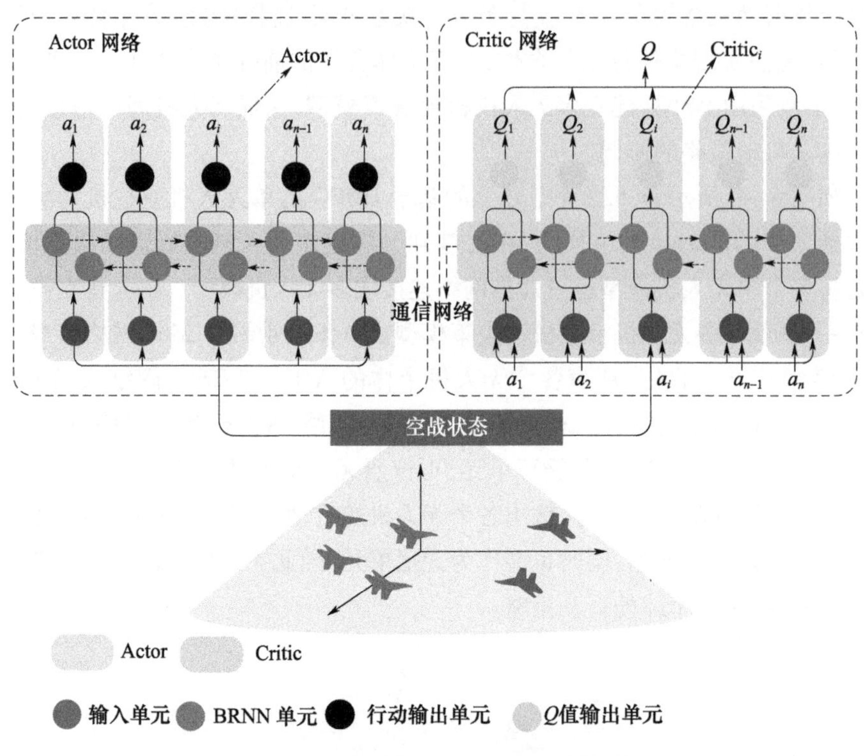

图 6-10　基于 BRNN 的多无人机空战机动决策模型结构(见彩图)

由于模型基于 BRNN 构建,因此对于网络参数学习的思路是将网络展开成 n(无人机个数)个子网络计算反向梯度,然后使用基于时间的反向传播算法更新网络参数。梯度在每个无人机个体的 Q_i 函数和策略函数中传播,模型学习时,各个无人机个体奖励值引导各个无人机的行动,进而由此产生的梯度信息反向传播并更新模型参数[120]。

定义个体 UAV_i 的目标函数为 $J_i(\theta)=\mathbb{E}_{s\sim\boldsymbol{\rho}_{\boldsymbol{a}_\theta}^{\mathrm{T}}}[r_i(\boldsymbol{s},\boldsymbol{a}_\theta(\boldsymbol{s}))]$,表示个体奖励值 r_i 的累加的期望,$\boldsymbol{\rho}_{\boldsymbol{a}_\theta}^{\mathrm{T}}$表示在状态转移函数 T 下采用行动策略 $\boldsymbol{a}_\theta$ 得到的状态分布,状态分布在遍历的马尔可夫决策过程中一般为平稳分布,所以可以将 n 架无人机的目标函数记为 $J(\theta)$,即

$$J(\theta)=\mathbb{E}_{s\sim\boldsymbol{\rho}_{\boldsymbol{a}_\theta}^{\mathrm{T}}}\left[\sum_{i=1}^{n}r_i(\boldsymbol{s},\boldsymbol{a}_\theta(\boldsymbol{s}))\right] \tag{6-10}$$

根据基于确定性策略梯度理论[110,121]推导得出多智能体确定性策略梯度定理(Multiagent Deterministic PG Theorem)[120],对于式(6-10)所述的 n 架无人机的目标函数 $J(\theta)$,其策略网络参数 θ 的梯度为

$$\nabla_\theta J(\theta) = \mathbb{E}_{s \sim \rho_{a_\theta}^{\mathrm{T}}} \left[\sum_{i=1}^{n} \sum_{j=1}^{n} \nabla_\theta \boldsymbol{a}_{j,\theta}(\boldsymbol{s}) \cdot \nabla_{\boldsymbol{a}_j} Q_i^{\boldsymbol{a}_\theta}(\boldsymbol{s}, \boldsymbol{a}_\theta(\boldsymbol{s})) \right] \tag{6-11}$$

模型中通过采用离策略(off - policy)确定性的 Actor - Critic 算法减小方差，采用参数化的 Critic 函数 $Q^\xi(\boldsymbol{s},\boldsymbol{a})$来估计式(6 - 11)中的行动 - 值函数 $Q_i^{\boldsymbol{a}_\theta}$。在训练 Critic 时，采用平方和 loss 函数，计算参数化 Critic 函数 $Q^\xi(\boldsymbol{s},\boldsymbol{a})$的梯度如式(6 - 12)所示，其中 ξ 是 Q 网络的参数。

$$\begin{aligned} &\nabla_\xi L(\xi) = \\ &\mathbb{E}_{s \sim \rho_{a_\theta}^{\mathrm{T}}} \left[\sum_{i=1}^{n} (r_i(\boldsymbol{s}, \boldsymbol{a}_\theta(\boldsymbol{s})) + \lambda Q_i^\xi(\boldsymbol{s}', \boldsymbol{a}_\theta(\boldsymbol{s}')) - \right. \\ &\left. Q_i^\xi(\boldsymbol{s}, \boldsymbol{a}_\theta(\boldsymbol{s}))) \cdot \nabla_{\partial\xi} Q_i^\xi(\boldsymbol{s}, \boldsymbol{a}_\theta(\boldsymbol{s})) \right] \end{aligned} \tag{6-12}$$

根据式(6 - 11)和式(6 - 12)，采用随机梯度下降法优化 Actor 和 Critic 网络，在交互学习的过程中，通过试错获取的数据更新参数，完成协同空战策略的学习优化。

6.5.3　协同空战机动决策算法模型

根据奖励值分配的策略协调机制和机动决策模型，确定多无人机协同空战机动决策模型的强化学习训练过程如下。

首先进行初始化。确定空战双方的兵力和态势，设有 n 架无人机和 m 架目标进行空战对抗，$n \geqslant m$。初始化 Actor 网络和 Critic 网络的参数。随机初始化 Actor 的在线网络(Online Network)参数 θ 和 Critic 的在线网络的参数 ξ，然后将 Actor 和 Critic 在线网络的参数分别赋给其相应目标网络(Target Network)的参数，即 $\theta' \leftarrow \theta, \xi' \leftarrow \xi$，$\theta'$和 ξ'分别是 Actor 和 Critic 目标网络的参数。初始化经验回放空间 R，用以保存探索交互得到的经验数据。初始化一个随机过程 ε，用于实现行动值的探索。

然后根据初始化参数开始仿真训练。首先是确定训练的初始状态，即确定空战开始的双方相对态势。设定无人机编队和目标编队中每一架飞机的初始位置信息和速度信息，即确定每架飞机的(x,y,z,v,γ,ψ)信息。根据状态空间的定义，计算得出空战初始状态 $\boldsymbol{s}^1$。基于初始状态开展多回合仿真训练。

最后，重复进行多回合训练，在每一单回合空战仿真中执行如下操作。首先根据当前空战状态 $\boldsymbol{s}^t$，基于表 6 - 1 中所述的目标分配算法计算出目标分配矩阵 $\boldsymbol{X}^t$。然后每一个UAV_i 根据状态 $\boldsymbol{s}^t$ 和随机过程 ε 生成行动值 $\boldsymbol{a}_i^t = \boldsymbol{a}_{i,\theta}(s^t) + \varepsilon_t$并执行，与此同时，依据设定的既定策略，目标编队中的每一个Target_i 执行行动 $\boldsymbol{b}_j^t$，

执行完后状态转移至s^{t+1},根据式(6-8)计算获得奖励值$[r_i^t]_{i=1}^n$。将一次转移过程变量$\{s^t,[a_i^t,r_i^t]_{i=1}^n,s^{t+1}\}$作为一条经验数据存入经验池$R$中。在学习时,从经验池$R$中随机采样一批$M$条经验数据$\{s_m^t,[a_{m,i}^t,r_{m,i}^t]_{i=1}^n,s_m^{t+1}\}_{m=1}^M$,首先计算各个无人机的目标$Q$值,即对于$M$条数据中的每一条,都有

$$\hat{Q}_{m,i}=r_{m,i}+\lambda Q_{m,i}^{\xi'}(s_m^{t+1},a_\theta{}'(s_m^{t+1})) \tag{6-13}$$

然后根据式(6-11)计算Critic的梯度估计值,有

$$\Delta\xi=\frac{1}{M}\sum_{m=1}^{M}\sum_{i=1}^{n}[(\hat{Q}_{m,i}-Q_{m,i}^{\xi}(s_m^t,a_\theta(s_m^t)))\cdot\nabla_\xi Q_{m,i}^{\xi}(s_m^t,a_\theta(s_m^t))] \tag{6-14}$$

最后根据式(6-12)计算Actor的梯度估计值,有

$$\Delta\theta=\frac{1}{M}\sum_{m=1}^{M}\sum_{i=1}^{n}\sum_{j=1}^{n}[\nabla_\theta a_{j,\theta}(s_m^t)\cdot\nabla_{a_j}Q_{m,i}^{\xi}(s_m^t,a_\theta(s_m^t))] \tag{6-15}$$

根据得到的梯度估计值$\Delta\xi$和$\Delta\theta$,采用优化器对Actor和Critic的在线网络参数进行更新。完成在线网络优化后,采用软更新方式更新目标网络参数,即

$$\begin{aligned}\xi'&\leftarrow\kappa\xi+(1-\kappa)\xi'\\\theta'&\leftarrow\kappa\theta+(1-\kappa)\theta'\end{aligned} \tag{6-16}$$

式中:$\kappa\in(0,1)$。最后判断当前状态是否是结束状态,如果是结束状态或者达到设定的回合的最大仿真步数,则结束当前回合,否则继续执行该回合的剩余步骤。在单回合仿真结束后,如果仿真达到设定的最大回合数,则停止本次强化学习训练,否则状态赋初值继续执行剩余回合的仿真训练。

综上所述,将多无人机协同空战机动决策算法的伪代码总结如表6-2所列。

表6-2 多无人机协同空战机动决策算法

算法 多无人机协同空战机动决策算法
无人机和目标编队的规模分别初始化为n和m
Actor和Critic的在线网络的参数分别随机初始化为θ和ξ
Actor和Critic的目标网络参数的初始化为各自在线网络参数,$\theta'\leftarrow\theta,\xi'\leftarrow\xi$
初始化回放空间R
初始化随机过程ε进行行动探索
for episode $=1,2,\cdots,E$ **do**
初始化各无人机和目标的初始状态
获得初始空战状态s^1
for $t=1,2,\cdots,T$ **do**
执行协同空战目标分配算法计算目标分配矩阵X
对每一个UAV$_i$,选择并执行行动$a_i^t=a_{i,\theta}(s^t)+\varepsilon_t$

续表

算法　多无人机协同空战机动决策算法
对每一个 Target_j，根据设定策略选择并执行行动 $\boldsymbol{b}_i^t$
观测下一时刻状态 $\boldsymbol{s}^{t+1}$，根据式(4-8)计算各自的奖励值$[r_i^t]_{i=1}^n$
将$\{\boldsymbol{s}^t,[\boldsymbol{a}_i^t,r_i^t]_{i=1}^n,\boldsymbol{s}^{t+1}\}$存入 R
从 R 中随机采样一批 M 条变迁数据$\{\boldsymbol{s}_m^t,[\boldsymbol{a}_{m,i}^t,r_{m,i}^t]_{i=1}^n,\boldsymbol{s}_m^{t+1}\}_{m=1}^M$
计算每条变迁数据中每个无人机的目标 Q 值，即
for $m=1,2,\cdots,M$ **do**
$\hat{Q}_{m,i}=r_{m,i}+\lambda Q_{m,i}^{\xi'}(\boldsymbol{s}_m^{t+1},\boldsymbol{a}_\theta{}'(\boldsymbol{s}_m^{t+1}))$
end for
根据式(6-14)计算 Critic 梯度估计值 $\Delta\xi$
根据式(6-15)计算 Actor 梯度估计值 $\Delta\theta$
优化器根据 $\Delta\theta$ 和 $\Delta\xi$ 更新在线网络
根据式(6-16)更新目标网络
end for
end for

6.5.4　模型训练方法

在多无人机协同空战机动决策模型的训练过程中，需要设定目标的机动策略，使目标具有一定的智能水平，体现空战仿真的对抗效果，从而证明多无人机协同空战机动决策模型的自主学习能力和所学空战策略的有效性。

由于多无人机协同空战机动决策模型的状态空间和行动空间大小相较于单机空战机动决策模型呈线性增长，属于高维状态空间和行动空间的网络模型。对于这种大规模的网络模型，如果从零开始采用探索的方法与具有机动策略的目标进行对抗仿真，从中学习策略，会产生大量的无效样本，导致强化学习的效率低下，甚至陷于局部最优而导致学习失败。

针对这一问题，本章继续采用 5.4.3 节中所述的“基础-对抗”训练方法，借鉴人类认识学习中先易后难的准则，首先进行基础训练，让目标进行简单的基本动作飞行，让不具备任何策略的无人机“熟悉”空战的态势范围，通过学习训练获得基本空战态势下的机动策略，然后再开展目标具有机动策略下的训练，即对抗训练，让无人机学习到对抗条件下的机动策略，战胜目标。

6.5.4.1　基础策略

在基础训练过程中，目标编队保持自身的初始运动状态，例如进行匀速直线运动或者水平盘旋运动，同时保持编队构型，不根据战场态势的变化改变自身的运动规律。在无人机编队初始态势处于优势、均势、劣势的状态下依次开展训练,使无人机熟悉空战的态势环境。

6.5.4.2 对抗策略

在对抗训练中,要求目标编队具备相应的机动策略,能够根据战场态势的变化自动生成各个飞机的机动动作,从而实现与无人机编队的空战对抗。类似于无人机编队的协同作战过程,目标编队的作战策略也包括目标分配和机动决策两个方面,为了方便实现,本章基于贪婪算法的思想设计了目标编队的目标分配算法和机动决策算法。

1)目标分配算法

假设目标编队没有统一的指挥,编队内的各个飞机在作战过程中优先选择与其距离最近的对方飞机作为攻击目标。

2)机动决策算法

在对抗仿真中,设目标和无人机编队均为同构编队,且飞机的性能相同,目标飞机采用与无人机相同的运动模型。待目标分配后,各个目标与为其分配的无人机形成1对1空战,在1对1空战过程中各个目标执行5.4.3节中所述的基于统计原理的机动决策方法,同时在决策的算法添加与友机碰撞的惩罚项,防止目标编队友机间的距离过近。

6.6 仿真与分析

6.6.1 平台和参数设定

本章构建多无人机协同空战机动决策模型,采用Python语言建立空战环境模型,决策网络模型采用Tensorflow模块构建。多无人机协同空战机动决策模型和空战环境模型在1台计算机上运行,计算机性能与5.4.4节中所述硬件资源相同。

多无人机协同空战的空战背景设定为近距空战,空战环境模型的参数设定如下,导弹的最远截获距离 $D_{max}=3\text{km}$,视场角为 $\varphi_m=\frac{\pi}{4}$,两架飞机之间的最小安全距离 $D_{safe}=200\text{m}$,截获目标时的优势值 $\text{Re}=5$,惩罚值 $P=10$,飞机的运动模型中,设最大速度 $v_{max}=400\text{m/s}$,最小速度 $v_{min}=90\text{m/s}$,控制参数 $n_x\in[-1,$

2]，$n_z \in [0,8]$，$\mu \in [-\pi,\pi]$，根据控制参数范围，目标机动动作库的控制量如表5-7机动动作的控制量所列。

机动决策模型的Actor网络分为输入层、隐含层和输出层3个部分，其中输入层输入空战状态，隐含层分为2层，第1层由正向反向各400个LSTM神经元组成，该层按无人机个数依据BRNN结构展开后形成通信层，第2层由100个神经元组成，采用tanh激活函数，参数以均匀分布$[-3\times10^{-4},3\times10^{-4}]$随机初始化，输出层输出3个控制量，采用tanh激活函数，参数以均匀分布$[-2\times10^{-5},2\times10^{-5}]$随机初始化，通过线性调整，将tanh的输出范围[0,1]分别调整为[1,2]、[0,8]和$[-\pi,\pi]$。机动决策模型的Critic网络同样分为输入层、隐含层和输出层3个部分，其中输入层输入空战状态和无人机的3个行动值，隐含层分为2层，第1层由正向和反向各500个LSTM神经元组成，该层按无人机个数依据BRNN结构展开后形成通信层，第2层由150个神经元组成，采用tanh激活函数，参数以均匀分布$[-3\times10^{-4},3\times10^{-4}]$随机初始化，输出层输出1个$Q$值，采用tanh激活函数，参数以均匀分布$[-2\times10^{-4},2\times10^{-4}]$随机初始化。Actor和Cirtic模型均采用Adam优化器，Actor网络的学习率设为0.001，Critic网络的学习率设为0.0001。折扣因子$\lambda=0.95$，目标网络的软更新因子$\kappa=0.005$。行动值探索的随机过程ε采用OU过程。经验回放空间R的大小设为10^6，采样batch的大小设为512。

6.6.2　模型训练与测试

由于大型循环神经网络的参数多，训练周期长，为了验证所建立模型的自主学习能力和学习到的策略的有效性，开展2对1和2对2的空战仿真训练，验证模型自主学习多机协同空战策略的能力。在每个场景下先后开展基础训练和对抗训练，通过仿真对比，验证自主学习到的策略相对于目标策略的优势。

6.6.2.1　2对1场景

1）基础训练

在2架无人机对战1架目标场景的基础训练中，目标采取匀速直线运动，分别在无人机初始态势处于优势、均势、劣势的状态下依次开展训练，通过这3项训练使得无人机熟悉空战的态势环境。每1项训练10^6回合，每隔3000回合执行一次评估回合，在评估回合中，不执行随机过程ε为行动值添加噪声，在线Actor网络直接输出各个无人机的行动值，并记录单回合累计奖励值，来评估之前学习的机动策略。

在每一项训练过程中，为了使得无人机充分熟悉空战环境，提高样本的多样性，同时防止网络过拟合，让学习的策略能够更加泛化，训练回合中无人机和目标的初始状态在较大范围内随机产生，而为了确保机动策略评估的统一性，评估回合中采用同一种初始态势。例如进行第1项训练，即无人机处于优势态势时，训练回合和评估回合的初始态势如表6－3所列。

表6－3　多机协同空战基础训练初始优势状态设置（2对1）

初始状态		x/m	y/m	z/m	v/(m/s)	γ/(°)	ψ/(°)
训练回合	UAV_1	[－200,200]	[－300,300]	3000	200	0	[－60°,60°]
	UAV_2	[2500,3500]	[－500,500]	3500	200	0	[－60°,60°]
	Target	[2500,3500]	[2500,3500]	[2800,3800]	[150,300]	0	[－60°,60°]
评估回合	UAV_1	0	0	3000	200	0	40°
	UAV_2	3000	0	3500	200	0	40°
	Target	3000	3000	3000	220	0	45°

图6－11是项目1训练完成后，基于学习到的策略的空战仿真机动轨迹。从图中可以看出UAV_1和UAV_2从目标的两侧后方开始追击目标，不断调整航向和速度，逐步缩小与目标的距离，同时始终保持对目标的左右交叉包围的尾追态势，使得目标始终处于两架无人机的截获区域内。

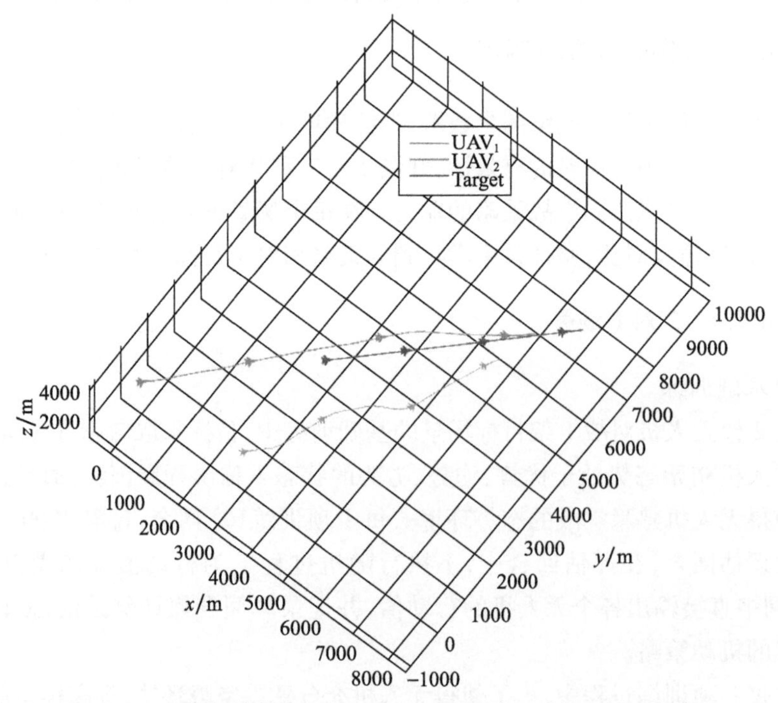

图6－11　优势初始状态下的2对1基础训练机动轨迹图（见彩图）

图6-12是项目2训练完成后，基于学习到的策略的空战仿真机动轨迹。从图中可以看出，在初始时刻双方均势，UAV_1 和 UAV_2 与目标相向飞行，随后 UAV_1 和 UAV_2 在不断向目标接近的同时调整高度，待到完成与目标交会后，转向目标的两侧后方开始追击目标，由于转弯半径的限制，UAV_1 和 UAV_2 转到了目标运动方向的另外一侧，进而继续调整航向和速度，逐步缩小与目标的距离，实现对目标的左右交叉包围的尾追态势，这一过程实现了战斗机双机2对1作战中的交叉攻击战术[107]，即目标始终处于两架无人机的监视和攻击范围内。

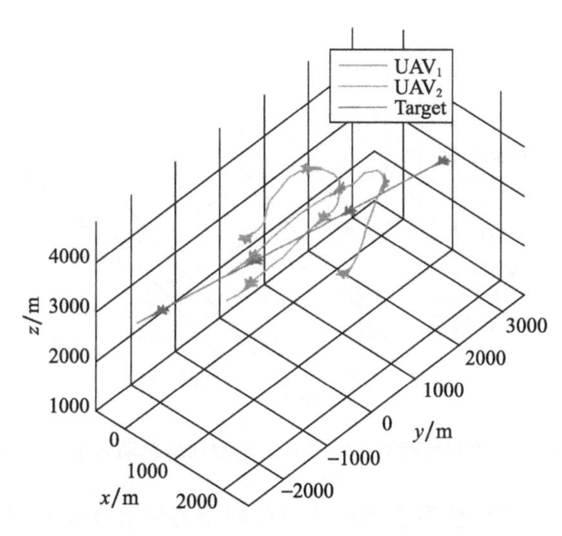

图6-12　均势初始状态下的2对1基础训练机动轨迹图(见彩图)

图6-13是项目3训练完成后，基于学习到的策略的空战仿真机动轨迹。从图中可以看出，在初始时刻 UAV_1 和 UAV_2 相对于目标处于劣势，为了摆脱被尾追的不利态势，UAV_1 和 UAV_2 迅速改变飞行方向，使得目标不能构成截获条件，从背对目标飞行转换为与目标相向飞行，即将态势转变为均势，通过不断调整航向、高度和速度，最终实现对目标的尾追态势。上述整个过程实现了劣势-均势-优势的转换，证明了所建立的模型能够在目标匀速飞行的情况下，让无人机学习获得从任意态势下通过机动获取优势的协同空战机动策略，初步验证了通过所建立模型能够学习的学习效果。

2）对抗训练

在完成上述基础训练后，具有基础策略的无人机继续与具备机动策略的目标开展对抗训练，目标采用6.5.4节介绍的机动策略。为了保证空战状态的多样性和机动策略的泛化，在训练回合中无人机和目标的初始状态均在一定范围内随机产生，分别开展无人机初始态势为优势、均势、劣势情况下的训练。下面以初始状态为均势为例说明训练效果，表6－4所列为初始均势情况下，训练的初始状态。

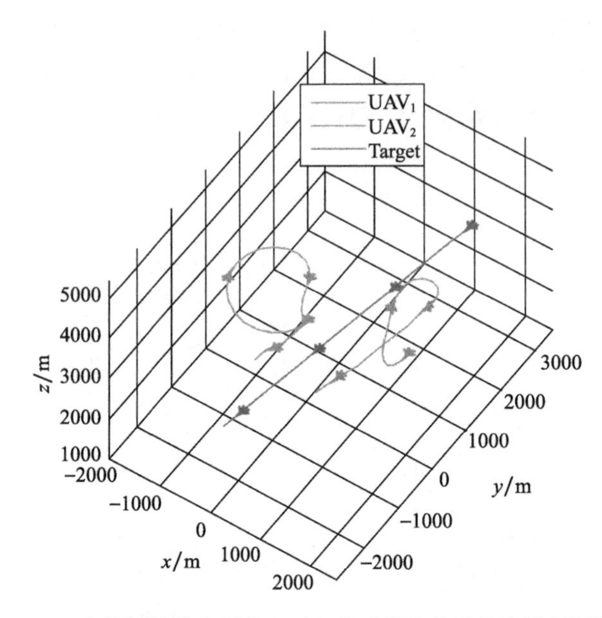

图6－13　劣势初始状态下的2对1基础训练机动轨迹图（见彩图）

表6－4　多机协同空战对抗训练初始均势状态设置（2对1）

初始状态		x/m	y/m	z/m	v/(m/s)	γ/(°)	ψ/(°)
训练回合	UAV_1	[－200,200]	[－300,300]	3000	200	0	[－60°,60°]
	UAV_2	[1500,2500]	[－500,500]	3500	200	0	[－60°,60°]
	Target	[1000,2000]	[2500,3500]	[2800,3800]	[150,300]	0	[120°,240°]
评估回合	UAV_1	0	0	3000	200	0	0°
	UAV_2	2000	0	3500	200	0	0°
	Target	1000	3000	3000	220	0	200°

图6－14是初始状态均势的对抗训练后，一次评估回合中双方的机动轨迹。双方从初始位置开始迎头飞行，目标选择距离最近的 UAV_1 作为其攻击目标向其飞行，UAV_2 在 UAV_1 的右侧编队飞行，并调整航向以减少与目标间的距离，在 UAV_2 向左转弯的过程，逐步实现了对目标的尾追态势，另一方面，目标意图右转进入 UAV_1 尾后，但在右转过程中由于 UAV_2 的尾追而陷于劣势，而 UAV_1 也

调整航向,实现了对目标的尾追态势,目标所执行贪婪算法在这种情况下,选择了效能指标最大行动值,在加速的同时爬升高度以摆脱攻击,UAV_1 和 UAV_2 紧随其后,保持对目标的尾追态势。虽然在最后,UAV_1 和 UAV_2 与目标的距离拉大,对目标的加速行为反应不佳,但是从整体态势看,学习获得的策略能够使无人机双机编队在与具有机动策略的目标对战过程中获取优势,实现协同作战,取得对战胜利。

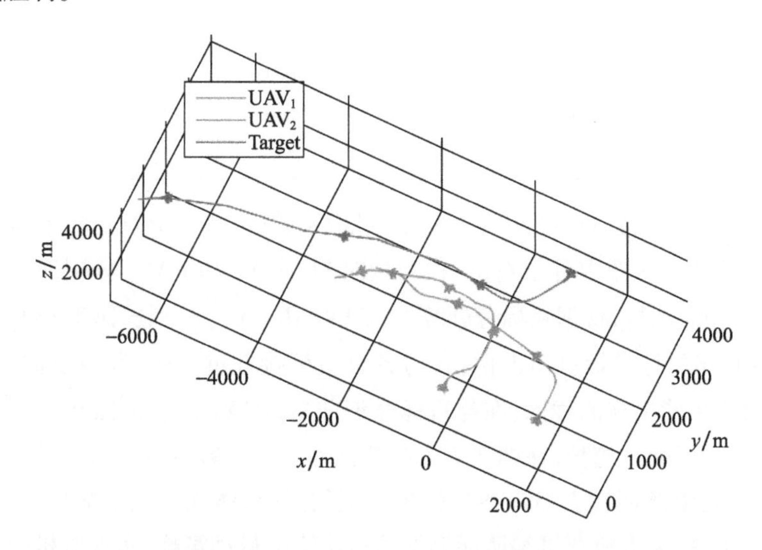

图6-14　均势初始状态下的2对1对抗训练机动轨迹图(见彩图)

6.6.2.2　2对2场景

1)基础训练

在2架无人机对战2架目标场景的基础训练中,目标采取匀速直线运动,在无人机初始态势处于优势、均势、劣势的状态下依次开展训练,通过这3项训练使得无人机熟悉空战的态势环境。由于空战环境的扩大导致状态空间增大,因此相较于2对1场景,每1项训练增加至 3×10^6 回合,每隔3000回合执行一次评估回合,在评估回合中,不执行随机过程 ε 为行动值添加噪声,在线Actor网络直接输出各个无人机的行动值,并记录单回合累计奖励值,来评估之前学习的机动策略。

下面以均势初始状态为例说明训练过程和训练效果,进行第1项训练,即无人机处于优势态势时,训练回合和评估回合的初始态势如表6-5所列。

表 6-5　多机协同空战基础训练初始均势状态设置(2 对 2)

初始状态		x/m	y/m	z/m	v/(m/s)	γ/(°)	ψ/(°)
训练回合	UAV_1	[-200,200]	[-300,300]	3200	200	0	[10,70]
	UAV_2	[2800,3200]	[-300,300]	3000	200	0	[10,70]
	$Target_1$	[2500,3500]	[2500,3500]	[2900,3100]	[180,220]	0	[-165,-105]
	$Target_2$	[5500,6500]	[2500,3500]	[2900,3100]	[180,220]	0	[-165,-105]
评估回合	UAV_1	0	0	3200	200	0	40
	UAV_2	3000	0	3000	200	0	40
	$Target_1$	3000	3000	3000	200	0	-135
	$Target_2$	6000	3000	3000	200	0	-135

图 6-15 是均势初始状态下的基础训练完成后,基于学习到的策略的空战仿真机动轨迹。从图中可以看出,在初始时刻,UAV_1 和 UAV_2 分别面对 $Target_1$ 和 $Target_2$ 相向飞行,根据目标分配算法,UAV_1 和 UAV_2 分别选择 $Target_1$ 和 $Target_2$ 作为攻击目标进行机动占位,在与各自目标接近过程中,调整航向和高度,避免交会中可能出现的碰撞,在与目标交汇前后,UAV_1 向右侧回转,UAV_2 向左侧回转,实现了交叉掩护,在两架无人机均向对方方向转弯后交换了各自的攻击目标,而不是继续回转去追击各自初始分配的目标,体现了战术配合,证明经过强化学习训练,无人机双机编队能够学习得出空战机动策略,实现双机间的战术配合,在空战中获取优势,而不是将多机空战分解为多个 1 对 1 对抗。

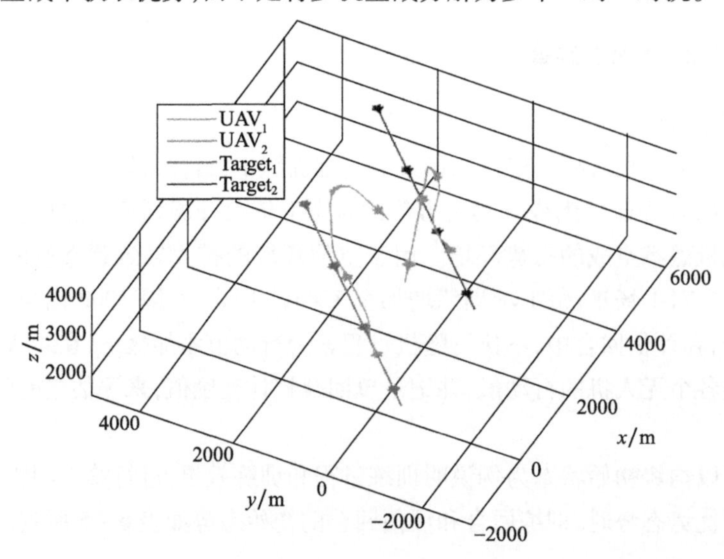

图 6-15　均势初始状态下的 2 对 2 基础训练机动轨迹图(见彩图)

2)对抗训练

在完成上述基础训练后,具有基础策略的无人机继续与具备机动策略的目标开展对抗训练,目标采用6.5.4节介绍的机动策略。为了保证空战状态的多样性和机动策略的泛化,在训练回合中无人机和目标的初始状态均在一定范围内随机产生,分别开展无人机初始态势为优势、均势、劣势情况下的训练。以初始状态为均势为例说明训练效果,表6-6所列为初始均势情况下,训练的初始状态,为了提高训练速度,相对于基础训练,对抗训练中初始位置的取值范围有所收窄。

表6-6　多机协同空战对抗训练初始均势状态设置(2对2)

初始状态		x/m	y/m	z/m	v/(m/s)	γ/(°)	ψ/(°)
训练回合	UAV_1	[-200,200]	[-200,200]	3200	200	0	[20,60]
	UAV_2	[2800,3200]	[-200,200]	3000	200	0	[20,60]
	$Target_1$	[2500,3500]	[2800,3200]	[2900,3100]	[180,220]	0	[-155,-115]
	$Target_2$	[5500,6500]	[2800,3200]	[2900,3100]	[180,220]	0	[-125,-115]
评估回合	UAV_1	0	0	3200	200	0	40
	UAV_2	3000	0	3000	200	0	40
	$Target_1$	3000	3000	3000	200	0	-135
	$Target_2$	6000	3000	3000	200	0	-135

图6-16是初始状态均势的对抗训练后,一次评估回合中双方的机动轨迹。双方从初始位置开始迎头飞行,$Target_1$、$Target_2$ 选择与其距离最近的 UAV_2 作为其攻击目标向其飞行,UAV_1 在 UAV_2 的左侧编队飞行,并调整航向以减少与目标间的距离,在 UAV_2 与 $Target_1$ 交会后向左转弯的过程中,UAV_1 向右调整航向,逐步对向 $Target_1$ 的尾后,从侧后方对 UAV_2 进行了掩护,同时将攻击目标由 $Target_2$ 转换为 $Target_1$,逐步实现了对 $Target_1$ 的尾追态势,另一方面,UAV_2 在与 $Target_1$ 左转交会后调整航向和速度,防止 $Target_2$ 进入尾后,最终实现了对 $Target_2$ 的尾追,获得了空战的优势。在整个过程中,无人机双机编队实现了掩护、交替攻击目标等战术配合。

综合上述仿真实验证明了以下2点。

(1)建模方法的正确性。

本章所建立的基于MDRL的多无人机协同空战机动决策模型能够通过自主学习获得协同空战机动策略,在仿真空战中战胜其他算法控制的目标飞机编队。证明了在本章提出的基于MDRL的多无人机协同智能空战机动决策模型框架

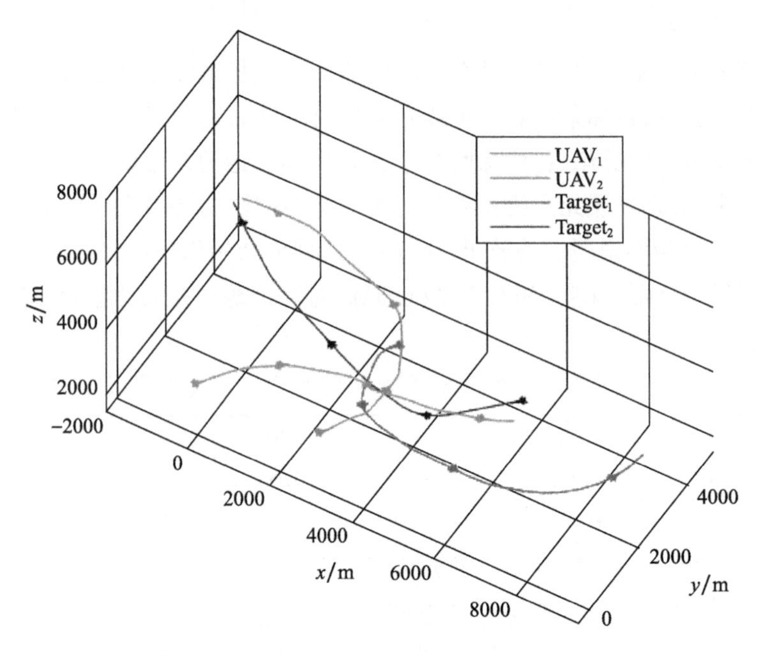

图 6-16　均势初始状态下的 2 对 2 对抗训练机动轨迹图(见彩图)

下,以 BRNN 为通信网络,以态势评估值分配为策略协调机制,所建立的协同空战机动决策模型能够实现多机协同空战机动策略的自主学习。

(2)机动策略的协同性。

本章建立的基于 MDRL 的多无人机协同空战机动决策模型,通过 BRNN 作为通信网络,保证了编队状态信息的一致性,解决了机动策略学习环境不平稳问题,同时将目标分配的结果融入无人机奖励值的分配,通过奖励值约束目标分配、边界条件、避碰等基本逻辑,在训练中通过奖励值引导各个无人机自主探索学习,将个体的机动策略学习融合为编队的协同策略学习。仿真结果证明,决策模型自主学习获得的策略能够使无人机多机编队在兵力相等或者占优的情况下,在与具有机动策略的目标对战过程中获取优势,实现协同作战,取得对战胜利。

6.6.2.3　决策时间

在 2 对 2 的对战场景下,分别对 3 种多机协同空战机动决策方法的实时性以单步决策时间作为评价指标进行对比。

第一种方法为本章建立的基于 MDRL 的决策方法。第二种为单机 DDPG 决策模型结合目标分配算法的决策算法,即在每次决策时首先由目标分配算法分配目标,然后由 5.5.2 节所述的单机 DDPG 决策模型针对分配的目标输出机动动作。第三种方法为 5.4.3 节中所述的基于统计原理的机动决策方法结合目标分配算法，首先由目标分配算法分配目标，然后由单机基于统计原理的决策模型针对分配的目标输出机动动作，其中，机动动作库大小为 15。

考虑到分布式决策，认为各个无人机的机动决策同时进行，因此对于后两种方法，机动决策的时间仅考虑 1 架无人机的决策时间，而不是 2 架无人机的决策时间之和。通过 1000 步决策时间的统计，三种算法的平均单步决策时间的实验结果如图 6－17 所示。基于 MDRL 的决策方法的单步决策时间为 1.3ms，第二种 DDPG 结合目标分配的方法的单步决策时间为 2.8ms，第三种统计原理结合目标分配的单步决策时间为 7.2ms。

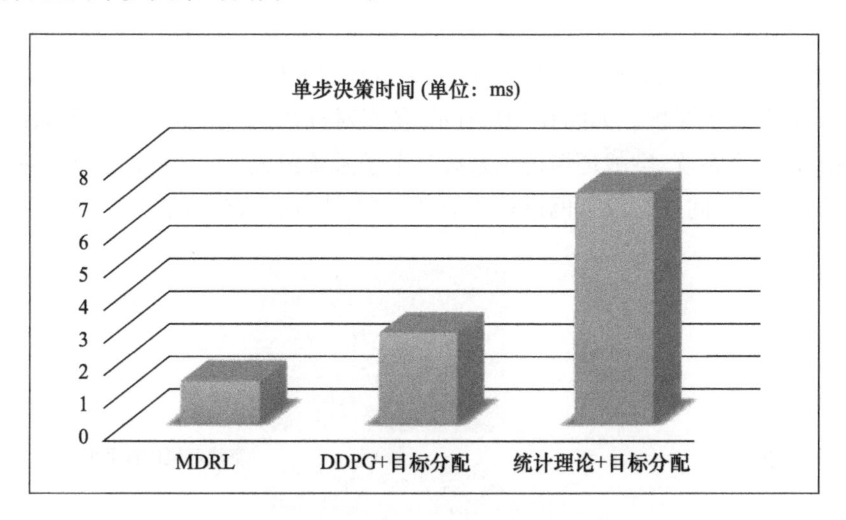

图 6－17　多机协同空战机动决策算法的单步决策时间对比

实验结果证明，本章建立的 MDRL 多机协同机动决策方法的实时性远远优于基于目标分配方法与单机机动决策模型相结合的分配方法。因为基于目标分配和单机机动决策模型结合的方法，无论单机模型是网络模型还是遍历寻优模型，其在每一步决策时都需要进行目标分配计算，进而将多机对抗转换为多个 1 对 1 对抗，目标分配的计算消耗计算时间，而基于 MDRL 的方法在模型训练过程中通过奖励值的分配完成了目标分配和机动策略的融合，在训练完成后，各个无人机之间形成了协同策略，能够根据当前态势自动完成配合，无须再进行目标分配计算，因此决策实时性最强。

综合上述仿真实验可以证明，本章所建立的多无人机协同空战机动决策模型能够通过自主学习获得协同空战机动策略，在空战过程实现战术配合，在决策实时性和策略的协同方面优于传统方法。

6.7 空战机动决策仿真验证系统

为了进一步验证基于强化学习的空战机动决策模型的自学习能力和机动策略的有效性，本章设计开发了一套基于强化学习的无人机空战机动决策仿真对抗系统，将目标的机动策略由固定算法逻辑改为人的直接操控，仿真对抗由“机－机”对抗升级为“人－机”对抗。

6.7.1 系统框架

仿真对抗系统的场景想定为智能无人机与有人作战飞机开展 1 对 1 单机对抗和 2 对 2 双机对抗。如图 6－18 所示，仿真对抗系统由无人机自学习系统、有人机操控仿真系统、空战环境仿真系统三个子系统组成，三个子系统分别驻留于计算机，子系统间通过以太网进行通信，完成空战分布式仿真。

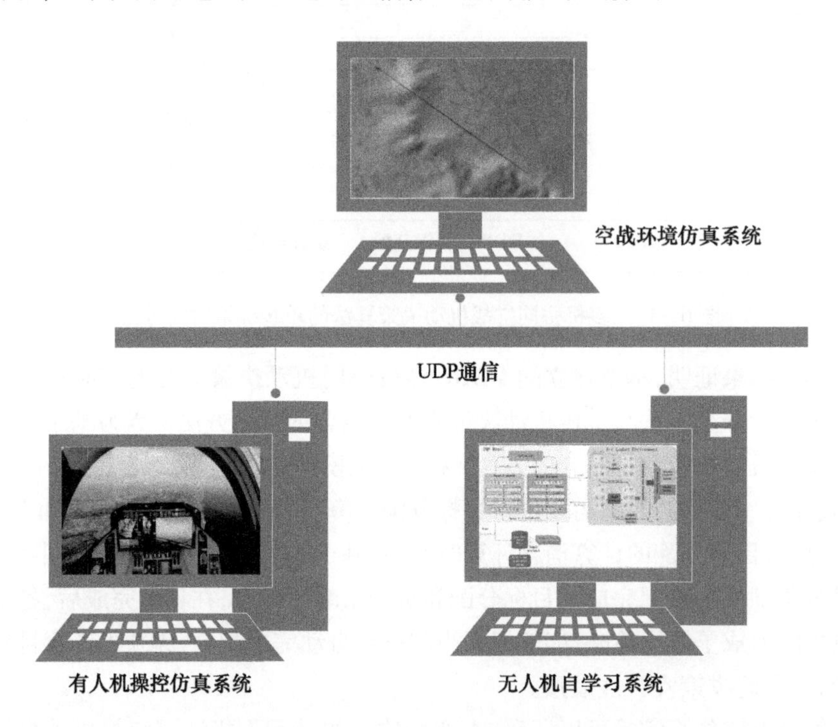

图 6－18　仿真对抗系统框架

仿真对抗系统中，无人机自学习系统基于强化学习机动决策模型进行自主机动决策，操作人员通过有人机操控仿真系统操控飞机飞行，双方在空战环境仿真系统提供的空战场景中进行实时对抗，由空战环境仿真系统分发双方的状态数据，同时进行空战态势评估，发出击落/被击落信号。

6.7.2　空战环境仿真系统

空战环境仿真系统的主要功能是接收无人机和有人机的飞行状态信息，显示当前空战的三维态势，并且评估当前的空战态势，再将空战态势信息和评估值输出给对抗双方。因此，空战环境仿真系统主要包含空战态势显示模块和空战态势评估模块两个部分。

6.7.2.1　空战态势显示模块

态势显示模块接收空战双方的位置、速度信息，在三维场景中以可变的上帝视角实时显示空战的态势。如图 6－19 所示，空战环境仿真系统软件界面中显示空战三维态势和地图态势显示画面，综合显示双方的对抗态势，便于观察分析。

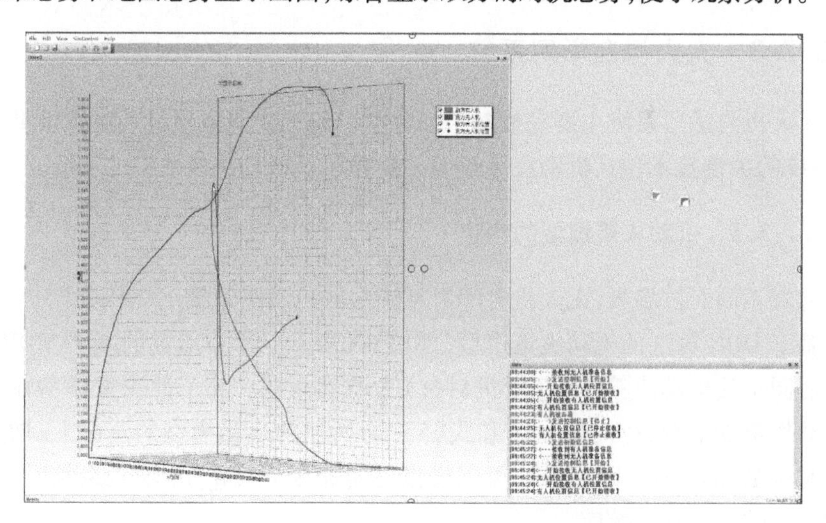

图 6－19　空战环境仿真系统软件界面

6.7.2.2　空战态势评估模块

空战态势评估模块的核心是设计一套评估函数，用以对空战中双方当前态势的优劣进行量化评估。空战态势的评估方法分为性能指标加权法和攻击区法，如 5.3.2 节所述，性能指标加权法通常是先对速度、高度、距离、角度等性能构建评价指标,然后对各个指标配以不同的权重,加权求出一个量化值来衡量当前空战态势的优劣。如 5.4.1 节所述,攻击区法是基于某一机载武器,根据武器的攻击范围来判定当前的空战态势的优劣,一般认为获得开火机会发射武器的一方处于优势地位。较之于性能指标加权法,攻击区法较为直观,其给出的评估值多为有限的二元(能发射/不能发射)或者三元状态(能发射/不能发射/被瞄准)对应的得分项。这种不连续的评估值由于不包含连续的梯度信息,会造成样本稀疏,很难让基于强化学习的自学习系统根据评估值来逐步更新自己的策略,因此本系统中采用 5.4.2 节中所述的奖励值模型,综合攻击区的截获信息和角度距离的态势优势作为态势评估函数。一方面,将态势评估值反馈给无人机自学习系统,让其作为强化学习的奖励值函数;另一方面,根据导弹截获的机会向有人机和无人机下发击落/被击落的评判信息。

6.7.2.3 仿真实验控制模块

整个空战仿真系统的实验控制模块驻留于空战环境仿真系统。实现整个仿真实验的通信控制、参数设定、数据管理等功能。

6.7.3 无人机自学习系统

无人机自学习系统主要完成基于强化学习的无人机空战机动决策模型的构建,系统的关键技术包括机动决策模型的构建以及机动决策模型的训练。

6.7.3.1 机动决策模型的构建

针对不同对抗场景,无人机自学习系统中的机动决策模型,分别以 5.4 节所述的基于 DQN 算法的机动决策模型(单机对抗)和 6.5 节所述的基于 MDRL 的多机协同空战机动决策模型(双机对抗)为基础构建。为了使决策模型输出的机动动作更加平滑,在式(5-1)和式(5-2)所述的运动模型的基础上,增加控制延时函数如式(6-17)所示,可以模拟控制命令 n_{x_c}、n_{z_c}、μ_c 输入系统时,执行机构存在的动态延迟效应。

$$\begin{cases} n_x = \dfrac{1}{1+\tau_x s} n_{x_c} \\ n_z = \dfrac{1}{1+\tau_z s} n_{z_c} \\ \mu = \dfrac{\omega_n^2}{s^2 + 2\omega_n \xi s + \omega_n^2} \mu_c \end{cases} \tag{6-17}$$

式中：τ_x、τ_z 分别是 n_x 和 n_z 的延迟时间常数；ω_n 为自然振荡频率；ξ 为阻尼系数。

6.7.3.2　无人机机动决策模型的训练方法

在人机对抗实验之前，无人机机动决策模型首先按照5.4.3节所述的方法实现基础训练和对抗训练，当无人机具备能够战胜目标策略的机动策略后，再开展人机空战对抗实验。

在仿真对抗系统中，无人机机动决策模型实行线上决策，线下学习的模式。即在人机对抗的仿真实验过程中，无人机决策模型根据当前策略直接输出机动动作，不进行动作探索，也不进行策略更新，在输出机动动作的同时进行样本记录，记录仿真过程中无人机自身的状态和空战环境仿真系统发来的有人机状态信息。待仿真对抗结束后，无人机自学习系统进行线下学习，根据记录的历史数据，选择无人机被有人机击落的场景数据，每回合训练在历史轨迹上随机选择一点作为该回合的起点，无人机和目标皆以记录的数据作为该回合的初始态势开始进行仿真训练，在对抗训练过程中，目标按照记录的有人机轨迹从起点继续运行，无人机则按照表5-6（单机对抗）和表6-2（双机对抗）所述的训练方法进行训练。

6.7.4　有人机操控仿真系统

有人机操控仿真系统完成有人机操作仿真模块的功能。系统的功能设计主要包括如下两个方面。

6.7.4.1　有人机操控显示界面设计

如图6-20所示，操控界面包括如下内容。

① 以平显的形式动态显示本机的状态信息，包括速度、高度、航向角、俯仰角等信息，同时在平显中显示目标符号（设有人机能通过预警机实时掌握目标的信息，不考虑本机传感器的性能限制），当有人机可以发射武器攻击目标时，根据空战环境仿真系统下发的判定信息，平显上显示获得攻击机会的“shoot”提示符。

② 以MFD的形式动态显示目标与本机的相对位置关系，包括目标与本机的相对距离、方位，以及目标的速度信息。

③ 基于Vega Primer仿真外部视景环境，并将平显画面叠加至座舱内视角的画面上，在视距范围内，能在视景中显示目标飞机。

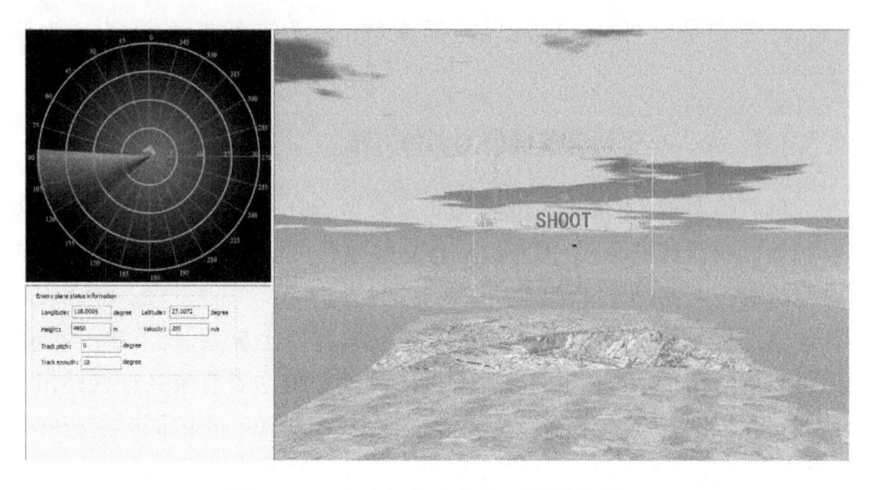

图 6-20 有人机仿真操作系统软件界面

6.7.4.2 有人机运动控制模型设计

采用了某型飞机的运动模型作为有人机的运动模型,模型中的最大最小速度和过载限制均与无人机的运动性能参数保持一致。操作人员通过外接 USB 接口的 HOTAS(Hands On Throttle And Stick)操纵杆控制飞机的方位、俯仰、横滚和推力,实现对飞机姿态和速度的实时控制。

6.7.5 UDP 通信

各个子系统间通信采用 UDP 通信协议。为了防止由于数据丢包造成的决策错位,即无人机不是针对对方最新的状态做出决策,因此设计了一个简单的数据检测机制。无人机自学习模块在接收空战环境仿真系统转发来的对方的状态信息后,与前一时刻接收到的状态信息进行对比,当信息一致时,说明信息漏发,不进行机动,当信息不一致时进行机动决策,保证决策的输入状态是实时的。各系统间的信息交互内容如表 6-7、表 6-8 和表 6-9 所列。

表 6-7 空战环境仿真系统输出信息

序号	信息名称	量纲	源	目的
1	仿真时间标记	/	空战环境仿真系统	无人机自学习系统 有人机操控仿真系统
2	仿真控制命令	/	空战环境仿真系统	无人机自学习系统 有人机操控仿真系统

续表

序号	信息名称	量纲	源	目的
3	相对于有人机的态势描述信息	/	空战环境仿真系统	有人机操控仿真系统
4	相对于无人机的态势描述信息	/	空战环境仿真系统	无人机自学习系统
5	相对于有人机的态势评估值	/	空战环境仿真系统	有人机操控仿真系统
6	相对于无人机的态势评估值	/	空战环境仿真系统	无人机自学习系统
7	训练回合序数	/	空战环境仿真系统	无人机自学习系统 有人机操控仿真系统
8	训练 step 序数	/	空战环境仿真系统	无人机自学习系统 有人机操控仿真系统

表6-8　无人机自学习系统输出信息

序号	信息名称	量纲	源	目的
1	仿真时间标记应答	/	无人机自学习系统	空战环境仿真系统
2	无人机决策动作	/	无人机自学习系统	空战环境仿真系统
3	无人机在地理坐标系中的位置坐标	m	无人机自学习系统	空战环境仿真系统
4	无人机的速度大小	m/s	无人机自学习系统	空战环境仿真系统
5	无人机在地理坐标系中的航向角	°	无人机自学习系统	空战环境仿真系统
6	无人机在地理坐标系中的俯仰角	°	无人机自学习系统	空战环境仿真系统

表6-9　有人机操控仿真系统输出信息

序号	信息名称	量纲	源	目的
1	仿真时间标记应答	/	有人机操控仿真系统	空战环境仿真系统
2	有人机在地理坐标系中的位置坐标	m	有人机操控仿真系统	空战环境仿真系统
3	有人机的速度大小	m/s	有人机操控仿真系统	空战环境仿真系统
4	有人机在地理坐标系中的航向角	°	有人机操控仿真系统	空战环境仿真系统
5	有人机在地理坐标系中的俯仰角	°	有人机操控仿真系统	空战环境仿真系统

6.7.6　系统仿真

尽管在5.4.4节和6.6.2节的对抗训练中,无人机通过学习可以击败具有固定机动策略的目标。然而,这种目标的策略相对而言是固定的,策略的随机性不强,因此容易被掌握和破解,不能完全反映真实空战中目标机动策略的复杂性。为了进一步验证强化学习的自学习能力和所学机动策略的正确性,建立仿真对抗系统,由人来操控目标飞机与无人机自学习系统对抗。

6.7.6.1 开发环境与硬件资源

无人机自学习系统采用的开发环境和硬件资源与 5.4.4 节中所述的参数一致,采用 python 语言开发,神经网络模型基于 Tensorflow 模块搭建。运行模型的计算机的 CPU 为 Intel(R) Core(TM) i7 - 8700k,RAM 内存 16GB,同时安装了 NVIDIA GeForce GTX 1080 TI 显卡为 Tensorflow 训练 DQN 网络参数提供 GPU 加速计算。

空战环境仿真系统和有人机操控仿真系统均采用 C ++ 语言在 Visual Studio 2010 环境下开发。运行模型的计算机的 CPU 为 Intel(R) Core(TM) i5 - 8400, RAM 内存 8GB。有人机操控仿真系统外接罗技 X52 HOTAS 飞行摇杆。仿真对抗系统的运行画面如图 6 - 21 所示。

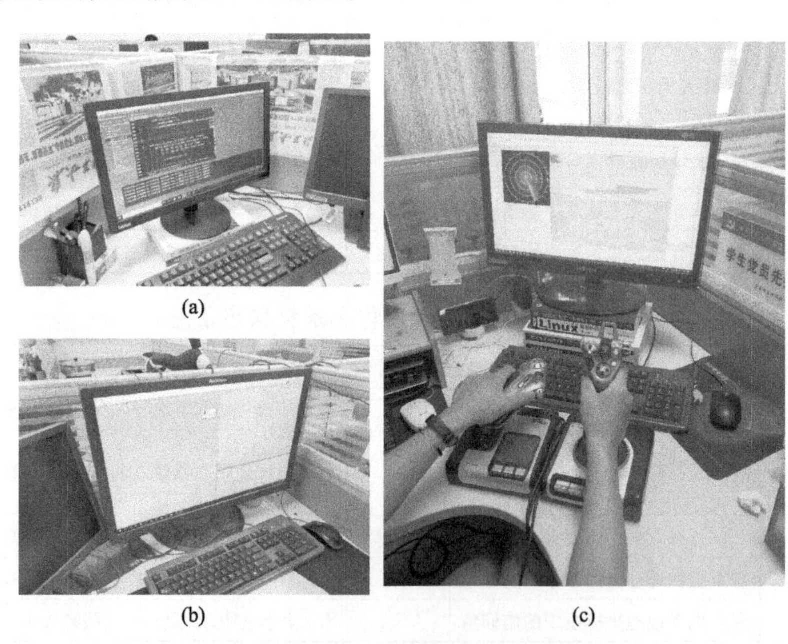

图 6 - 21　仿真对抗系统运行状态图

(a)无人机自学习系统;(b)空战环境仿真系统;(c)有人机操控仿真系统。

6.7.6.2 单机对抗实验

图 6 - 22 是无人机(图中 UAV)在自学习更新机动策略前与有人机(图中

Target)1 对 1 对抗的轨迹图。从图中可以看出,双方在初始时刻处于迎头态势,都意图绕后呈现相持态势,最后有人机做了一个小转弯机动,成功绕到了无人机尾后,获得了开火机会击落了无人机。

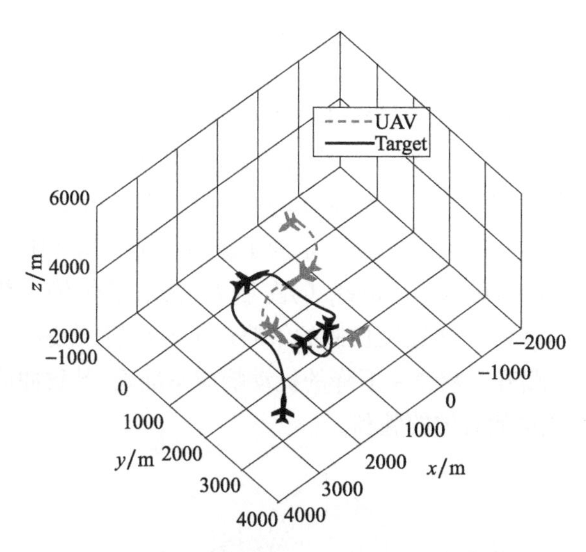

图 6-22　机动策略更新前人机 1 对 1 对抗机动轨迹

图 6-23 是无人机基于对抗数据自学习更新机动策略后,与有人机 1 对 1 对抗的轨迹图。从图中可以看出,在初始时刻双方处于迎头态势,在交会后,有人机提升高度意图绕后,无人机则进行了减速,让有人机冲前,成功获得了开火机会击落了有人机。

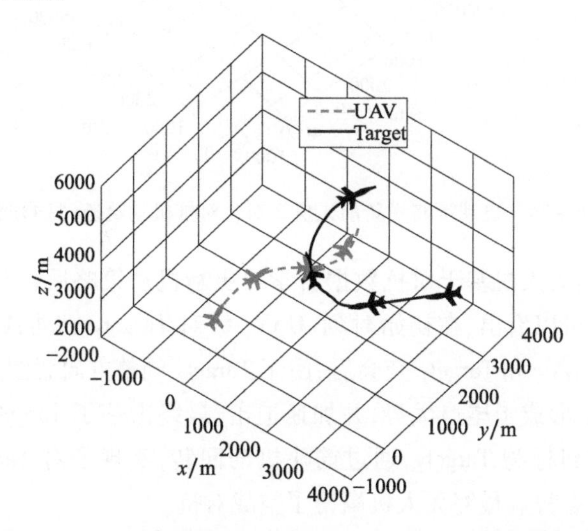

图 6-23　机动策略自学习更新后人机 1 对 1 对抗机动轨迹

6.7.6.3 双机对抗实验

在双机对抗实验中，仿真对抗系统中设置两个有人机操控仿真系统，分别由两个操作员操控两架有人机与无人机双机对抗。两个操作员在现场通过语言进行策略协调。

图6－24是无人机（图中 UAV_1 和 UAV_2）在自学习更新机动策略前与有人机（图中 $Target_1$ 和 $Target_2$）2对2对抗的轨迹图，从图中可以看出，双方从初始时刻的迎头态势相向飞行，UAV_1 针对 $Target_1$ 飞行，但是由于速度控制的策略不够理想，未能及时追击 $Target_1$，后面更是为了避免与 $Target_2$ 相撞，没有及时调整方向右转，虽然在最后到达了 $Target_1$ 的左后方，获取了优势态势，但是距离较远，优势不明显。UAV_2 由于速度控制的策略还不够理想，在追击 $Target_2$ 的过程中，由于对 $Target_2$ 爬升－减速－下降的机动响应不准确，导致冲前，被 $Target_2$ 击落。有人机获得了空战对抗的胜利。

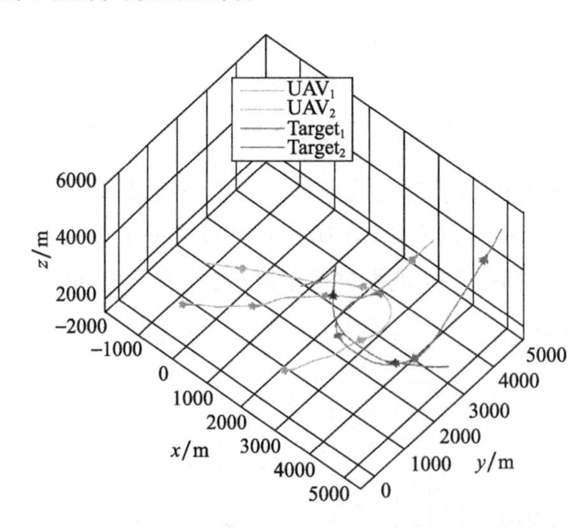

图6－24　机动策略更新前人机2对2对抗机动轨迹（见彩图）

图6－25是无人机基于对抗数据自学习更新机动策略后，与有人机对抗的轨迹图，从图中可以看出，在初始时刻，UAV_1 针对 $Target_2$ 机动，UAV_2 针对 $Target_1$ 机动。在 UAV_2 和 $Target_1$ 交会后，由于 $Target_1$ 调整方向意图追击 UAV_2 时，UAV_1 对 $Target_1$ 形成了尾追优势，并加速追击，最终击落了 $Target_1$。与此同时，UAV_2 更改攻击目标为 $Target_2$，通过筋斗机动回转，实现了对 $Target_1$ 的尾追态势，获取了优势态势。最终无人机赢得了空战对抗。

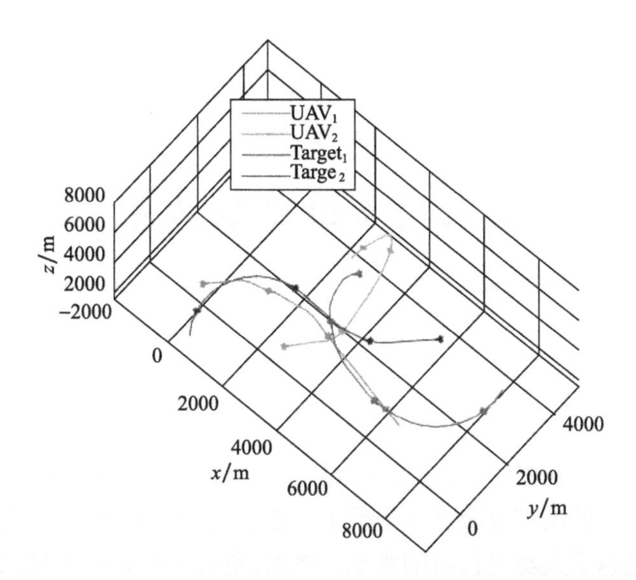

图 6－25　机动策略自学习更新后人机 2 对 2 对抗机动轨迹(见彩图)

考虑到样本的多样性,先后组织了 20 人操控飞机进行对抗仿真,每人平均试验 5 次,无人机获胜的次数占 83%。通过人－机对抗的空战仿真实验可以证明,本章所建立的基于强化学习的无人机空战机动决策模型能够通过试错产生经验数据,并基于经验数据自我学习更新机动策略,在空战中获取优势态势。

第7章
无人机多维空战决策

随着 OODA 3.0 概念的提出以及人工智能技术的不断发展,无人机在机动决策等单一维度的决策方面已经实现了一定程度的自主化,并且在某些方面已经达到或者超越了人类飞行员的水平。然而,空战过程是一个复杂的多维决策过程,要完成空战真正意义上的自主化决策,必须要实现多个维度的协同自主化决策。因此无人机多维空战决策一直是该领域亟须攻克的难关,其对实现完全无人化空战的终极目标至关重要。

7.1 引 言

当前对无人机自主决策的诸多研究都集中在机动决策方面,而事实上空战决策除了机动决策外,还包括传感器决策、武器决策、干扰决策等各方面多维度的决策。相比而言,分层强化学习凭借着其能够进行空间分解和分层训练的优势,有望使无人机的决策更加完备,从而完成复杂的作战任务。

目前,已经有很多学者使用分层强化学习方法对无人机多维决策的相关问题进行了探索性研究。其中,王俊敏等在空战编队协同上应用了分层策略,但关键的观测数据并未给出,无法进行有效训练[122];付跃文等应用了分层优化方法解决了无人机之间协作任务规划模块设计,证实了空战决策空间建模的可行性[123];文永名等研究了一种无人机机群对抗多耦合任务智能决策方法[124],采用了分层强化策略训练方法,提出了混合式深度强化学习架构,完成了无人机突防侦察任务及目标的协同分配任务,证实了分层架构的有效性。程先峰等人采用了一种基于 MAXQ 的 Multi - agent 分层强化学习的无人机协调方法[125],增强了无人机在混合运行复杂环境下适应环境和自协调的能力;吴宜珈等人提出基于 Option 的近端策略分层优化算法[126]，解决了近端策略优化算法在空战智能决策过程中面临的动作空间过大，难以收敛的问题。通过对相关文献的分析可以看出，目前在无人机多维决策方面的研究还不够完善，所研究问题的规模都比较小，决策维度与现实差距较大，导致其应用环境过于简单。

与此同时，以美国为代表的军事强国正在紧锣密鼓地开展将人工智能技术应用于无人机复杂作战任务的相关实验验证。2021 年，美国洛克希德·马丁公司于 DARPA 举办的 Alpha 狗斗（ADT）比赛中展示了其最新研发的分层强化学习算法 PHANG－MAN[127]，成功地将分层强化学习方法应用到无人机空战决策中，实现了多维空战决策中的追击决策、规避决策、打击决策。该算法在 ADT 决赛中斩获第二，并击败了美国空军 F－16 武器教练课的毕业生。该算法充分体现了分层强化学习在解决多维空战决策问题中的策略模块化、智能化、去中心化的特点，这一实验表明美军在无人机多维决策方面已经达到了很高水平。

本章以无人机 1 对 1，集群 4 对 4 的红蓝空战对抗任务为场景，基于分层强化学习架构建立无人机智能空战的多维决策模型，采用 Soft Actor－Critic（AC）算法训练底层单元策略，并结合专家经验建立元策略组，扩展决策的维度。改进传统的 Option－Critic 算法，设计优化了策略终止函数，提高了策略切换的灵活性，实现了空战中多个维度决策的无缝切换。

为了较好地完成目标打击任务，设计了雷达开关、主动干扰、队形转换、目标探测、目标追踪、干扰规避、武器选择与目标打击共七种元策略。以贪心算法作为顶层元策略选择策略，完成智能多维空战自主决策。仿真实验结果表明，训练完成后的无人机能够灵活地完成元策略的切换调用，能够以丰富的元策略组合完成更高层次的作战决策，证明了分层强化学习算法在提升无人机自主决策维度上的应用潜力。

7.2　空战决策维度分解

根据空战观察（Observe）、判断（Orient）、决策（Decision）、行动（Act）（简称 OODA）环的概念，第一步需要确定目标方位。本章设定双方雷达探测能力一致，为了实现先敌发现，需要构建高效的搜索方法。

贯穿整个空战过程的雷达探测至关重要，它有着确定目标精确方位，攻击引导的作用。在目标打击前和后续制导中，应确保对敌方目标的稳定跟踪，因此需要我机雷达能够持续照射目标，同时避免被敌机的电磁干扰。

在目标探测过程中，被动雷达能够在电磁静默情况下确定目标方位。然而单架飞机的被动探测仅能确定目标方向,无法精确确定目标的坐标。若要完成精确探测,需要至少两架飞机探测到同一目标。

为了降低因雷达开机暴露位置的风险,需要对雷达资源做合理的分配。对于距离较近,航向差较小的我机,仅需开启其中一个雷达。因此需要给出合理分配雷达资源的数学模型和规则模型。

在打击目标前,需要判断目标的距离以及自身剩余的导弹数量和种类以选择合适的导弹类型。打击目标时,应该确保我机安全,采用合理的干扰策略,避免暴露位置。

在多机作战过程中,编队往往能够最大化作战能力,最小化作战损耗。常用的编队模型为长机-僚机编队。作战伊始通过合理的编队布局增强战力,作战过程中遇到队形破坏可以采用队形转变策略重组编队,维持整个作战过程中的战力。

综上所述,整个空战流程涵盖了雷达开关、主动干扰、队形转换、目标探测、武器选择、目标打击、目标追踪、干扰规避策略,空战中的主要决策环节如图7-1所示。

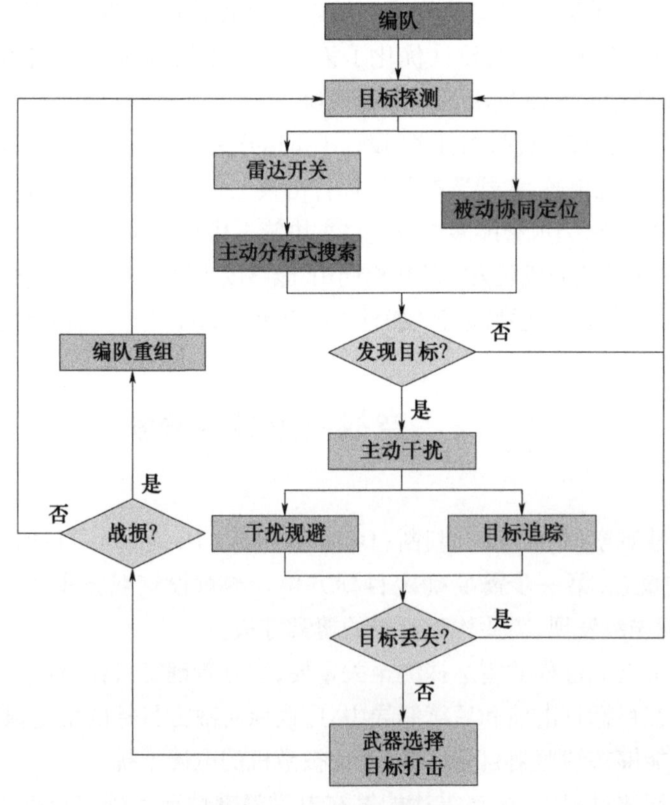

图7-1 空战全流程分析

7.2.1 雷达开关策略模型

为了降低因雷达开机暴露位置的风险,飞机往往会在非必要时刻关闭雷达,处于电磁静默状态。本章构建雷达开关模型,分析探测重叠区域,设定雷达开关判定规则。

$$\begin{cases} d \leqslant r\sin\theta \\ \lambda_1 - \lambda_2 \leqslant \theta \end{cases} \tag{7-1}$$

式中:d 表示两机的间距;θ 表示雷达的最大探测半角;λ_1 和 λ_2 分别表示两架飞机的航向角。满足该公式称无人机进入判决区域。该公式表述了两机间距及两机航向角度差值小于阈值时,两机处于判决区域,需要关闭其中一架飞机的雷达。

设定判决状态变量:p,如果满足判决公式,判决变量 p 置为1,否则置为0,具体的判定规则如下。

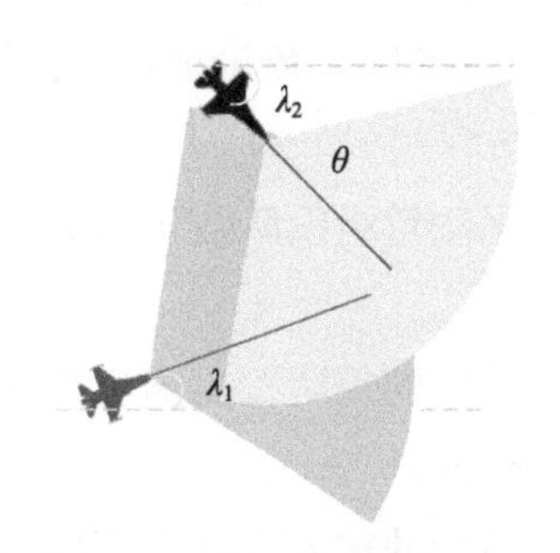

图7-2 雷达探测重叠区域分析

(1)若 $p=1$,关联判决友机编号为 id_p,本机编号为 id_m,根据全局判定列表[$(p,\mathrm{id}_p,\mathrm{id}_m)$ …],观察是否存在重复 id_p。若存在,不开启 $\mathrm{id}_m=\mathrm{id}_p$ 飞机的雷达,开启 $\mathrm{id}_p \neq \mathrm{id}_m$ 飞机的雷达;否则,开启长机雷达。

(2) 所有不在全局列表中的无人机全部开启雷达。

模型的输入为我机的坐标、航向、雷达开关状态;输出为雷达的开机频点,0表示关机,非零表示开机相应频点。

7.2.2 主动干扰策略模型

为了实现瞄准式干扰,构建主动干扰模型,分析干扰区域,给出干扰规则。实施干扰前,我机需要确定被干扰目标的雷达频点,记为 r_t。若目标处于我机主动雷达的照射范围内且不受敌机干扰时,我机可以获取到敌机雷达开机频点的观测信息。此时仅需将我机的干扰频点 r_j 设置为目标敌机的雷达频点即可完成瞄准式干扰。即满足:

$$r_t = r_j \tag{7-2}$$

模型的输入为目标的开机频点,未探测到时奖励记为0,探测到 n 个目标干扰频点,奖励记为 n。输出为我机的开机频点。

7.2.3 队形转换策略模型

为了提高协同效能,构建了队形转换模型,建立了长机-僚机编队模型。考虑到作战过程中编队被破坏的情况给出了编队重组方案。

初始时刻我方机群以长机-僚机形式两两一组编队,长机执行搜索-攻击任务,僚机进行探测干扰任务,掩护长机。若长机被击毁,僚机将接替长机位置完成攻击与目标探测等任务。长机 id 记为 id_l,僚机 id 记为 id_f。构建编队列表与全局编队 $\{[id_l, id_f]\cdots\}$,若作战过程中因战损导致编队结构被破坏,可以通过判断编队列表进行编队重组。例如,编队 1 长机被击毁,记 $[-id_l, id_f]$。若整队成员全部被击毁,将该编队列表移出全局编队。

编队重组通过遍历所有编队,根据编队列表中是否存在负值筛选不完整编队,不完整编队数量记作 N,重组编队数记作 T,有

$$T = N // 2 \text{①} \tag{7-3}$$

无法重组编队数记为 L,有

$$L = N - 2T \tag{7-4}$$

重组的编队根据遍历顺序赋予长机或僚机职能,无法重组的单机单独完成作战任务。

模型的输入为我机编队的位置坐标、航向及我机的存活状态。输出为我机的航向。

7.2.4 目标探测策略模型

为了实现目标的快速定位,构建目标探测模型,基于人工势场设计主动搜索方法,构建搜索圆域模型和被动搜索方案。

为了确保主动搜索时编队的分布式搜索,采用人工势场维持我方无人机之间的距离。主要采用人工势场中的斥力场,我方机群在分布式搜索过程中应避免搜索区域的重复。通过定义势场函数,当友机间距离过近时,势场的斥力趋近无穷;当友机间距离超过指定值时,势场的斥力减少到零。定义 $\rho(q)$ 为我机到其他友机的边界 QO 的距离为

$$\rho(q) = \min_{q' \in \partial QO} \| q - q' \| \tag{7-5}$$

其中,∂QO 表示空间障碍区域的边界。定义 ρ_0 为一个障碍物影响的距离,当我

---

① “//”表示取整数。

机 q 距离障碍(即友机)距离大于 ρ_0 时,不会排斥 q。符合上述标准的势函数描述如下。

$$U_{rep}(q)=\begin{cases}\frac{1}{2}\eta\left[\frac{1}{\rho(q)}-\frac{1}{\rho_0}\right]^2 & \rho(q)\leqslant\rho_0\\ 0 & \rho(q)>\rho_0\end{cases} \tag{7-6}$$

η 是比例系数,排斥力为 U_{rep}的负梯度。当 $\rho(q)\leqslant\rho_0$ 时,排斥力如下。

$$F_{req}(q)=\eta\left[\frac{1}{\rho(q)}-\frac{1}{\rho_0}\right]\frac{1}{\rho^2(q)}\nabla\rho(q) \tag{7-7}$$

如果 QO 为凸函数,b 是 QO 边界上最接近 q 的点,则

$$\rho(q)=\|q-b\| \tag{7-8}$$

其梯度为

$$\nabla\rho(q)=\frac{q-b}{\|q-b\|} \tag{7-9}$$

被动探测方面,被动雷达通过侦收敌方电磁波,获取敌机相对于自身的方位。被动探测的优点是能够在不发射电磁波的情况下对敌机进行探测。缺点是可探测范围小,主动性差,需要至少两架无人机同时探测目标才能确定目标的具体位置信息。

多机协同作战可利用被动雷达定位目标位置,如果被动雷达探测到目标,说明我机朝向目标,此时一直朝向目标方向飞行能够不丢失目标并持续干扰,如果主动雷达没有探测到目标,但被动雷达可以,说明敌机也朝向我机飞行,这种会造成双方近距离同归于尽的结果。如果此时友机配合支援,从不同方向进行同步雷达搜索,可以快速定位目标并进行打击(干扰,打击协同一体化),但前提是目标不丢失。目标丢失分两种情况。

① 目标被其他友机摧毁;

② 目标雷达照射区域脱离被动探测区域(例如突然改变方向等)。

针对第1种情况,可以通过设计并检查全局摧毁列表来解决;

针对第2种情况,放弃被动探测方法,直接开启主动雷达搜寻目标。具体的搜索方法为:我方飞机1被动探测到目标,主动雷达并没有探测到;我方飞机1根据自身坐标位置及航向确定假想目标最远位置(被动探测能够确定敌机方向,因此可以确定敌机在该方位线上最远距离 d_{max}到最近距离 d_{min}之间),第一次记录的点记为 $p_v(x_v,y_v)$,此时调动距离最近的友机前来支援,但是最近的友机也可能受到敌机的干扰,此时应跟随飞机1一同朝向敌机行进,并调动其他距离最近的友机。如果在判断圆域外,直接向 p_v 点航行(在中轴线友机侧),或者向

飞机1所在的位置航行(在中轴线友机另一侧)。如图7-3所示,友机在我机同侧时朝向 p_v 航行,友机雷达探测区域将覆盖目标位置,进而探测到目标具体坐标及方位;友机在我机对侧时朝我机(飞机1)方向航行,同样可以覆盖目标所有可能的位置。

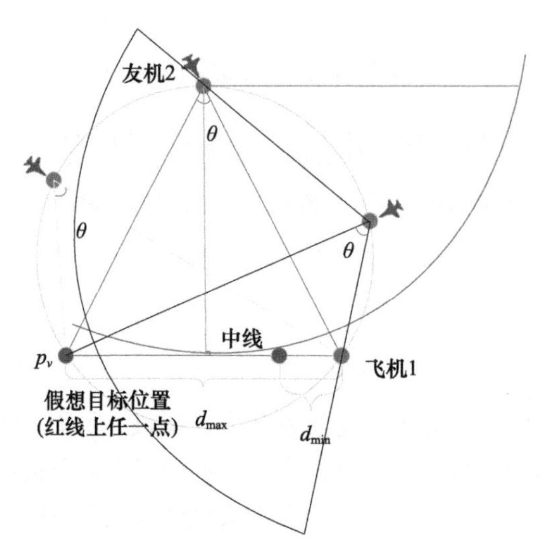

图7-3　友机位于判断圆域外分析图(见彩图)

如果在判断圆域内且位于飞机1一侧,同样直接朝向 p_v 航行,到达中线位置仍未探测到则掉头朝向飞机1航行。反之亦然,按照该策略一定能够快速探测到目标。图7-4中深蓝色扇形表明初始位置友机的探测区域,由于敌机处于探测区域外,为了全覆盖对侧目标可能存在的区域需要飞到中线,如果没有探测到,折返朝向飞机1航行。

已知 $\theta=60°$,友机2飞行到中线再折返的原因在于中线与判断圆域的交点 Q 距离 p_v 恰好为最大探测距离 d_{max},此时朝向 p_v 能够覆盖目标所在弦。若友机2在圆域内 Q 点与飞机1构成的弦内接以 p_v 为圆心,p_vQ 为半径的部分圆弧,在此圆弧外时距离 p_v 大于最大探测距离 d_{max},需要飞到中线附近才能够全覆盖。这个极限在于 Q 点,越趋近于 Q 点,意味着越需要朝着中线行进,才能全覆盖。为了便于处理,没有特化友机2在弦的不同侧采取不同策略,而是统一按照先到达中线再折返这一思路。实际上,当友机2在圆域内由 Q 点与飞机1构成的弦右侧圆弧内时,只需朝向 p_v 进行瞬时探测,若没有发现目标即可折返。

模型输入为我机的位置坐标及航向。输出为我机的航向。

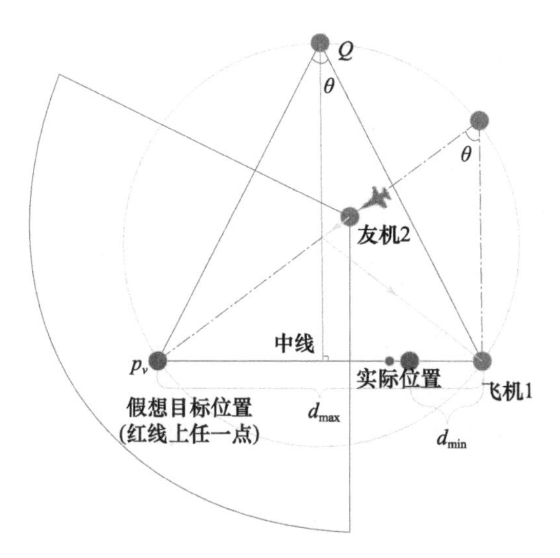

图7-4 友机位于判断圆域内分析图(见彩图)

7.2.5 武器选择与目标打击策略模型

为了实现“先敌打击”,构建了武器选择与目标打击模型,建立了打击目标分配策略,分析了导弹攻击区,给出了打击策略。

整个作战 OODA 环中,先敌打击至关重要。显然,当目标位于武器极限攻击距离时立即开火即为最优打击策略。武器的种类需要根据距离进行选择,首选远程导弹,远距探测到即打击,无远距导弹可贴近用中距导弹。近距离则选中距导弹。

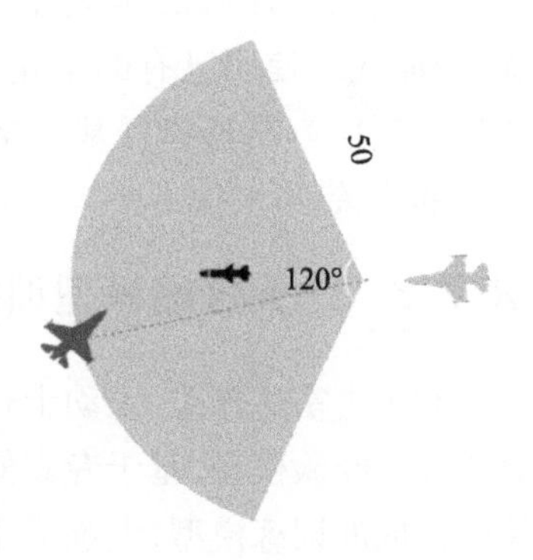

图7-5 近距离导弹攻击区

此外,当机群作战时,应考虑打击目标的分配问题。打击目标 id 放入全局打击列表中,每次迭代到相应无人机时查询本机打击列表是否在全局打击列表中,若存在,具有相同打击目标的无人机不打击此目标。若打击无人机阵亡,则将目标 id 从全局打击列表中移除。打击目标按照我机群与敌机群个体间距离大小进行分配,距离近的个体优先执行对应 id 的目标打击任务,如果目标在全局打击列表中,友机选择除此机之外探测到的敌机进行打击。

模型输入为探测到的目标位置坐标及航向。输出为我机的航向。

7.2.6 目标追踪策略模型

为了实现探测到目标后的目标追踪，本章构建了目标追踪模型，构建其观测值与奖励函数，将于7.3.1节中介绍基于SAC算法训练模型的过程。模型输入为我机位置坐标、航向及探测到的目标位置坐标。输出为我机航向。

7.2.7 干扰规避策略模型

为了避免追踪过程中因目标干扰导致目标丢失，本章构建了干扰规避模型，构建其观测值与奖励函数，最后基于SAC算法训练模型。

模型输入为我机的位置坐标、探测到的目标位置坐标及我机航向。输出为我机的航向。

7.3 空战多维决策模型

为了实现空战多维决策，需要构建空战多维决策模型。本节介绍基于分层结构，将底层决策模型分为依靠专家知识的经验模型和基于SAC算法决策的训练模型。针对决策模型的结束时机问题，基于OC算法，摒弃了策略训练，取而代之使用已有的策略模型，仅训练策略的终止函数，实现策略的灵活切换。顶层策略选择器基于贪心算法，选择期望回报最高的策略作为当前状态下的决策。

7.3.1 元策略模型训练算法

对于由雷达开关、主动干扰、队形转换、目标探测、武器选择与目标打击元策略构成的经验模型，基于专家知识因而无需训练。对于由目标追踪和干扰规避策略构成的训练模型，训练采用最大化熵软演员－评论家算法(Soft Actor－Critic Algorithms,SAC)。其在传统的Actor－Critic算法的基础上引入最大化熵的思想，采用与PPO[128]类似的随机分布式策略函数，且是Off－Policy，Actor－Critic的算法。SAC算法区别于其他算法的明显之处在于SAC同时最大化了回报和策略的熵值。在实际应用中，SAC在各种常用的benchmark以及真实的机器人控制任务中表现稳定、性能优秀，具有极强的抗干扰能力。针对深度确定性策略梯度算法(Deep Deterministic Policy Gradient,DDPG)选择确定性策略问题，SAC引入了最大化熵方法，能够让策略尽可能随机，智能体可以充分探索状态空间，避免策略过早陷入局部最优，并且可以探索到多个可行的方案来完成制定任务，提高了抗干扰能力。此外，为了提高算法性能，采用了 DQN 中的技巧，引入了 double Q 网络以及 target 网络，为了表述最大化熵值的重要程度，引入了自适应温度系数 α，针对不同问题温度系数的调节，将其构造成一个带约束的优化问题，即最大化期望收益的同时，保持策略的熵大于一个阈值。SAC 训练模型算法的伪代码如表 7－1 所列。

表 7－1　SAC 训练模型算法伪代码

SAC 训练模型算法
初始化网络参数 θ_1,θ_2,ϕ，初始化目标网络权重 $\overline{\theta_1}\leftarrow\theta_1,\overline{\theta_2}\leftarrow\theta_2$，初始化一个空经验池 $\mathcal{D}\leftarrow\varnothing$
循环迭代
对于环境中的每一步，循环迭代
从策略中采样动作，即 $a_t\sim\pi_\phi(a_t\mid s_t)$
从环境中通过转移函数采样下一时刻状态，即 $s_{t+1}\sim p(s_{t+1}\mid s_t,a_t)$
存储经验到经验池中，即 $\mathcal{D}\leftarrow\mathcal{D}\cup\{(s_t,a_t,r(s_t,a_t),s_{t+1})\}$
结束循环
对于网络参数梯度，循环迭代
更新 Q 函数网络参数 $\theta_i\leftarrow\theta_i-\lambda_Q\hat{\nabla}_{\theta_i}J_Q(\theta_i)$ for $i\in\{1,2\}$
更新策略网络权重 $\phi\leftarrow\phi-\lambda_\pi\hat{\nabla}_\phi J_\pi(\phi)$
调整温度参数 $\alpha\leftarrow\alpha-\lambda\hat{\nabla}_\alpha J(\alpha)$
更新目标网络参数权重 $\overline{\theta_i}\leftarrow\tau\theta_i+(1-\tau)\overline{\theta_i}$ for $i\in\{1,2\}$
结束循环
结束循环
输出优化后参数 θ_1,θ_2,ϕ

7.3.2　空战多维决策算法

7.3.2.1　决策结构分解

为了构建整体作战策略，需要确定作战流程以及作战逻辑，整体作战的分层决策结构图如图 7－6 所示。

决策选择层作为策略选择器负责在当前状态下进行元策略的挑选，初始编队及需要编队重组时选择队形转换策略；在雷达未发现目标阶段应选择目标探测策略进行目标搜索（分布式）；搜索过程中要合理分配雷达资源选择雷达开关策略;发现目标选择目标追踪策略对目标展开追击,追踪目标过程中避免目标丢失与反击应该采取主动干扰策略对敌机雷达干扰,并采取干扰规避策略;目标进入攻击区时采用武器选择与目标打击模型完成对敌打击。

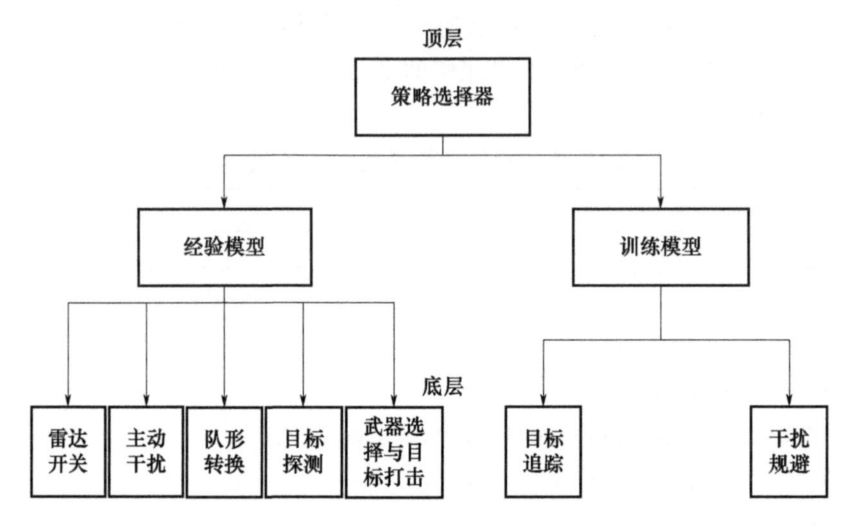

图 7-6　整体作战的分层决策结构

整个作战策略由七部分元策略构成,包括两个训练策略,即训练和干扰规避;五个固定策略,即雷达开关、主动干扰、队形转换、目标探测及武器选择与目标打击。对于训练策略基于 AC 框架分别构建执行和评估神经网络。记录状态空间,动作空间和奖励值,最终为这两个策略设计经验池。

7.3.2.2　改进 Option-Critic 算法

由于基于传统 Option-Critic 的分层强化学习算法很难引入专家的经验知识且只能输入元策略的个数,其余均由 Option-Critic 算法训练每个元策略的策略函数和终止函数。而 Options 算法虽能引入经验知识,但要求人为设计终止函数,无法实现元策略的灵活切换。为了更好解决复杂空战问题,引入现有效果较好的专家经验模型十分必要,且具有明显的策略含义。本章基于传统的 Option-Critic 算法并做出改进,为了引入自定义模型,首先为 Option-Critic 指定现有元策略模型的个数,将每个自定义策略模型和 Option-Critic 框架下的模型一一对应起来,在执行 Option-Critic 框架训练时,对于选中的策略仅训练其终止函数,策略函数由自定义模型提供。

上层策略选择一个 option $\omega \in \Omega$,option 包含三部分:策略 $\pi_{\omega}(a \mid s)$ 表示 option 中的策略,终止条件 β 表示状态 s 有 $\beta_{\omega}(s)$ 概率结束当前 option,初始集 I_{ω}

表示 option 的初始状态集合。

当终止函数返回 0 的时候，下一步还会由当前 option 来控制；当终止函数返回 1 的时候，该 option 的任务暂时完成，控制权交还给上层策略。把每个 option 的终止函数都用神经网络进行函数近似来参数化表示，即$\beta_{\omega,\vartheta}(s)$，策略选取构建好的模型策略 $\pi_{\omega}(a \mid s)$。在这些 option 之间做选择的上层策略，用$\pi_{\Omega}(\omega \mid s)$表示，即在状态 s 的时候策略选择 option ω 的概率。在此基础上，可以定义某状态下选择某个 option 后产生的总收益。选择某个 option 时，采取某行动之后产生的总收益和在使用某 option 到达某状态之后产生的总收益。

Option 内部仅更新为各 option 的终止函数 $\beta_{\omega,\vartheta}(s)$。根据总折扣回报相对其参数的导数，可以利用如 policy gradient 的方法更新其参数。改进的 Option - Critic 算法结构如图 7 - 7 所示，与原算法相比，本章将训练策略改成了自定义策略。

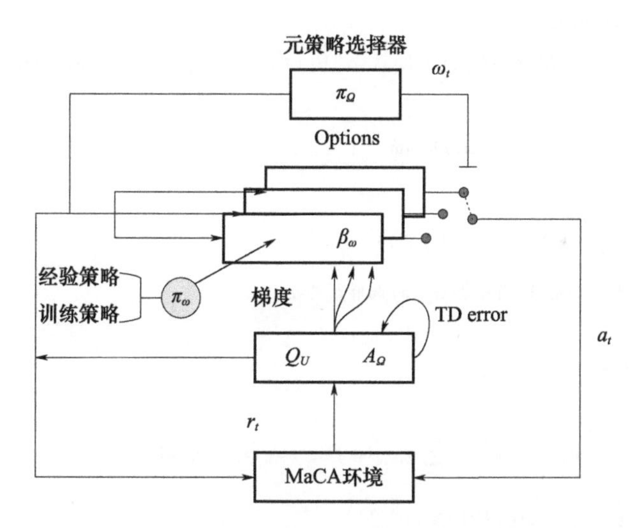

图 7 - 7　改进 Option - Critic 算法结构图

7.3.2.3　多维空战决策算法构建

策略选择器采用贪婪策略，相应的单步离线策略更新目标 $g_t^{(1)}$ 为

$$
\begin{aligned}
g_t^{(1)} = r_{t+1} + \gamma\Big(&(1-\beta_{\omega_t,\vartheta}(s_{t+1}))\cdot \\
&\sum_a \pi_{\omega_t,\theta}(a \mid s_{t+1}) Q_U(s_{t+1},\omega_t,a) \\
&+ \beta_{\omega_t,\vartheta}(s_{t+1}) \max_{\omega} \sum_a \pi_{\omega,\theta}(a \mid s_{t+1}) Q_U(s_{t+1},\omega,a)\Big)
\end{aligned} \tag{7-10}
$$

多维空战决策算法(简称 Beta 算法)伪代码如表 7-2 所列。空战全流程单元模型构建内容及方法、单元模型训练流程以及分层智能体训练流程方法如图 7-8 所示。

表 7-2 Beta 算法伪代码

多维空战决策算法
加载经验模型与训练模型的策略函数 $\pi_\omega(a \mid s)$,随机初始化改进 Option - Critic 网络参数 ϑ,元策略数量设为 7,初始状态 $s \leftarrow s_0$
顶层策略选择器根据贪心策略 $\pi_\Omega(s)$ 选择元策略 ω
重复以下步骤
底层根据经验、训练策略 $\pi_\omega(a \mid s)$ 选择动作 a
在状态 s 下采取动作 a,获取下一时刻观测值和奖励值 s',r
元策略评估
定义 $\delta \leftarrow r - Q_U(s,\omega,a)$
如果 s' 不是终止状态,则 $\delta \leftarrow \delta + \gamma(1-\beta_{\omega,\vartheta}(s'))Q_\Omega(s',\omega) + \gamma\beta_{\omega,\vartheta}(s')\max\limits_{\bar{\omega}} Q_\Omega(s',\bar{\omega})$
结束
元策略价值 $Q_U(s,\omega,a) \leftarrow Q_U(s,\omega,a) + \alpha\delta$
元策略提升
$\vartheta \leftarrow \vartheta - \alpha_\vartheta \dfrac{\partial \beta_{\omega,\vartheta}(s')}{\partial \vartheta}(Q_\Omega(s',\omega) - V_\Omega(s'))$
如果 $\beta_{\omega,\vartheta}$ 在 s' 状态下终止,并根据 $\pi_\Omega(s)$ 选择新的 ω
$s \leftarrow s'$
直到 s' 为终止状态
顶层策略提升
$g_t^{(1)} = r_{t+1} + \gamma((1-\beta_{\omega_t,\vartheta}(s_{t+1})) \cdot \sum\limits_a \pi_{\omega_t,\theta}(a \mid s_{t+1}) Q_U(s_{t+1},\omega_t,a) +$
$\beta_{\omega_t,\vartheta}(s_{t+1}) \max\limits_{\omega} \sum\limits_a \pi_{\omega,\theta}(a \mid s_{t+1}) Q_U(s_{t+1},\omega,a))$

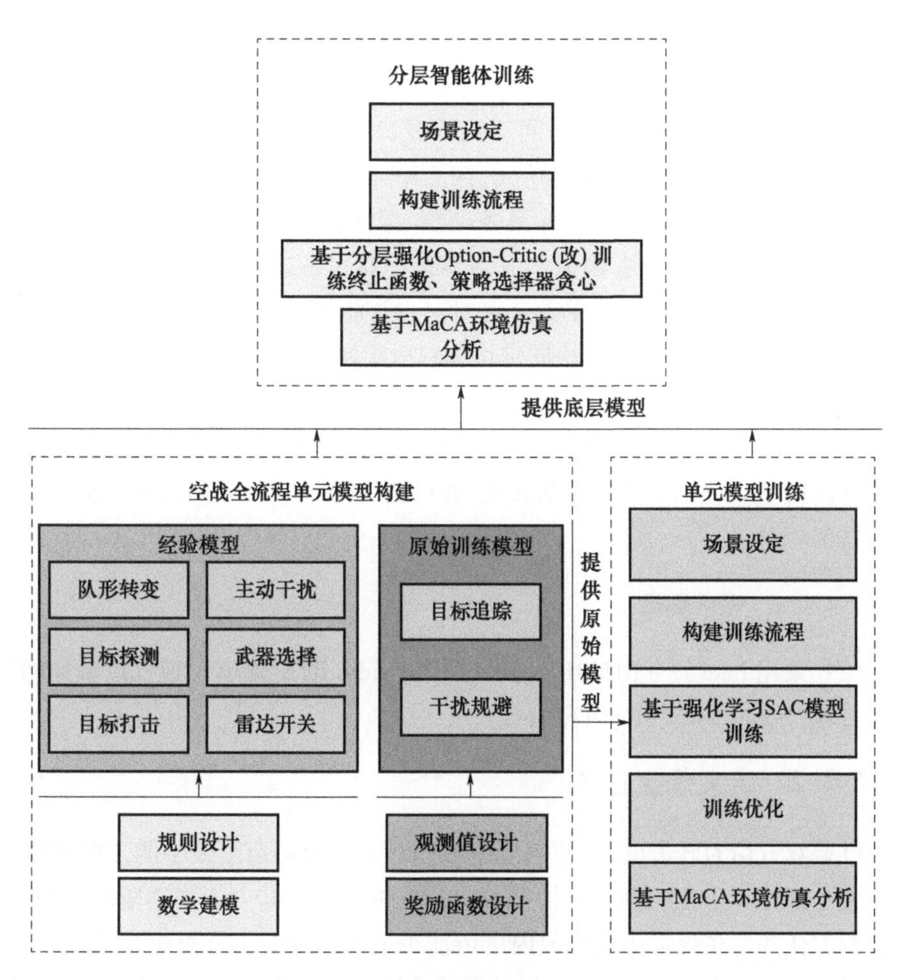

图7-8　多维空战的构建方法及流程

7.4　仿真与分析

7.4.1　实验环境设定

7.4.1.1　软件平台

选用中国电子科技集团公司认知与智能技术重点实验室推出的 MaCA 环境[129]对建立的模型进行仿真验证。MaCA 环境支持作战场景和规模自定义,智能体数量和种类自定义,智能体特征和属性自定义,支持智能体行为回报规则和回报值自定义等。

MaCA 中提供了一个电磁空间对抗的多智能体实验环境,环境中预设了两种智能体类型:探测单元和攻击单元,探测单元可模拟 L、S 频段雷达进行全向探测,支持多频点切换;攻击单元具备侦察、探测、干扰、打击等功能,可模拟 X 波段雷达进行指向性探测,模拟 L、S、X 频段干扰设备进行阻塞式和瞄准式电子干扰,支持多频点切换,攻击单元还可对对方智能体进行导弹攻击,同时具有无源侦测能力,可模拟多站无源协同定位和辐射源特征识别。

MaCA 环境为研究利用人工智能方法解决大规模多智能体分布式对抗问题提供了很好的支撑,专门面向多智能体深度强化学习开放了 RL - API 接口。环境支持使用 Python 语言进行算法实现,并可调用 Tensorflow、Pytorch 等常用深度学习框架。

7.4.1.2 硬件环境

CPU 采用 Intel i7 - 10700KF,GPU 采用 Nvidia RTX 3070 加速深度神经网络训练过程,显存大小为 8G,内存 16G。

7.4.2 定义想定任务

红蓝双方均为歼击机,功能完全一致。双方在指定地图大小的二维环境中完成整个探测 - 干扰 - 规避 - 协同 - 打击作战流程。蓝方为规则驱动,规则未知。双方任务为在规定作战步数内尽可能少地消耗导弹去歼灭更多的敌机,取得数量优势。单机 1 对 1 对抗场景地图修改双方战机数量为 1,远程导弹与近程导弹各 4 枚,地图尺寸设置为 500 × 500。敌机开启阻塞干扰,算法采用 MaCA 环境中的 fix_rule_no_att 黑盒算法;我机采用多维决策算法。共执行 20 回合,每回合最大运行步数为 5000。

多机 4 对 4 对抗场景地图修改双方战机数量为 4,远程导弹与近程导弹各 4 枚,地图尺寸设置为 500 × 500。敌机开启阻塞干扰雷达,算法采用 MaCA 环境中的 fix_rule_no_att 黑盒算法;我机采用 Beta 算法。共执行 10 回合,每回合最大运行步数为 5000。

7.4.3 跟踪元策略训练

我机当前状态下的航向角为 α_1,坐标为 (x_0, y_0);敌机当前状态下的方位角

为 α_2,坐标为(x_1, y_1)。记下个状态我机航向角为 α_{1n},坐标为(x_{0n}, y_{0n});下个状态敌机方位角为 α_{2n},坐标为(x_{1n}, x_{2n}),设偏航角为下个状态我机航向角与当前状态敌机方位角的差值,记作 Δ,有 $\Delta = \alpha_{1n} - \alpha_2$。目标追踪模型为纯追踪,问题模型为最小化 Δ。Δ 和 α_2 作为神经网络的输入观测值。目标追踪问题模型最小化 Δ,因此可以构造二次函数 $R = -\Delta^2$ 作为问题的奖励函数,Δ 越小,奖励值越大,越接近0。

随机初始状态,我机开启雷达对目标进行探测,敌机干扰雷达关闭。训练环境采取1对1方式,首先固定本机进行跟踪训练。双方观测规则均采用MaCA环境中的'raw'规则,输入状态维度为2,动作维度为1,Actor-Critic网络中,Actor策略网络学习率设置为 3×10^4,Critic策略网络学习率设置为 3×10^3,温度参数设置为 3×10^4,神经网络隐含层单元数为512,共两层,回报折扣率设为0.99,软更新参数设置为0.005,经验池大小设置为100000,最小存储数据量设为1000条,一次喂入神经网络的batch大小为64,总回合数为100,每回合最大步数设置为500,将环境Render设置为可见。

为了加快训练并丰富样本,提出了训练优化方法。设置敌机高速移动,我机固定,设置敌机移动策略为每隔10步随机改变航向,缩小地图尺寸为 50×50。频繁的方位改变能够让我机充分探索各个航向。

整体训练过程收敛迅速,通过观察可见我机成功锁定敌机,如图7-9所示。图7-10和图7-11展示了总训练轮数为100和1000次的回报曲线。

可见使用SAC算法训练该环境下的目标追踪问题在第10回合达到收敛,收敛效果较好。

本机固定训练完成,将训练好的模型保存,改变地图参数,让本机具有速度并扩大地图尺寸,敌机速度降低为与本机速度一致,验证跟踪模型的有效性。在MaCA环境中,对目标速度的改变并不会影响整体的代码结构,仅需在map地图中设置speed参数即可。图7-12和图7-13展示了总回合为10,目标移动时的验证回报曲线。

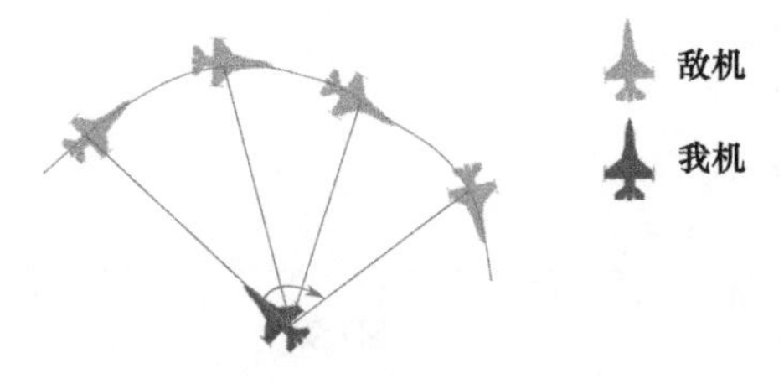

图7-9　敌机运动,我机固定时的追踪训练示意图

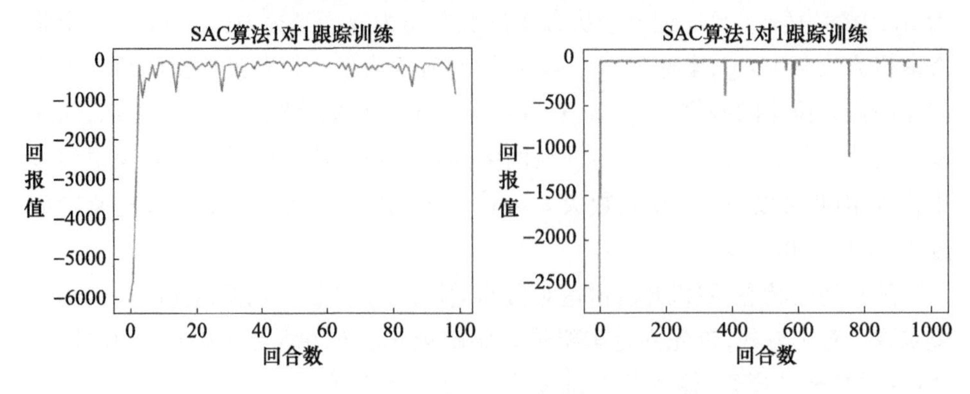

图 7 – 10　SAC 跟踪训练的原始回报曲线

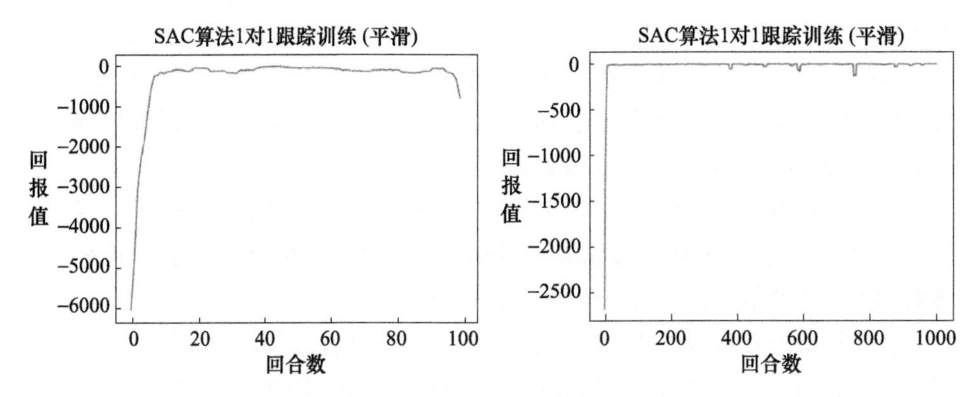

图 7 – 11　SAC 跟踪训练回报曲线(平滑)

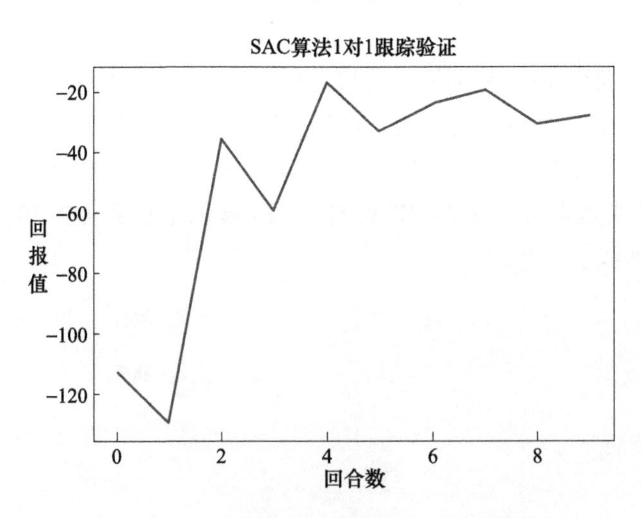

图 7 – 12　我机移动时跟踪验证的回报曲线

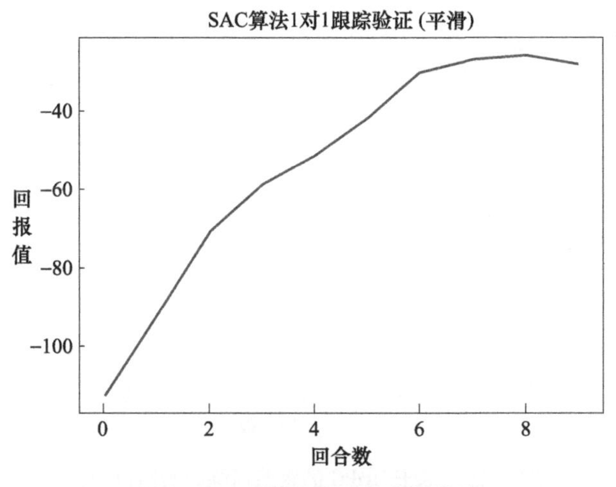

图7-13　平滑处理后的回报曲线

可见,当本机运动时,回报值依旧较小,通过观察整个跟踪过程,如图7-14所示,发现本机能在敌机转向时完美同步追踪,跟踪效果显著。

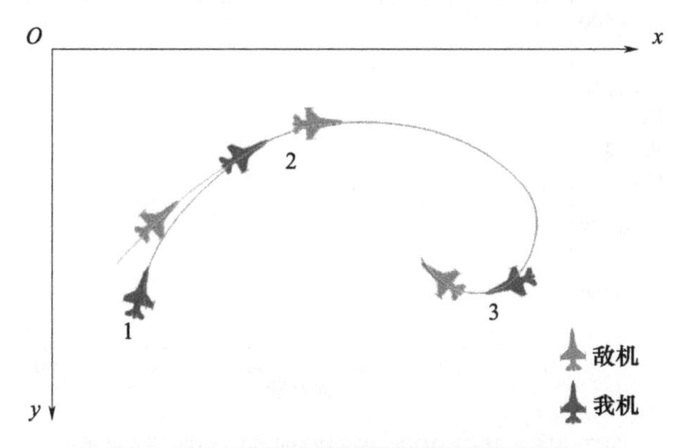

图7-14　验证演示过程示意图(见彩图)

采用DDPG算法作为对照,环境设置相同,通过调整超参数得到的最优跟踪训练的回报曲线如图7-15与图7-16所示。

DDPG算法处理该问题同样具有收敛趋势,但相较于SAC算法曲线波动大,回报值没有稳定在0附近。这是由于DDPG对超参数极其敏感,略微调整学习率就可能导致训练结果不收敛。此外,DDPG只选择一个最优策略,而不考虑等优策略,这影响了算法稳定性及迁移性。而SAC算法同时最大化策略熵与回报期望,能够学到等优策略,此外,SAC算法对于不同的随机数种子等超参数能够达到同样的收敛效果,稳定性能也更加出色。

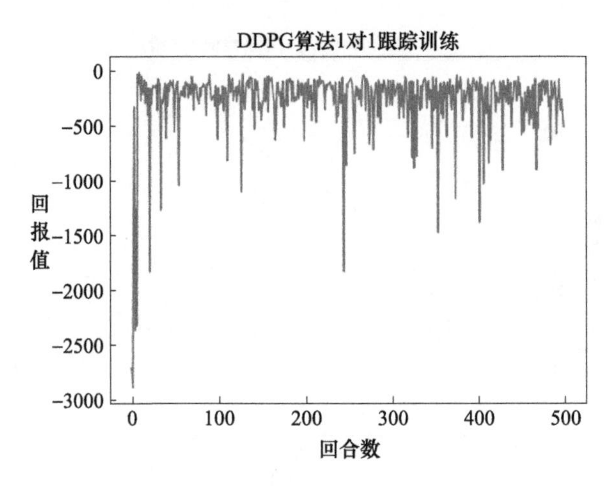

图 7－15 基于 DDPG 的跟踪训练原始回报曲线

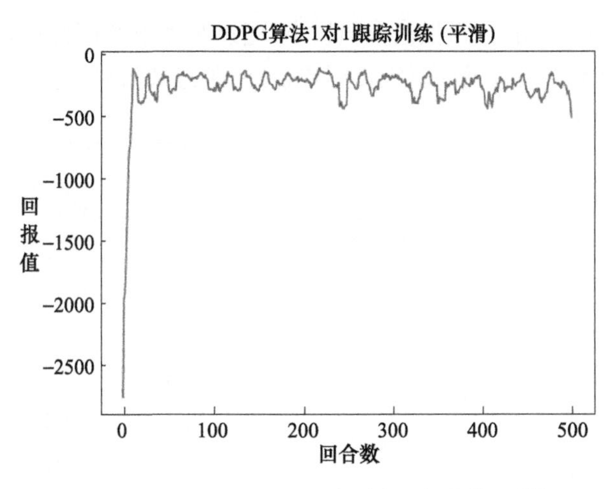

图 7－16 基于 DDPG 的跟踪训练回报曲线(平滑)

7.4.4 干扰规避元策略训练

我机相对于敌机的方位角为 α_1，敌机的航向角为 α_2，我机的航向角为 α_3，敌机航向角与方位角度差值为 Δ_1，方位角与我机的航向角差值为 Δ_2。两机间距记为 d。可以根据敌机航向角与方位角差值以及中值 π 来构造观测值和奖励函数。同样地，先对观测值进行预处理，取 $\cos(|\Delta_1-\pi|)$ 作为观测值，由于 $|\Delta_1-\pi|\leqslant\pi$，因此，当 Δ_1 距离中值 π 越近时，观测值越大且附近越平缓，表明状态很好。相反当距离中值越远时，观测值越小，且附近的观测值变化不大，表

明状态很差。

奖励函数的构建需要记录当前状态下的敌机航向 α_2，敌机坐标(x_2, y_2)，下一状态下的方位角 α_{1n}，我机坐标(x_{1n}, y_{1n})。计算两个状态下的坐标距离衡量采取的动作是否减小了距离，记作

$$d = (x_{1n} - x_2)^2 + (y_{1n} - y_2)^2 \tag{7-11}$$

奖励函数第一部分构造为

$$R = -(\alpha_{2n} - \alpha_1)^2 \cdot d \tag{7-12}$$

奖励值越大，表示我机航向角与目标方位角之间夹角越小，我机与敌机之间的距离越近。

奖励函数第二部分构造为区域奖励，判断当前状态敌机的航向角与下一状态方位角之间的差距是否在[175°,185°]和[-185°,-175°]内，如果在该范围内，奖励函数为

$$R = -1000 \cdot |\cos(10 \cdot (\alpha_2 - \alpha_{1n}))| \tag{7-13}$$

该奖励值越小，表明距离干扰中线越近，并且在远离干扰中线的方向奖励值梯度很大，引导我机优先进行干扰区的规避。最终观测值构造为 $\cos(|\boldsymbol{\Delta}_1 - \boldsymbol{\pi}|)$、$\boldsymbol{\Delta}_2$、$\alpha_2$、$\alpha_1$、$d$。

通过图7-17与图7-18的回报曲线可见随着训练的进行，整体训练过程达到收敛状态。观察整个追踪加躲避干扰的演示过程，如图7-19所示，可以明显看到我机在初始位置受到敌机干扰时，选择快速逃离干扰区，逃离成功后对敌机进行追击。

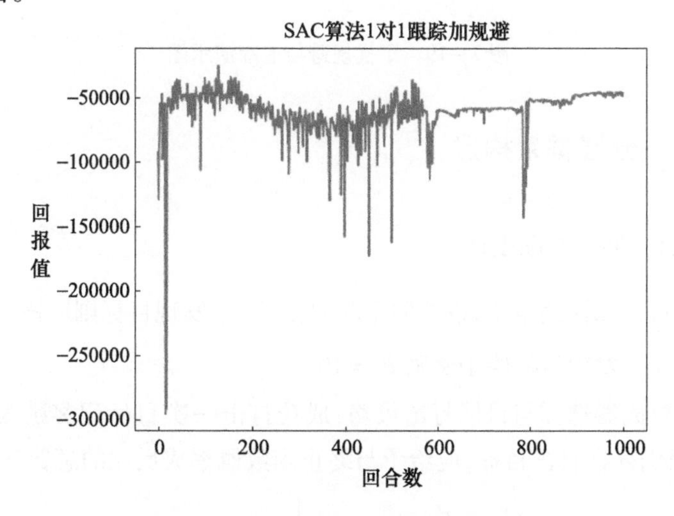

图7-17　跟踪加规避干扰的回报曲线

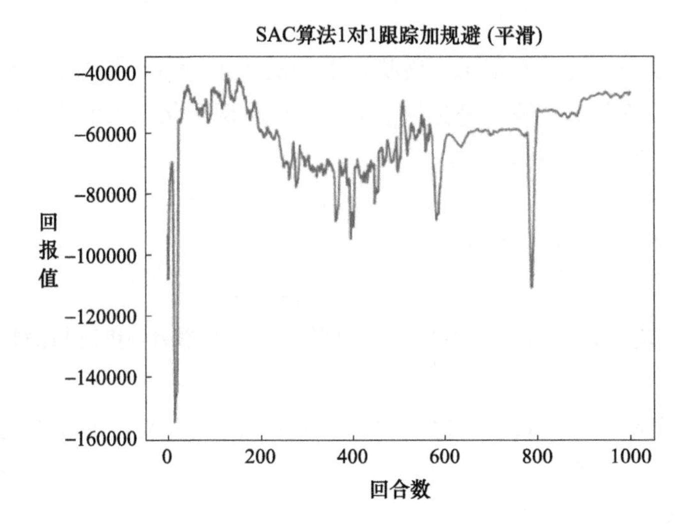

图 7-18　跟踪加规避干扰的回报曲线(平滑)

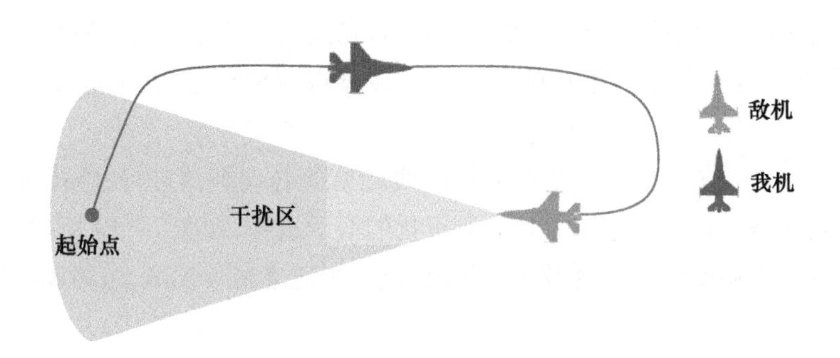

图 7-19　干扰规避与追踪演示图

7.4.5　分层框架构建

7.4.5.1　回报奖励设计

(1)针对目标探测策略,设置固定时间步长 τ_1,发现目标则应该由 $\beta(s)$ 控制结束该 option。发现目标给予奖励 $R_o=10$。

(2)针对武器选择与目标打击策略,成功打击一次目标记奖励为 $R_h=100$,若打击列表仍存在打击目标,应给予与终止函数概率成反比的惩罚项,即

$$R_\beta=-\frac{1}{0.001+\beta(s)} \tag{7-14}$$

(3)针对队形转换策略,在对局开始阶段与我机战损时完成策略执行记一次集群奖励 $R_g=30$。

(4)针对雷达开关策略,成功完成开关切换动作记一次开关奖励 $R_s=20$。

(5)针对主动干扰策略,探测到目标频点并成功设定干扰频点记一次干扰奖励 $R_j=100$。

(6)对于目标追踪策略,发现目标时提供最大策略奖励,记作 $R_c=100$。

(7)对于干扰规避策略,我机位于敌机干扰区域时提供给最大策略奖励,记为 $R_m=100$。

7.4.5.2　决策模型构建

Options 模型构建结构与一般 Option - Critic 结构不同,在训练时采取之前已经构建好的元策略模型,通过封装好的元策略模型,输入环境状态返还动作,即放弃 Option - Critic 自动训练策略,这是因为采取 Option - Critic 算法训练的元策略无法将动作序列具体化为符合人类逻辑与经验的策略,且容易过拟合到某个动作,而非序列动作。改进后的方法只通过 Actor - Critic 网络训练得到终止函数,给出元策略在不同状态下完成执行的时间。Critic 网络根据状态及奖励更新 Options 价值函数 Q 值以及 Options 间的优势函数,梯度反向传递 Actor 网络完成参数更新给出终止函数。决策模型的算法流程和执行过程分别如图 7 - 20 和图 7 - 21所示。

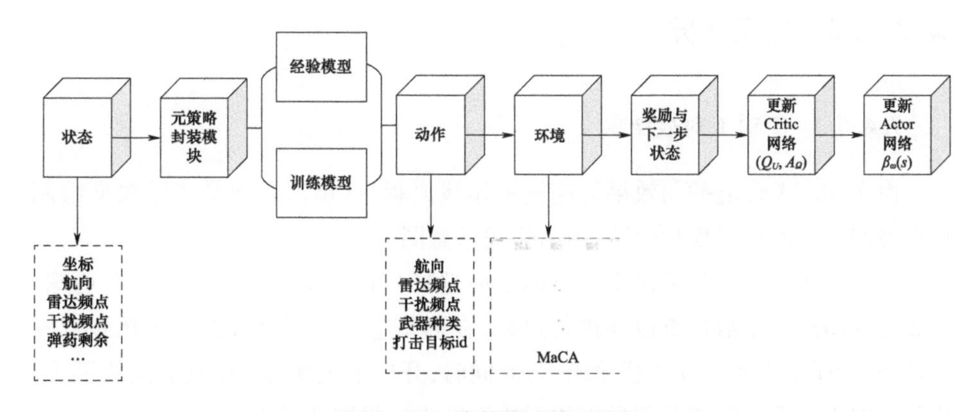

图 7 - 20　决策模型算法流程

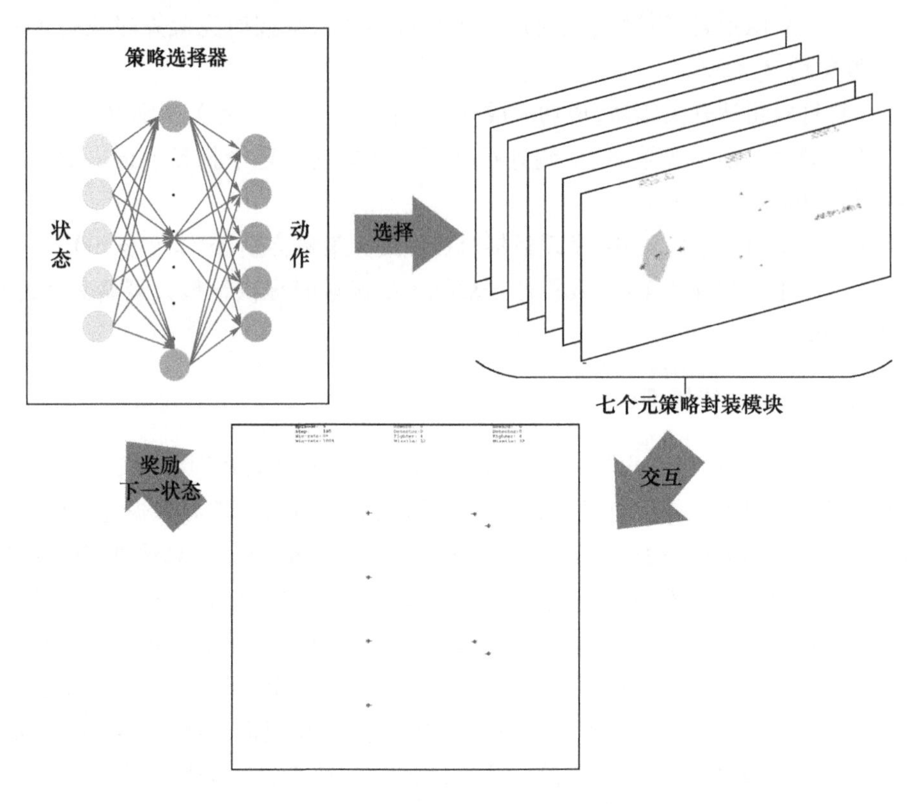

图 7-21　多维决策算法执行示意图

7.4.6　结果分析

7.4.6.1　1 对 1 对战结果

由于 MaCA 环境截图效果无法显示作战流程,这里通过记录实际数据绘制具有说明意义的局部作战轨迹,给出作战示意图。

图 7-22 展示了我机探测到目标之后选择目标追踪策略对敌机展开追踪,从而能够精准锁定敌机方位并进行追踪;在追踪过程中干扰开机且干扰频点发生转变,说明采取了主动干扰策略;与此同时,开启干扰规避策略规避敌机干扰,从示意图中可见我机绕开了敌机的干扰区域成功规避敌机干扰。

与多机不同的是,在 1 对 1 中,由于没有友机提供敌机的位置坐标信息,我机判断是否进入干扰区的条件是目标上一时刻所处探测区域的角度以及目标是否丢失,如果处于探测区域的边缘且目标丢失,需要重新搜索,被干扰概率很低。

如果处于探测区域中央且下一时刻目标丢失,大概率由于目标干扰造成,从而判断出我机位于敌机区,此时将假定敌机在上一时刻的方位且朝向我机,我机需要躲避该固定干扰区域;将目标引导到攻击区,在适当的距离选择攻击动作并成功打击敌机。

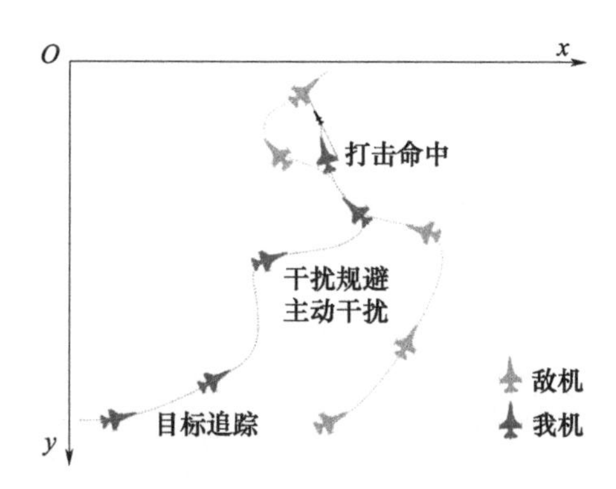

图 7－22　分层强化 1 对 1 的仿真验证示意图(见彩图)

各个策略的执行动作均以合适的时机完成切换,且策略执行的终止函数能够正确地在不同状态终止正在执行的策略。通过 20 轮的算法演示验证,我机(红方)均取得胜利,以 100% 全胜的战绩战胜了敌机算法,验证了该分层强化决策的有效性。

7.4.6.2　4 对 4 对战结果

首先对雷达开关策略有效性验证,Beta 智能体执行全流程空战时,禁用雷达开关策略使雷达常开,统计敌机被动雷达探测到我机的频次,记为 N_1。计算全部 10 回合敌机被动探测到我机频次的总数记为 N,计算平均每局被动发现次数,记为 $\overline{N}$,有 $\overline{N}=N/10$。

另外执行 10 回合使能雷达开关策略的 Beta 智能体全流程空战,统计敌机被动探测到我机的频次,记为 $\mathcal{N}_1$。计算全部 10 回合敌机被动探测到我机频次的总数记为 $\mathcal{N}$,计算平均每局被动发现的次数,记为 $\overline{\mathcal{N}}$,有 $\overline{\mathcal{N}}=\mathcal{N}/10$。

表 7－3 展示了 10 回合中雷达开关与否的被动发现次数统计,可见采用雷达开关策略能够大幅减少敌机被动发现我机的频次,减少因敌机被动探测暴露我机位置的概率。这点对于在执行异构的情况下我机执行的掩护任务来说尤为重要。

图 7－23 展示了 10 回合中雷达开关与否被动发现次数的平均统计柱形图,可以直观看出采用雷达开关策略敌机被动探测到我机平均次数为 13 次,而禁用

雷达开关策略被动探测次数上升到平均 20 次，证明了在分层决策下雷达开关策略的有效性。

表 7－3　10 回合雷达开关与否的被动发现次数统计

回合	N_1	N_1'	$N_1 - N_1'$
1	16	15	1
2	17	8	9
3	22	12	10
4	18	14	4
5	26	16	10
6	24	10	14
7	21	15	6
8	19	13	6
9	17	15	2
10	20	12	8

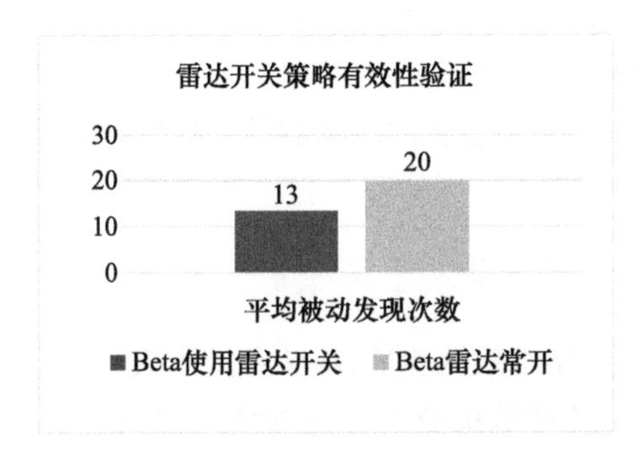

图 7－23　使用雷达开关策略与否的平均被动发现次数对比

图 7－24 展示了 Beta 智能体可以在回合开始完成初始化编队，以长机－僚机两编队进行目标的探测与干扰，这种初始编队能够优先取得信息优势，实现压制干扰，在我方无损毁的情况下歼灭两架敌机，在开始便掌握数量优势。我机编队在歼灭了受压制干扰的敌机目标之后终止函数停止编队决策，策略选择器根据当前状态选择其他元策略。队形转换策略在作战过程中能够在我机队形被破坏的情况下完成编队重组，重组后以编队形式对敌机进行压制干扰，避免了因单独作战敌我同时发射导弹而互换的情况。

为了验证队形转换策略的有效性，统计了 10 回合内编队重组后该编队 50 步内的打击情况以及损失情况。记编队成功打击目标数量为 S，编队成员损失

数量为 D,每局的数量统计如表7-4所列。其中,S 与 D 均为0时代表本局编队结构未损坏。编队重组后协同打击仿真如图7-25所示。

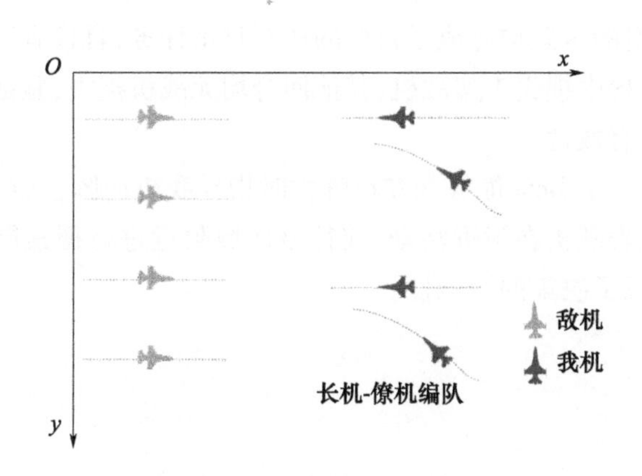

图7-24　初始编队(见彩图)

图7-25　编队重组后协同编队打击目标(见彩图)

表 7-4　10 回合队形转换 50 步内打击与损失统计

回合	S	D
1	1	0
2	0	0
3	2	0
4	1	0
5	0	0
6	0	0
7	2	1
8	0	0
9	1	0
10	1	0

从表 7-4 中数据分析可知，除第 2、5、6、8 回合我机群编队结构没有破坏外，其他回合重组的编队均完成了目标的压制打击任务，且仅有第 7 回合在编队执行搜索任务过程中损失 1 架战机，其他回合均无战机损失，验证了分层决策下队形转换策略的有效性。

图 7-26 展示了 Beta 能够在友机阵亡时指导我机向阵亡方位进行搜索，由于友机阵亡时代表敌机在附近活动，前往该区域附近进行搜索能够大幅增加截获概率，充分展现了决策的智能性。

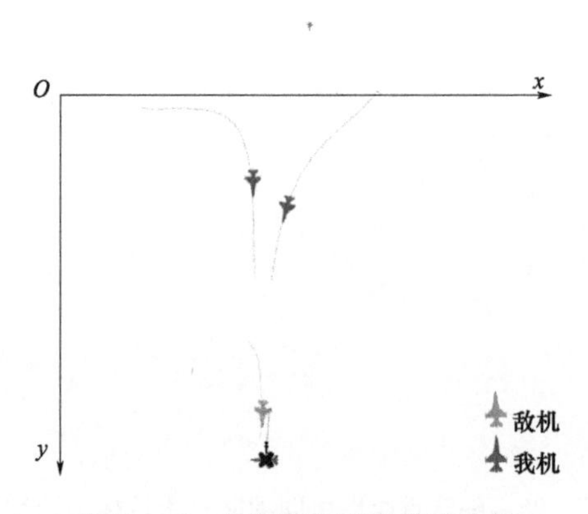

图 7-26　友机阵亡我机搜索决策

目标探测策略中的分布式搜索采用了人工势场中的斥力场，能够维持友机间距，避免探索重复区域。图7－27展示了我机分布式搜索策略，当友机相互靠近时会采取相互远离的动作。分层决策下，Beta成功在我机雷达未发现目标时选择目标探测策略完成分布式搜索，验证了目标探测模型的有效性。

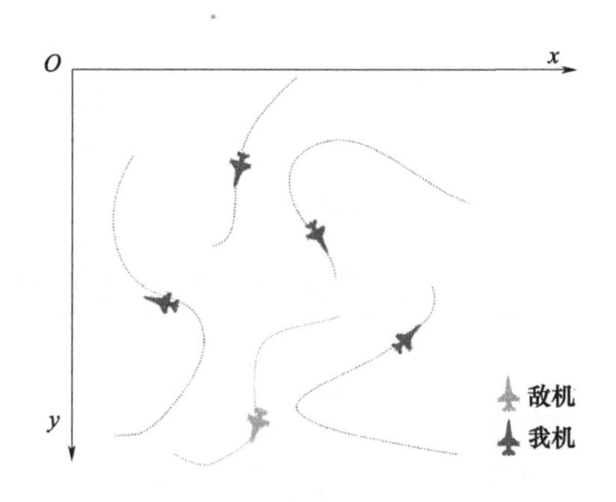

图7－27　分布式搜索

图7－28粗实线表示导弹发射并命中，展示了我机武器选择和打击决策。为了验证分层决策结构是否可以准确完成“先敌打击”，需要考量我机采取武器选择与目标打击策略时我机与敌机的距离是否恰为导弹攻击区的边缘，为此，统计了10轮全流程作战过程中选择打击时我机与敌机平均距离，记为$\mathcal{D}$，给出该距离与攻击区边缘距离的差距，记为Δ。相关数据记录如表7－5所示。

从表中数据可见，平均每局Beta采取打击决策时距离误差不超过20，充分展现了分层决策在武器选择与目标打击中的及时性与有效性，同时说明了终止函数训练的有效性。

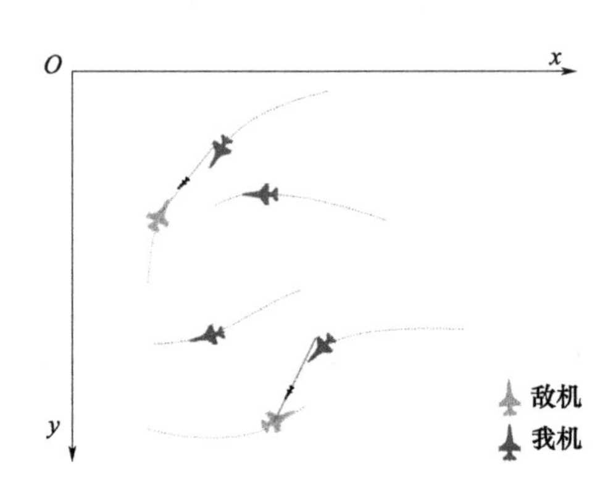

图 7-28　打击演示

表 7-5　10 回合队形转换 50 步内打击与损失统计

回合	D	Δ
1	119.3	0.7
2	114.7	5.3
3	100.2	19.8
4	118.9	1.1
5	117.3	2.7
6	108.2	11.8
7	103.9	16.1
8	114.2	5.8
9	119.1	0.9
10	119.3	0.7

此外，该图还展示了我机编队对敌机进行压制干扰，让敌机探测系统瘫痪从而无法对我机做出打击动作，虽然敌机的探测能力与武器与我机完全一致，但由于受到干扰无法第一时间向我方发射导弹，从而可以使我机编队完成优先打击，

主动干扰策略的有效性也体现于此。

对于武器的使用情况,为了避免我机群对同一目标发射多枚导弹从而导致武器弹药的浪费,采取了打击目标分配方法,为了验证该方法的有效性,统计了每局作战结束导弹的使用情况。结果表明,每局导弹消耗量均为4,即一发导弹打击一个目标,利用效率为100%。

为了分析全流程作战分层决策Beta模型的有效性,本章定义了平均战损,描述为平均每局对决的无人机损失数量,从表7-6与图7-29可见在10场对局中Beta算法平均每局损失1.4架战机,黑盒算法fix_rule_no_att平均损失3.8架,充分说明了结果表明Beta算法以全胜的战绩击败了黑盒算法。

表7-6　作战结果

	红方	蓝方
算法	fix_rule_no_att	Beta
回合数	10	10
胜率	0	100%
平均战损	3.8	1.4

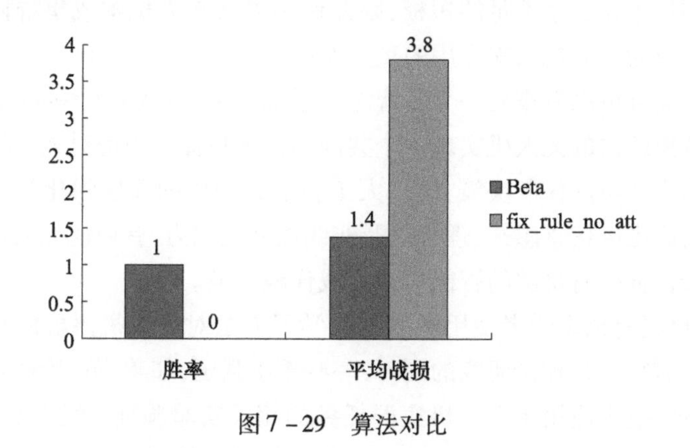

图7-29　算法对比

第8章
无人机集群任务决策

8.1 引　　言

随着无人机在相关领域应用的不断推进，单架无人机在执行任务时暴露出了灵活性和任务完成率不足的短板，因此使用多架无人机构成集群协同执行相关任务必将成为无人机未来应用的重要发展方向。

无人机集群可以看作是一个多智能体系统（Multi－Agent Systems，MAS），其目标是协调集群内的无人机实现一个共同的任务目标。当前对无人机集群的众多研究都集中在协同任务决策方面，人工智能领域中的深度强化学习方法凭借着其强大的高维度信息感知、理解以及非线性处理能力，有望使无人机集群在面向战场复杂任务时有足够的智能协同完成作战任务。

目前，已经有诸多学者使用深度强化学习方法对无人机集群的相关问题进行了探索性研究。在理论研究的同时，一些军事强国，如美、英、俄罗斯等都在开展将人工智能技术应用于无人机集群任务的相关实验验证，美国已经开展了多个智能化无人机集群项目，2016 年美军在加州进行的无人机集群实验，成功地将人工智能技术应用到无人机集群的行为决策中，实现了无人机集群在空中自主协作，组成无人机集群队形，并完成预定任务，充分体现了无人机集群的无中心化、自主化、自治化，这一实验表明美军在无人机集群自组网以及任务决策方面已经达到了实用化水平。

可以说，无人机的集群化应用技术是近年来的研究热点，随着无人机自主智能的不断提高，无人机集群技术必将成为未来无人机发展的主要趋势之一。

8.2　无人机集群任务系统模型

8.2.1　无人机的运动控制模型

为了便于问题分析，将集群中的无人机看作质点运动模型，使用法向和切向两个方向的加速度来控制无人机的运动过程，无人机个体的运动状态由位置、速度和方位角来进行表征，如图 8-1 所示。

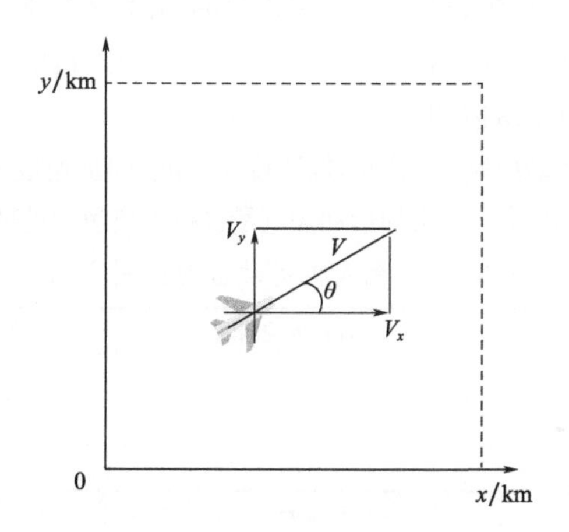

图 8-1　无人机运动控制模型

考虑任务过程中无人机均处于三维空间中的同一高度，可以在二维平面中进行建模。无人机个体在二维空间中的瞬时状态可以表示为

$$\boldsymbol{S}=\begin{bmatrix} x \\ y \\ v_x \\ v_y \\ \theta \end{bmatrix} \tag{8-1}$$

式中：$\boldsymbol{S}$ 为无人机个体的瞬时状态信息集合；x 和 y 为无人机个体的瞬时位置信息；v_x 和 v_y 为无人机个体的瞬时速度信息；θ 为无人机个体的瞬时方位角。

则无人机个体的运动方程可以表示如下。

$$\begin{cases} x_{t+1} = x_t + v_x^t \cdot t \\ y_{t+1} = y_t + v_y^t \cdot t \\ v_x^{t+1} = v_x^t + a_{//} \cdot \cos\theta \cdot t \pm a_{\perp} \cdot \sin\theta \cdot t \\ v_y^{t+1} = v_y^t + a_{//} \cdot \sin\theta \cdot t \pm a_{\perp} \cdot \cos\theta \cdot t \\ \sin\theta = v_y^t / \sqrt{v_x^{t\ 2} + v_y^{t\ 2}} \\ \cos\theta = v_x^t / \sqrt{v_x^{t\ 2} + v_y^{t\ 2}} \end{cases} \tag{8-2}$$

式中：v_x^t 和 v_y^t 为无人机在时刻 t 时的飞行速度；v_x^{t+1} 和 v_y^{t+1} 为无人机在时刻 $t+1$ 时的飞行速度；$a_{//}$ 和 $a_{\perp}$ 为在当前时刻无人机的切向、法向加速度；x^t 和 y^t 为在 t 时刻无人机的位置坐标；x^{t+1} 和 y^{t+1} 为在 $t+1$ 时刻无人机的位置坐标；θ 为无人机速度矢量与 x 轴方向的夹角。

由于无人机的运动控制采用切向加速度 $a_{//}$ 和法向加速度 $a_{\perp}$ 两个方向的控制量，为了便于问题简化，将无人机的运动控制量进行了离散化处理，如表 8-1 所列。

表 8-1　无人机运动行为控制空间

行为编号	加速度控制量	加速度控制量大小
1	$a_{//}$	3
2	$a_{//}$	2
3	$a_{//}$	1
4	$a_{//}$	0
5	$a_{//}$	-1
6	$a_{//}$	-2
7	$a_{//}$	-3
8	$a_{\perp}$	3
9	$a_{\perp}$	2
10	$a_{\perp}$	1
11	$a_{\perp}$	0
12	$a_{\perp}$	-1
13	$a_{\perp}$	-2
14	$a_{\perp}$	-3

8.2.2 无人机集群的信息交互模型

集群内的无人机之间需要进行信息交互以便使无人机集群具有更好的协作行为决策，每架无人机都有固定的通信范围，在通信范围内的无人机之间可以进行通信。无人机集群内部采用动态通信模型，如图 8－2 所示。

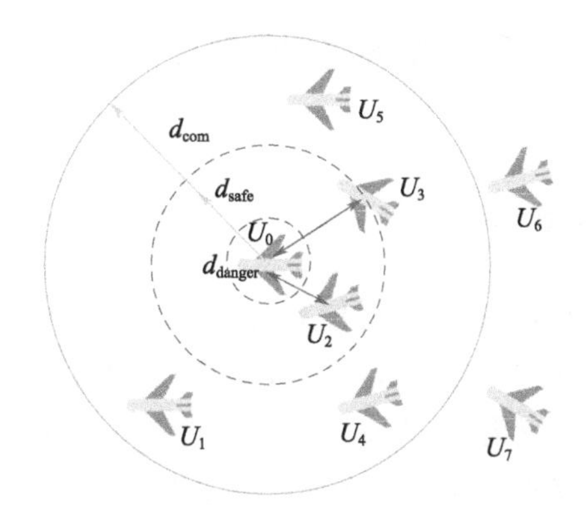

图 8－2　无人机集群内个体通信模型示意图

每架无人机设定一个固定的通信距离和观测范围 d_{com}，无人机在执行任务的过程中，可以对观测范围内的所有无人机进行状态观测，并且可以选择其中任意一架无人机进行信息交互。每架无人机都有最小安全距离 d_{safe} 和碰撞距离 d_{danger}，当两架无人机之间的距离小于 d_{danger} 时，视为两架无人机发生碰撞，而在 d_{danger} 和 d_{safe} 距离之间的无人机视为有碰撞风险的个体。在任务执行过程中设定每架无人机都会与距离自己最近的三架无人机进行信息交互以获取相互之间的态势信息，如图 8－3 所示。

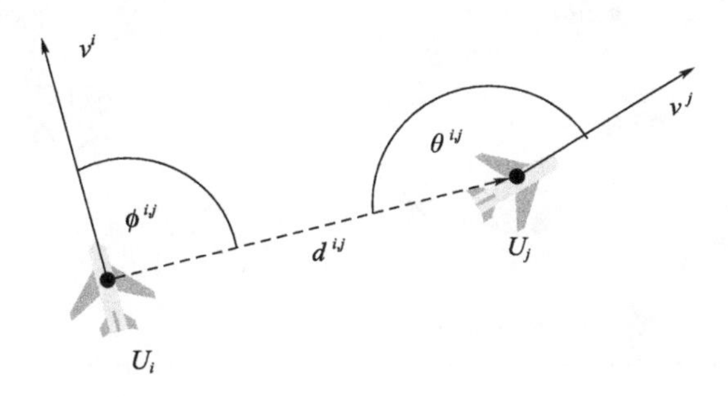

图 8－3　无人机之间态势信息关系图

式中：$d^{i,j}$ 为无人机 i 与相邻无人机 j 之间的距离；$\phi^{i,j}=\arctan\left(\dfrac{y^j-y^i}{x^j-x^i}\right)-\phi^i$ 为无人机 j 相对于无人机 i 的方位，ϕ^i 为无人机 i 的速度矢量与 x 轴方向夹角；$\theta^{i,j}=\arctan\left(\dfrac{y^i-y^j}{x^i-x^j}\right)-\phi^j$ 为无人机 i 相对于无人机 j 的方位，ϕ^j 为无人机 j 的速度矢量相对于 x 轴方向夹角。

8.3 无人机集群的自主聚集任务决策

8.3.1 任务场景

无人机由于续航能力有限,执行任务时一般由运载机或者发射装置携带至目标区域,并根据任务强度进行一定数量的发射,发射后的无人机需要在预定的任务区域进行聚集并形成集群,从而完成具体的协同任务,所以无人机集群的自主聚集任务是集群形成的基础。本节的主要目的是研究应用深度强化学习来完成无人机集群的自主聚集任务。

无人机集群自主聚集任务的任务场景如图 8-4 所示,在一个大小为 $L \times M$ 的二维连续任务区域内,N 架无人机分散于场景中,设定所有无人机均处于同一水平面内,不考虑高度因素,无人机之间初始状态各不相同。任务开始后,无人机自主向任务聚集区运动,所有无人机到达任务聚集区则聚集任务完成。

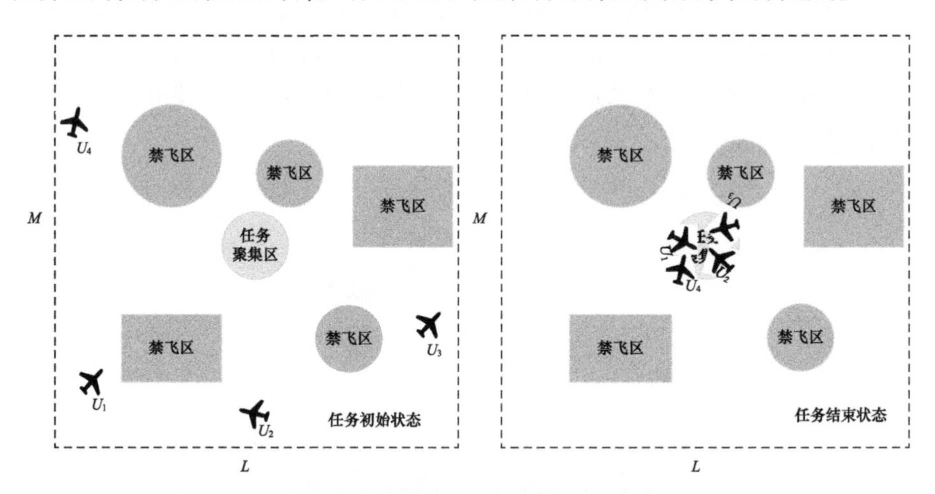

图 8-4 无人机集群自主聚集任务场景示意图

无人机集群的初始位置和初始速度是随机生成的,以便提高战场环境的通用性和任务的真实性。由于战场环境复杂多变,无人机在执行任务时并不能在战场区域中任意运动,需要充分考虑战场复杂环境对无人机自主行为的影响,通常任务场景中包含有地形障碍区和敌方防空力量压制区等禁飞区域。将所有受到敌方干扰、地形限制等因素导致无人机无法直接飞越的区域通称为"禁飞区”。为了研究问题方便，将禁飞区模型进行简化，主要考虑圆形和矩形两种类型的禁飞区模型。如图8－5所示。

圆形禁飞区简化模型主要通过中心点坐标(x,y)和范围半径r来进行状态信息表征。矩形禁飞区简化模型通过中心点坐标(x,y)和长度l、宽度w来进行状态信息表征。

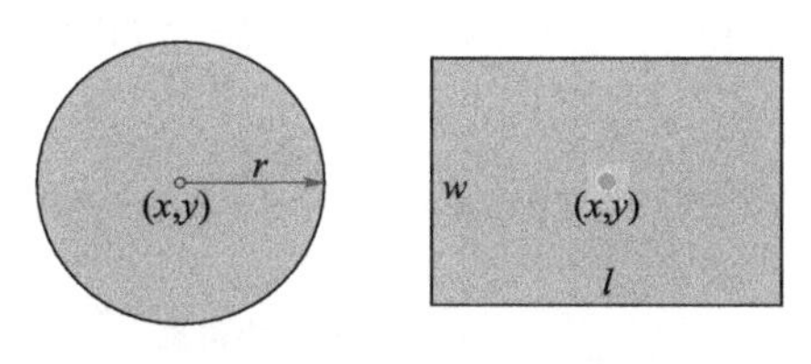

图8－5　禁飞区简化模型示意图

在自主聚集任务中存在两种终止状态：无人机集群顺利到达聚集区域，完成聚集任务；无人机集群中出现无人机个体飞入禁飞区或无法在预定时间内到达任务区域则聚集任务失败。无人机集群可以按照自由状态完成聚集，在自由状态下对聚集完成后的无人机集群没有任务队形要求，也可以按照预定任务编队进行聚集。设定无人机集群可以按照固定大小的方阵队形和固定长度的链式队形进行聚集。

对于固定大小的方阵队形，需要预先设定无人机U_i与U_j之间的期望距离$d_{\text{expect_ij}}$，从而可以获取到无人机与聚集区域中心点之间的期望距离$d_{\text{except_center}}$与期望角度$\theta_{\text{except_alpha}}$，如图8－6所示。

对于固定长度的链式队形，需要预先设定无人机集群的链形长度，从而得到相邻无人机之间的期望距离，与聚集区域中心点之间的期望距离和期望角度，如图8－7所示。

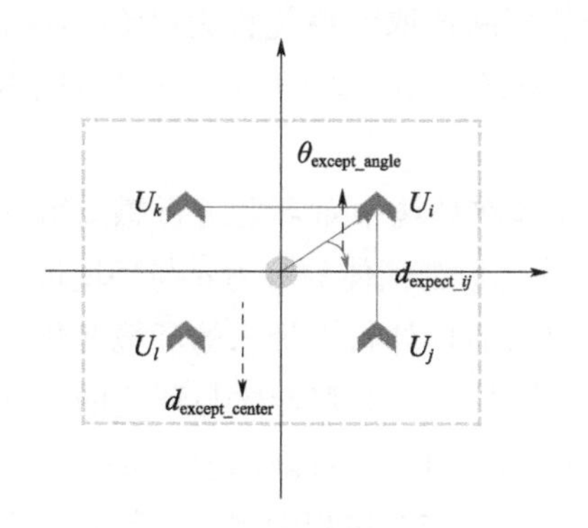

图8－6　无人机集群聚集的方阵队形示意图

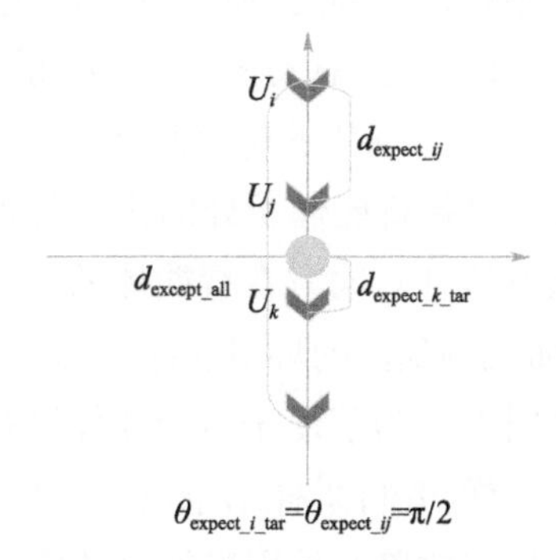

图8－7　无人机集群聚集的链式队形示意图

8.3.2　DDQN 算法

深度双层Q网络（Double Deep Q Network，DDQN）算法是对DQN算法的改

进,改进了 DQN 算法中对部分"状态 - 行为"过高估计的缺陷[130-131]。深度双层 Q 网络算法与 DQN 最大的区别在于在训练过程中智能体的行为选取方式不同,深度双层 Q 网络算法的概念如图 8-8 所示。

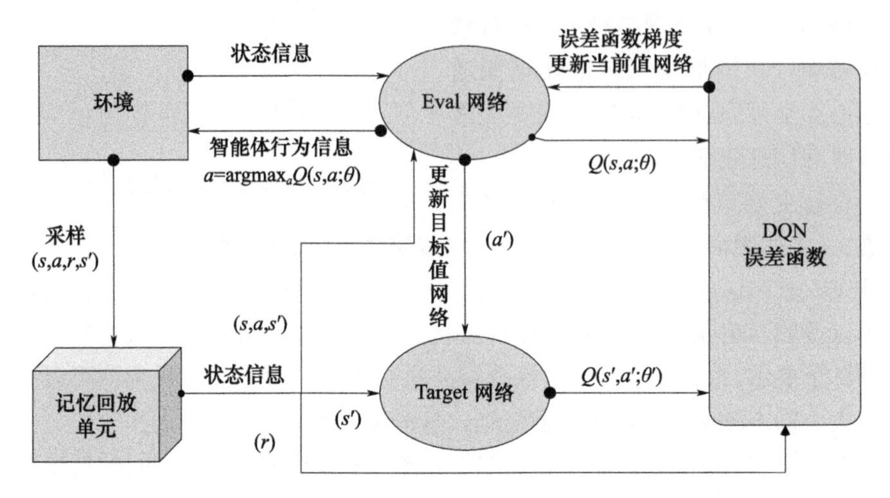

图 8-8　深度双层 Q 网络结构示意图

图 8-8 中:s 为智能体在环境中的状态;a 为智能体在行为空间中选取的行为,由 Eval 网络选取;r 为智能体在与环境交互过程中得到的回报;s'为智能体采取行为与环境进行交互后新的状态;θ 为 Eval 神经网络的参数;θ'为 Target 神经网络的参数;a'为通过 Eval 神经网络的价值判断选取的最优行为;$Q(s,a;\theta)$为 Eval 神经网络对"状态 s - 行为 a"的价值判断;$Q(s',a';\theta')$为 Target 神经网络对"状态 s' - 行为 a'"的价值判断。

环境是指智能体所处的任务环境,智能体在环境中对环境进行感知得到环境的状态信息 s,同时在智能体的行为空间中选取智能体的行为 a 与环境进行交互,从而观测到新的环境状态 s',并且接收通过智能体行为带来的环境变化导致的奖励回报 r,为了便于对智能体进行训练学习,需要对智能体与环境的交互数据进行采样,并将采样结果放到记忆回放单元之中以后智能体进行训练。

记忆回放单元是用来保存智能体与环境进行交互过程的状态、行为、回报及下一时刻的状态等相关信息。由强化学习的特点可知,强化学习的训练样本并不是事先准备好的带有"标记"的数据,而是在智能体与环境不断交互过程中得到的。因此,记忆回放单元实际上是一个临时的样本存储空间,在强化学习算法训练的过程中,不断将学习到的优化行为保存进来,以便在后续的训练过程中进行学习。

DDQN 算法的一大特点就是采用了结构完全相同,但神经元对应参数不同的两个神经网络,分别称为“评估网络”和“目标网络”。与 DQN 算法训练过程中的数据流向不同的是,DDQN 算法的“目标网络”用于对状态行为的价值评估,评估的状态是下一时刻的智能体在环境中得到的状态 s',但行为的选取是将下一时刻的状态 s'输入“评估网络”,由“评估网络”选取估值最高的行为 a'。因此“目标网络”接收来自记忆回放单元的下一时刻状态信息和来自“评估网络”的下一时刻最优行为信息,进行价值估计 $Q(s',a';\theta')$。“评估网络”是智能体与环境进行交互的决策单元。“评估网络”接收到来自智能体的当前状态信息,并对信息进行处理,给出智能体应采取的行为,每次行为选取都是在当前训练程度下“评估网络”选取的最佳行为,指导智能体进行行为决策。“评估网络”同时也是训练网络,即每次训练过程都会改变网络中的相关参数,使得网络实现的函数映射功能更加精准,即面向任务表现出更好的行为选择能力。

DDQN 算法的价值在于解决 DQN 算法导致的对于部分“状态 - 行为”价值的过高估计。在 DQN 算法中,模型选取下一时刻状态的最优行为和对下一时刻状态和行为的价值评估使用的是同一个网络参数,这样必然会造成对价值的过高估计。对于 DDQN 算法,针对下一时刻状态下的行为选取和估值使用不同的神经网络参数,从而减少了过高估计的影响,比 DQN 算法有着更好的性能表现。

“目标网络”的参数并不是一成不变的,“目标网络”的相关参数要根据“评估网络”参数进行更新。因为“目标网络”在训练过程中负责了对下一时刻状态的价值评估部分,会直接影响到训练过程和训练结果。目前比较常见的“目标网络”参数的更新方法是将“目标网络”参数周期性地更新为“评估网络”参数,即可以简单地理解为用来评估下一时刻状态价值的“目标网络”是上一参数更新周期之前的“评估网络”。通过不断的训练,两个神经网络都逐渐收敛到稳定,此时训练前后的“估值网络”的参数收敛,即“估值网络”的相关参数与“目标网络”的相关参数趋于一致。

DDQN 算法训练过程中,每次都在记忆回放单元中随机采样一组样本数据进行训练。将从记忆回放单元得到的一组样本中当前时刻的状态和行为(s,a)送入到“评估网络”;下一时刻的状态(s')送入到“目标网络”之中,“目标网络”同时接收“评估网络”选取的下一时刻行为(a'),来对$(s',a';\theta')$进行估值;将智能体与环境进行交互的回报(r)送入误差函数中用来对“评估网络”的参数进行训练更新。误差函数如下式所示。

$$L(\theta)=E[(r+\gamma Q(s_{t+1},a_{t+1};\theta')-Q(s,a;\theta))^2] \tag{8-3}$$

式中:$L(\theta)$为估值网络参数 θ 下造成的损失;r 为当前状态下的环境回报;γ 为回

报衰减因子；s_{t+1}为下一时刻的状态，由记忆回放单元的样本给出；a_{t+1}为下一时刻状态 s_{t+1}选取的行为，行为由 Eval 网络选取；s 为当前时刻下的状态，由记忆回放单元的样本给出；a 为当前状态下选取的行为，由记忆回放单元的样本给出；$Q(s_{t+1},a_{t+1};\theta')$为 Target 网络对"状态 s_{t+1} - 行为 a_{t+1}"的估值；$Q(s,a;\theta)$为当前时刻 Eval 网络对"状态 s_t - 行为 a"的估值。

DDQN 算法的参数更新过程如下。

$$Q(s_t,a_t;\theta)\leftarrow Q(s_t,a_t;\theta)+\alpha[r_t+\gamma Q(s_{t+1},a';\theta')-Q(s_t,a_t;\theta)] \quad (8-4)$$

式中：θ 为"估值网络"参数；s_t 为当前时刻下的状态，由记忆回放单元的样本给出；a_t 为当前状态下选取的行为，由记忆回放单元的样本给出；α 为学习率，即神经网络参数的迭代步长；r_t 为当前状态下的环境回报，由记忆回放单元的样本给出；γ 为回报衰减因子；θ'为"目标网络"参数；s_{t+1}为下一时刻下的状态，由记忆回放单元的样本给出；a'为下一状态下选取的行为，由"估值网络"选取。

8.3.3 算法的优化设计

为了使 DDQN 算法达到更快的收敛速度和更好的实验结果，对其中的记忆回放单元和"目标网络"的参数更新过程进行了优化。

8.3.3.1 优化记忆回放单元

任何一个神经网络在未经过训练之前都是"混沌"的，可以应用的神经网络模型都是用标准好的样本训练出来的，训练样本的好坏直接影响最终模型的好坏和训练过程的收敛速度。

传统的记忆回放单元仅仅实现了训练样本的存储功能，记忆回放单元内的各个样本是相同价值、完全不加以区分的；即对智能体与环境进行交互过程中得到的样本全部存储，并且在训练过程中对于训练样本使用随机采样的方式进行选取；当记忆回放单元的存储空间满了之后，会随机删除已保存的样本，从而为新的样本提供空间。由此可知，在神经网络的训练过程中，记忆回放单元主要通过存储样本数据、采集训练样本、剔除样本数据三个过程影响神经网络的训练过程。传统的记忆回放单元对于智能体与环境进行交互得到的样本不加选择地进行存储，同时在采集训练样本和交互样本剔除时采用全随机的方式进行。这种方式仅仅满足了样本之间的相互独立性和训练样本的重复利用性，因此只是满足了深度强化学习的必要性，这种对所有样本数据"一视同仁"往往会导致记忆回放单元无法在深度神经网络训练过程中对训练过程进行优化。

众所周知，神经网络训练的核心在于对误差的反向修正，对于神经网络而言,不同样本能够生成的误差不同,因此对于网络训练的贡献度也有所不同。传统的记忆回放单元通过随机选取训练样本的方式将以更小的概率选取到对于训练过程最有价值的样本,从而减弱了训练速度。同时,受限于记忆回放单元的有限存储空间,在存储和剔除相关样本时不加比较,导致大量低价值样本的存储和高价值样本的被剔除,这一过程同样减缓了人工神经网络的训练进程。针对传统记忆回放单元的上述缺点,在存储智能体与环境的交互样本、选取训练样本和剔除交互样本三个过程对记忆回放单元进行了相应的优化处理。

在存储交互样本时,对样本的价值进行判断,同时为了节约判断样本价值的时间,提出了临时存储单元的概念。临时存储单元介于智能体的交互过程与记忆回放单元之间,用于临时存储智能体的交互样本,如图 8 -9 所示。

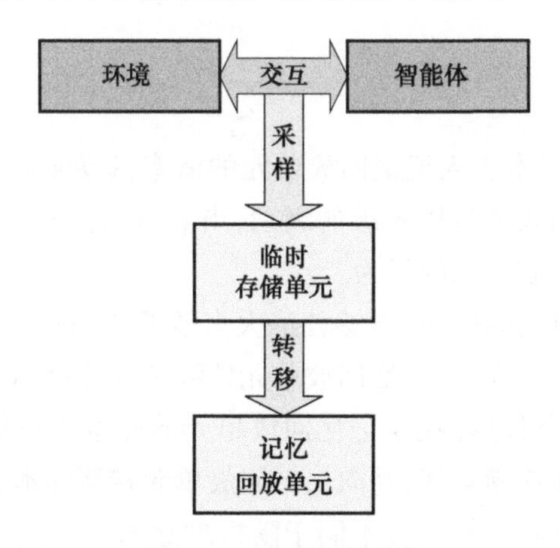

图 8 -9　临时存储单元

规定临时存储区的大小为记忆回放单元的 10%,并且当临时存储单元的空间存满后,对存储样本的价值(样本对神经网络造成的误差)进行判断,执行向记忆回放单元转移样本的操作。构建临时存储单元的意义在于优化交互样本的存储过程。交互样本从临时存储单元向记忆回放单元进行转移的过程中,并不是将所有的样本都转入到记忆回放单元,而是对样本使用选取概率判断是否存入记忆回放单元之中,从而使价值高的样本有更大的概率转移进入记忆回放单元之中,价值低的样本进入记忆回放单元的概率相对较小,每次样本转移后,清空临时存储单元。因此需要对交互样本的价值进行评估,已知神经网络的训练过程是通过误差的反向传播来进行的,所以能造成神经网络更大误差的样本价值更高。通过误差的大小反映样本的价值高低,因此选取交互样本的价值评估公式为

$$\delta = r + \gamma Q(s',a';\theta') - Q(s,a;\theta) \tag{8-5}$$

式中：r 为环境的状态回报；γ 为未来价值的折现因子，即价值衰减因子；s' 为下一时刻的环境状态；a' 为下一时刻行为，由“评估网络”选取；θ' 为“目标网络”参数；s 为当前环境状态；a 为当前状态下的行为；θ 为“评估网络”的参数；$Q(s',a';\theta')$ 为“目标网络”对“状态 s' - 行为 a'”的价值评估；$Q(s,a;\theta)$ 为“评估网络”对“状态 s - 行为 a”的价值评估。

式(8-5)反映了样本 (s,a,r,s') 的价值大小，设定交互样本的选取概率 $p_i = |\delta_i|$，按照如下的概率公式计算获得转移到记忆回放单元样本的概率分布 $P(i)$。依据得到的概率分布 $P(i)$ 选取转移到记忆回放单元的样本，并且每次临时存储单元中只有70%的样本转移到记忆回放单元，其余样本将被剔除。

$$P(i) = \frac{p_i^{\chi}}{\sum_{i=1}^{k} p_i^{\chi}} \tag{8-6}$$

式中：$P(i)$ 为第 i 个样本进入记忆回放单元的概率；k 为临时存储单元的样本数量；χ 为调节因子，用来调节优先级的级别，当 $\chi=0$ 时，该方法退化为完全随机选取样本进入记忆回放单元的行为。

经过临时存储单元的过滤，能够杜绝大多数低价值样本进入到记忆回放单元中。在稳定的训练过程中，记忆回放单元始终是保持存储空间占满的状态，要加入新的样本就必须对已存在于记忆回放单元的样本进行剔除。因此，随着临时存储单元的周期性存满空间，并向记忆回放单元转移样本，记忆回放单元内的样本也会周期性地剔除一部分。不同于随机剔除的方式，仍使用样本价值作为是否剔除样本的参考，规定剔除概率公式如式(8-7)所示。

$$P(i) = \frac{(p_i + \varepsilon)^{-1}}{\sum_{i=1}^{k} (p_i + \varepsilon)^{-1}} \tag{8-7}$$

式中，ε 为一个较小的正数，用于防止当价值极小的样本在这一过程中可能出现的运算问题。

同样，选取训练样本的过程中也使用样本价值高低作为选取样本的参考。但同时也需要考虑对样本价值的过分参考造成的相对低价值样本很难成为训练样本参与训练过程。因此，在兼顾样本多样性的前提下规定训练样本的选取概率如下式所示。

$$P(i) = \frac{\mu p_i^{\chi} + \beta}{\sum_{i=1}^{k} (\mu p_i^{\chi} + \beta)} \tag{8-8}$$

式中：μ 为抑制因子，用来对高价值样本的选取概率进行抑制；β 为提升因子，用于对低价值样本的选取概率做出提升。

引入抑制因子和提升因子之后，将选取训练样本的方式控制在贪婪优选与随机选择两种方法之间，在两种方法之间进行了平衡，从而既提升了训练速度，又保证样本价值较低的样本对训练过程的参与性。算法训练的初始阶段，由于样本量的不足，所有智能体与环境进行交互得到的样本都会转移到记忆回放单元之中，以便于训练。直到记忆回放单元的存储空间已满，开始使用上述基于样本价值的记忆回放单元控制策略。

8.3.3.2　优化“目标网络”参数更新过程

在 DDQN 算法中“目标网络”的参数更新过程非常关键，直接决定了算法训练的速度。传统的“目标网络”参数更新方法大都是采取周期性更新的方式，即每隔 N 个周期后将“评估网络”拷贝给“目标网络”参数进行更新。这种参数更新方式会导致在“目标网络”参数更新为“评估网络”参数的训练周期内，同样会存在 DQN 算法中对“状态—价值”的过高估计问题。为了应对这一缺陷，目前一般对“目标网络”的参数更新采用基于滑动平均的软更新策略，如式(8-9)所示。

$$\theta' = c\theta + (1-c)\theta' \tag{8-9}$$

式中：θ 为“评估网络”参数；θ' 为“目标网络”参数；c 为参数更新因子。

使用上述的滑动平均更新策略来进行“目标网络”参数的更新，这样的更新方式在于对“评估网络”参数的不完全更新，从而避免了传统方法在更新点附近导致的 DDQN 算法退化问题，从而最大限度地避免过大估计问题。但是这种更新策略也存在一定的收敛速度减慢的弊端，并且 a 值越小，在收敛速度方面的影响就越大，通过大量的仿真测试，在算法训练过程中取 $c=0.85$。

8.3.4　状态空间设计

在无人机集群聚集任务环境下，每架无人机从初始点到达最终聚集区域的过程与智能体在迷宫中进行探索寻路类似，都要经过智能体对环境的感知、试错过程，不断探索和学习最终达到目标聚集区域。在无人机的状态信息空间中，需要包含四类信息：聚集区域的位置坐标，无人机自身的状态信息，无人机周围邻近的其他无人机状态信息，任务区域中的禁飞区信息。具体可以表示为：聚集区域中心坐标($x_{\text{center}}, y_{\text{center}}$)、无人机自身状态(($x_i, y_i, v_i, \theta_i$)，其中 x_i 和 y_i 表示无人机自身的位置坐标，v_i 表示当前速度大小，θ_i 表示当前速度方向)、相邻无人机的对应状态(x_d,y_d,v_d,θ_d)、针对两种类型的禁飞区模型分别取中心点、半径(x,y,r)和对角点位置坐标(x_1,y_1,x_2,y_2)作为禁飞区的属性信息,设定无人机能感知的两类禁飞区信息为自身周围最多不超过5个。由此可知,无人机针对聚集任务的状态空间如图8-10所示。

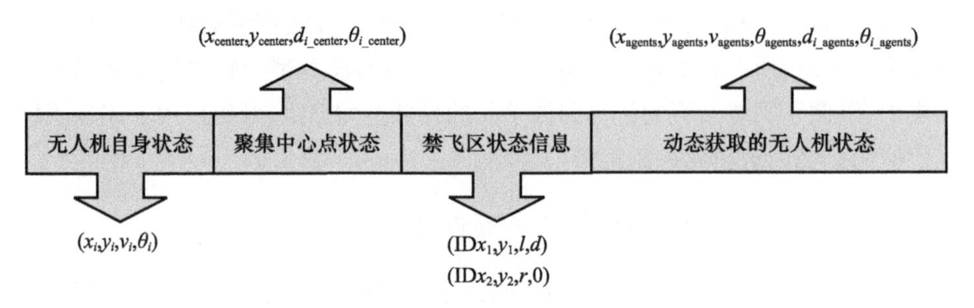

图8-10 无人机个体的状态空间信息

8.3.5 奖励函数设计

在无人机集群自主聚集任务中,每架无人机存在四种终止状态:无人机成功避开所有的禁飞区完成向目标区域的聚集任务;无人机碰撞环境边界导致任务失败的情况;无人机集群内部个体相撞导致任务失败;无人机飞入禁飞区内部导致任务失败。强化学习本质上是一种“试错”学习,将环境给予的奖励作为动作行为的优劣性评判并进行相应方向的策略学习和改进,在基于DDQN训练算法的设计中,针对聚集任务的特点,对集群中的每架无人机设定如下的奖励函数。

$$r = r_{\text{center}} + r_{\text{collision}} + r_{\text{bound}} + r_{\text{no\_fly}} \tag{8-10}$$

式中:r_{center}为无人机进行聚集任务行为的奖惩值;$r_{\text{collision}}$为无人机之间发生碰撞的奖惩值;r_{bound}为无人机飞出任务边界的奖惩值;$r_{\text{no_fly}}$为无人机进入禁飞区的奖惩值。

每架无人机的奖励函数包含四个部分,分别计算如下。

(1)r_{center}的计算。

$$r_{\text{center}} = \beta_d \left| d_{\text{cen}} - d_{\text{expect}} \right| + \beta_\alpha \left| \alpha_{\text{cen}} - \alpha_{\text{expect}} \right| \tag{8-11}$$

式中:β_d,β_α为无人机的距离权重和方位权重系数;d_{cen},α_{cen}为无人机与聚集区域中心点的实际距离和方位;d_{expect},α_{expect}为无人机与聚集区域中心点的期望距离和方位。

r_{center}主要通过计算无人机与聚集区域中心点的实时距离和期望距离来给出一个可靠评判,进行无人机行为的指导和策略学习。

(2)$r_{collision}$的计算。

$$r_{collision}=\begin{cases}-30 & d_{ij}\leqslant d_{danger}\\ \beta_{danger}(d_{safe}-d_{ij}) & d_{danger}<d_{ij}\leqslant d_{safe}\\ 0 & 其他\end{cases}\tag{8-12}$$

式中:β_{danger}为权重系数;d_{safe}为相邻无人机之间的期望安全距离;d_{danger}为相邻无人机之间的实际碰撞距离。

$r_{collision}$奖励函数主要用来防止无人机集群内部发生个体碰撞,当相邻无人机之间距离小于安全距离 d_{safe}时,给予一定的负奖励,指导无人机之间进行碰撞规避,当无人机之间距离小到一定程时,视为无人机发生碰撞,给予固定的负奖励,回合结束。

(3)r_{bound}的计算。

$$r_{bound}=\begin{cases}-100 & 无人机飞出边界\\ 0 & 其他\end{cases}\tag{8-13}$$

r_{bound}奖励函数用来进行无人机飞出边界时的优劣性评判,即无人机飞出边界时给予一定的负奖励,回合结束,否则不进行边界的评判指导。

(4)r_{no_fly}的计算。

$$r_{no\_fly}=\begin{cases}-100 & 无人机飞入禁飞区\\ 0 & 其他\end{cases}\tag{8-14}$$

r_{no_fly}奖励函数用来进行无人机飞入禁飞区时的行为评判,当无人机飞入禁飞区时给予一定的负奖励,回合结束。

8.3.6　仿真与分析

8.3.6.1　DDQN 算法的网络结构

针对无人机集群的自主聚集任务,设计了7层网络,其中 DDQN 算法中的“评估网络”和“目标网络”的神经元(不含输入层)个数分别为(64,128,256,128,64,14),输入层的神经元个数与无人机的状态空间维度相同,输出层神经元个数与无人机的行为空间相同。每层神经元的非线性激活函数使用 ReLU 函数,ReLU 函数可以有效避免部分梯度消失问题,并且具有收敛速度快的优点。ReLU 函数与 RMSProp(Root Mean Square Prop)神经网络优化器配合使用,可以避免激活函数在学习率较大情况下可能出现的梯度弥散问题。神经网络的结构如图 8-11 所示。

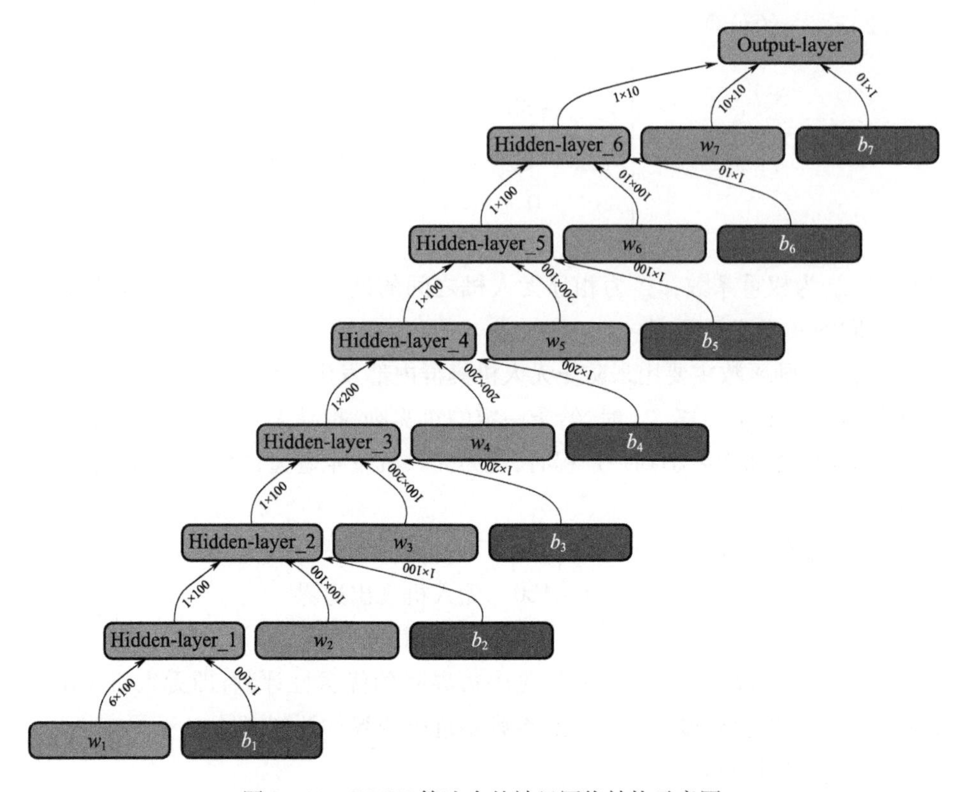

图 8 – 11　DDQN 算法中的神经网络结构示意图

8.3.6.2　DDQN 算法的训练过程控制

在无人机集群自主聚集任务的神经网络训练过程中,为了提高训练效果的泛化能力,算法在每一轮次的训练中,无人机个体的初始位置和速度均采用随机生成的方式进行初始化。任务场景中的禁飞区采用预先设定,整个训练过程保持不变。

神经网络的训练过程采用渐进训练的方式,即在训练过程中先进行无禁飞区任务环境下的无人机集群自主聚集任务训练,训练效果满足要求后,逐渐递增到多个禁飞区的训练环境进行训练,以确保训练结果。算法训练过程如图 8 – 12 所示。

图 8 – 12　算法的渐进式训练过程

8.3.6.3 DDQN 算法流程

使用 DDQN 算法对无人机集群的自主聚集任务进行训练，程序实现的伪代码流程如表 8-2 所示。

表 8-2 DDQN 算法伪代码

DDQN 算法伪代码流程：

确定最大迭代轮数 T，状态特征维度 n_s，行为空间维度 n_a，批量梯度数量 batch_size；
初始化奖励折扣因子 γ 学习率 α 目标网络更新周期探索概率 ε；
初始化相同结构的"估值网络"和"目标网络"的参数 θ 和 θ'；
初始化容量为 N 的记忆回放单元：M；
初始化容量为 $0.1\times N$ 的临时存储单元；
for 训练轮数 episode = 1,2,…,T：
  初始化智能体所在环境，得到初始状态 s_1；
  do 时间 t =1 ：
    if 生成随机数 $<\varepsilon$：
      根据"估值网络"模型选择当前最优行为：
      $a_t = \arg\max_a(Q(s_t,a_t;\theta))$
    else：
      随机选取当前最优行为 a_t；
    智能体执行行为 a_t 与任务环境进行交互，观测新的状态 s_{t+1}，和回报 γ；将{状态 s_t，行为 a_t，回报 γ；下一时刻状态 s_{t+1}}存储到临时存储单元中；
    if 临时存储空间存满：
      通过价值判断 $\delta = r+\gamma^* Q(s',a';\theta') - Q(s,a;\theta)$；
      依概率 $P(i)=\dfrac{(p_i+\varepsilon)^{-1}}{\sum_{i=1}^{k}(p_i+\varepsilon)^{-1}}$ 从记忆回放单元之中剔除样本；
      通过价值判断 $\delta = r+\gamma^* Q(s',a';\theta') - Q(s,a;\theta)$；
     依概率 $P(i)=\dfrac{p_i^{\chi}}{\sum_{i=1}^{k}p_i^{\chi}}$ 选取样本存储到记忆回放单元之中；
     清空临时存储单元；
    if 进行训练阶段：
      从记忆回放单元中通过价值判断；
      $\delta = r+\gamma^* Q(s',a';\theta') - Q(s,a;\theta)$，
     进行 $P(i)=\dfrac{\mu p_i^{\chi}+\beta}{\sum_{i=1}^{k}(\mu p_i^{\chi}+\beta)}$ 优先级采样 batch_size 个训练样本；
      计算损失函数 $L(\theta)=E[(r+\gamma Q(s_{t+1},a_{t+1};\theta') - Q(s,a;\theta))^2]$；
      使用 RMSProp 优化器对"估值网络"参数进行更新
        $Q(s_t,a_t;\theta) \leftarrow Q(s_t,a_t;\theta) + \alpha[r_t+\gamma Q(s_{t+1},a';\theta') - Q(s_t,a_t;\theta)]$
    if 达到"目标网络"更新周期：
      使用"估值网络"对"目标网络"参数进行软更新：
        $\theta' = a\theta + (1-a)\theta'$
      更新贪心参数 $\varepsilon = \mathrm{e}^{-\frac{3}{T}\text{episode}}$
    while 智能体达到终止状态
      结束此次循环
end for

强化学习神经网络训练过程中每次都会从记忆回放单元 M 中选取一组样本(Batch),设定记忆回放空间的大小为 $N = 5000$,每次参与训练的样本数 Batch Size 设定为 32,Batch Size 会影响模型优化程度和算法训练过程的收敛速度,同时也受到计算机硬件资源的限制。一般情况下,随着 Batch Size 的增大,训练时梯度也会更加准确,算法收敛速度更快。学习率 α 的选取同样会影响神经网络收敛速度和最终模型的准确度。α 选取过小会导致收敛速度过慢,选取过大会导致模型的准确性下降。通过多次的仿真实验,设定 $\alpha = 0.002$。奖励折扣因子 γ 表示未来的状态回报对于当前状态的影响程度,γ 取值越大表示当前价值判断越多地受到未来价值的影响,依据经验在算法训练中取 $\gamma = 0.85$。

8.3.6.4 无人机集群自主聚集任务的仿真效果分析

为了提高 DDQN 算法的收敛速度和泛化能力,首先在无禁飞区环境中用 4 架、6 架和 9 架无人机在不同初始态势下进行训练,算法训练稳定后在任务场景中添加禁飞区提高任务场景的复杂性。无禁飞区任务场景的初始态势如图 8－13、图 8－14 和图 8－15 所示。

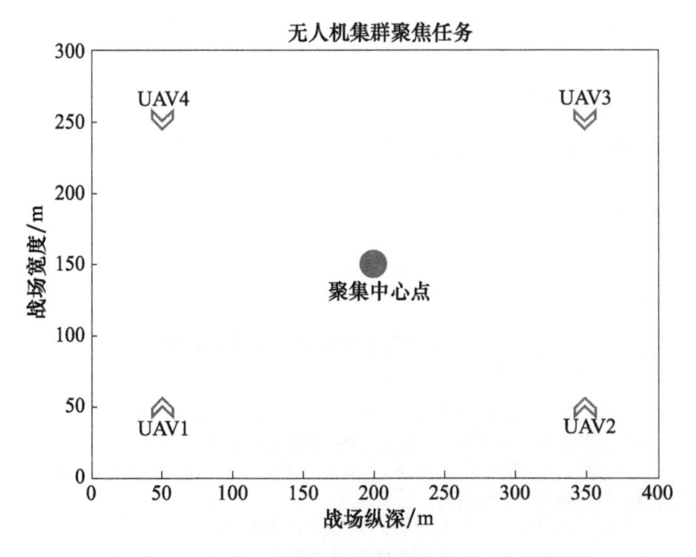

图 8－13　4 架无人机执行聚集任务初始态势图

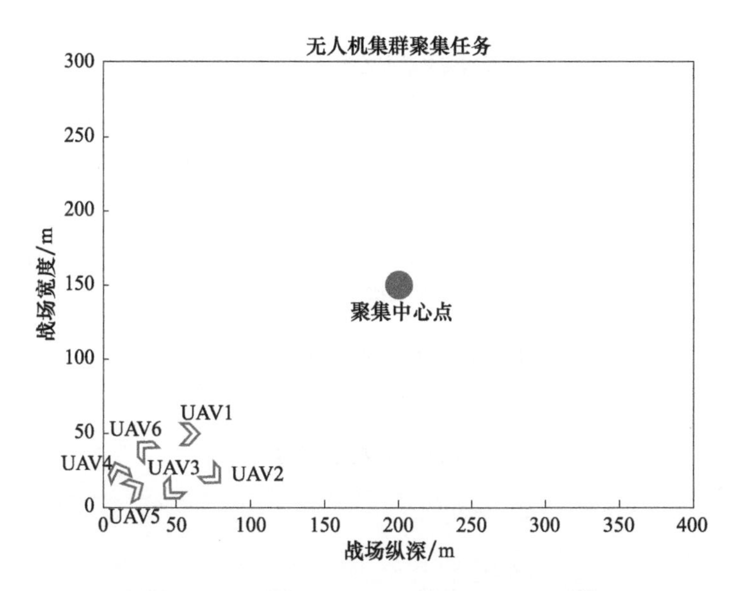

图8-14　6架无人机执行聚集任务初始态势图

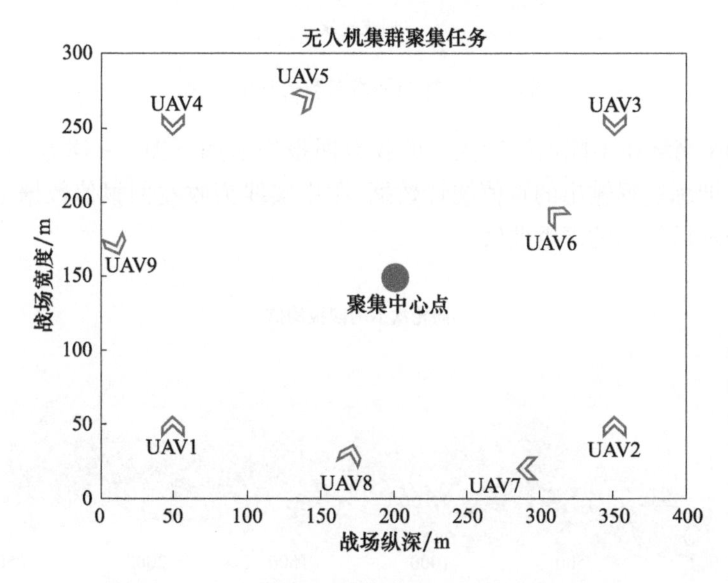

图8-15　9架无人机执行聚集任务初始态势图

为了便于观察DDQN算法训练过程的收敛性能，防止训练过程中出现梯度消失等现象，对神经网络的收敛性能进行了监测，分别统计分析了神经网络参数的均值和方差进行统计分析，如图8-16和图8-17所示。

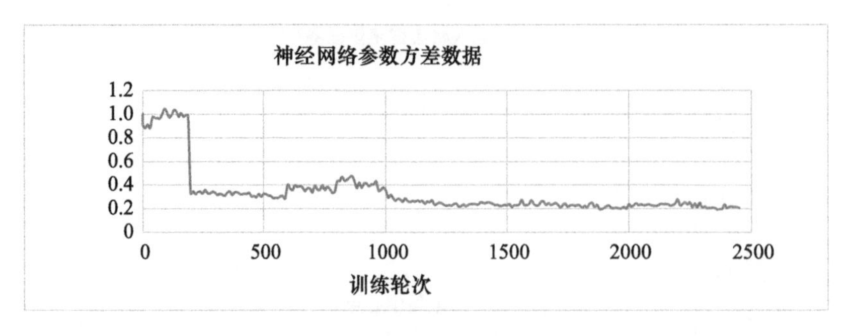

图 8-16　神经网络参数的方差变化

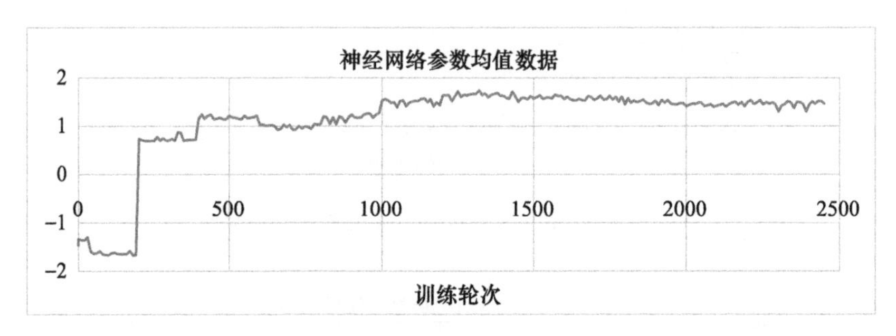

图 8-17　神经网络参数的均值变化

DDQN 网络在不同训练轮次下的收益回报均值如下图 8-18 所示。其中，散点图为训练过程输出的真值统计数据，图中实线为收益回报值数据进行滑动平均值处理后得到的平滑曲线。

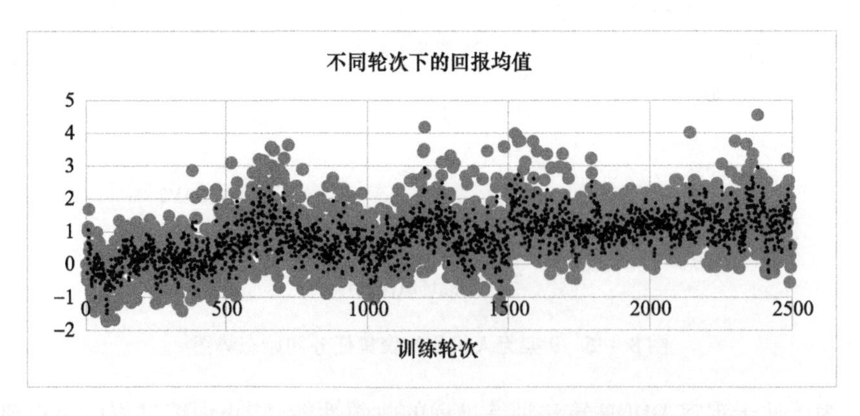

图 8-18　不同训练轮次下训练样本的回报均值

由上图中神经网络参数的均值、方差变化曲线以及不同训练轮次下收益回报均值曲线可以看出，神经网络的权重参数在算法模型训练过程中，从初始化时的随机值逐渐收敛至一个稳定值,每一层神经网络参数均在一个大体相同的迭代轮次收敛至稳定状态。训练完成后的仿真效果如图 8 - 19、图 8 - 20 和图 8 - 21 所示。

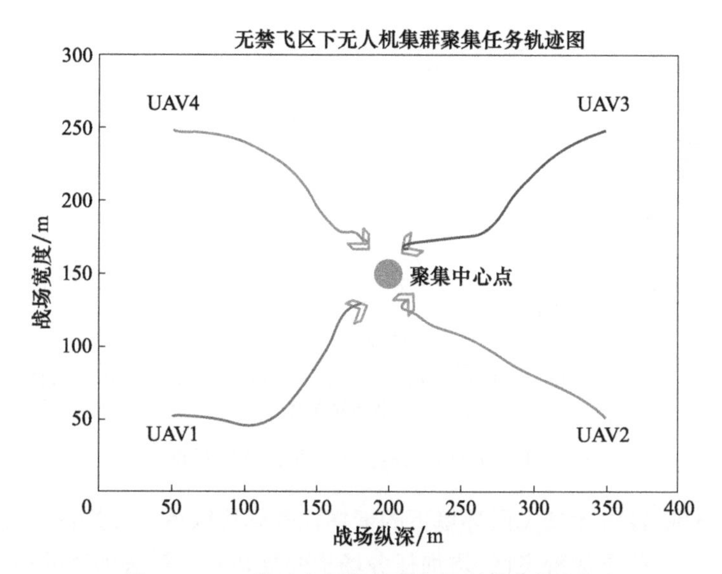

图 8 - 19 4 架无人机执行聚集任务仿真轨迹图

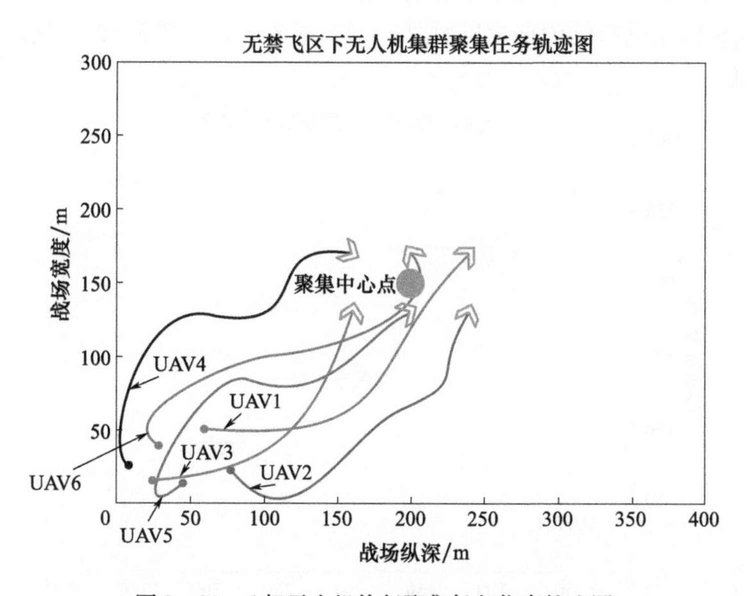

图 8 - 20 6 架无人机执行聚集任务仿真轨迹图

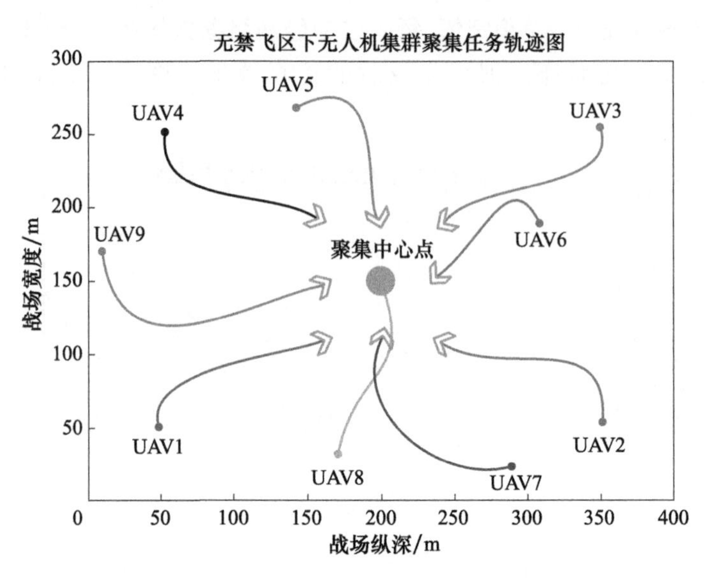

图 8-21 9 架无人机执行聚集任务仿真轨迹图

可以看到,针对无禁飞区环境下的聚集任务算法取得了良好的仿真效果,在此基础上,为算法添加禁飞区,增加任务场景的复杂性。算法训练的初始任务场景如图 8-22、图 8-23 和图 8-24 所示。

算法训练完成后的仿真效果如图 8-25、图 8-26 和图 8-27 所示。

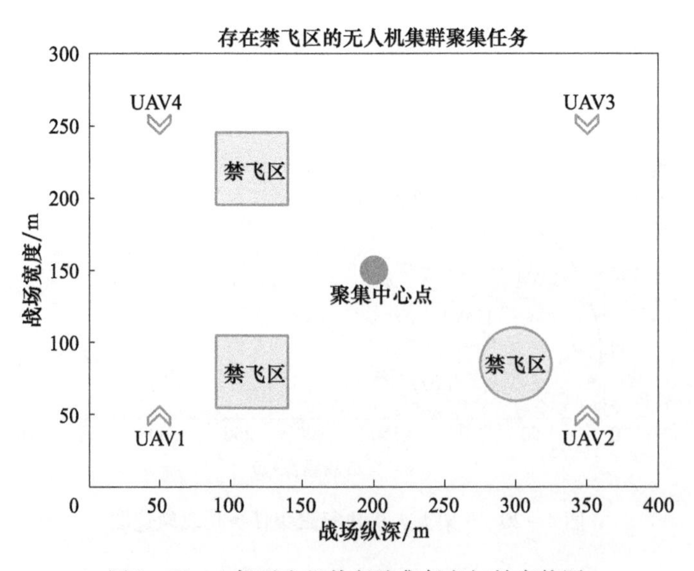

图 8-22 4 架无人机执行聚集任务初始态势图

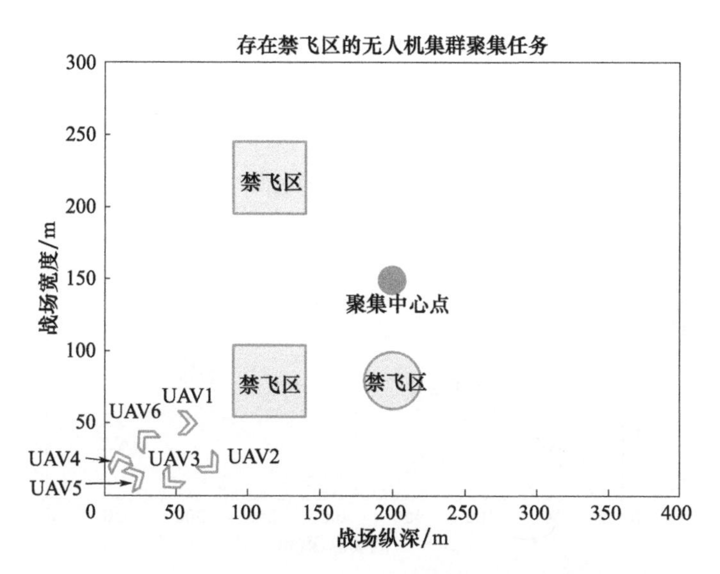

图 8-23　6 架无人机执行聚集任务初始态势图

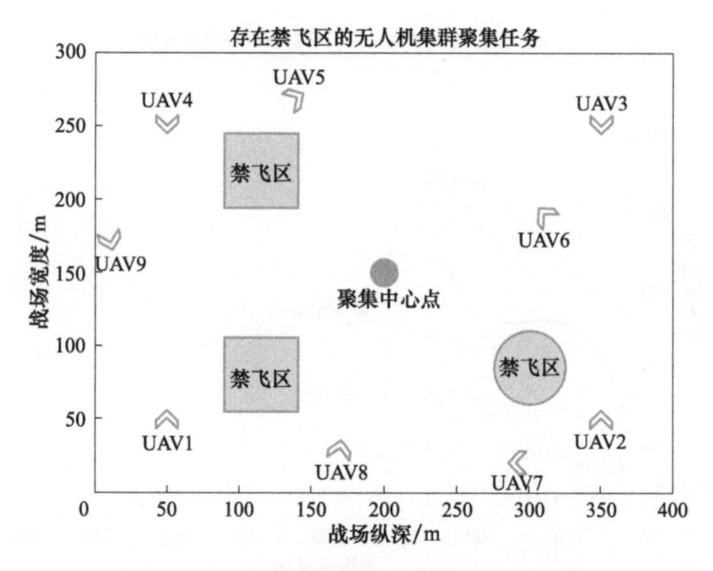

图 8-24　9 架无人机执行聚集任务初始态势图

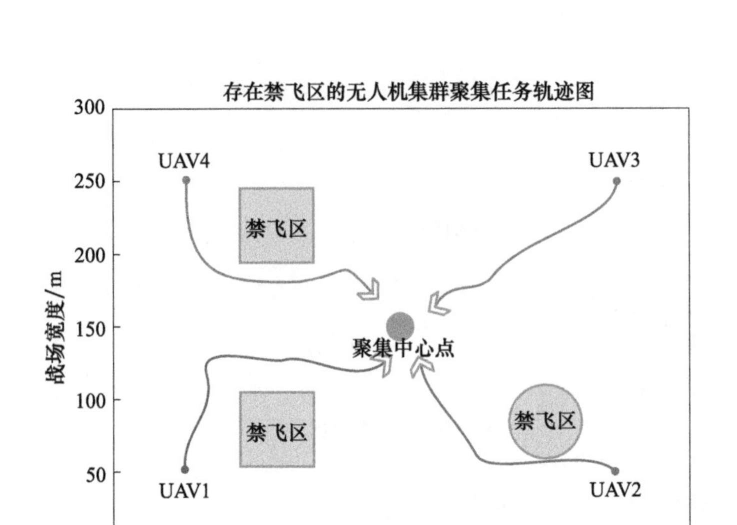

图 8-25　4 架无人机执行聚集任务仿真轨迹图

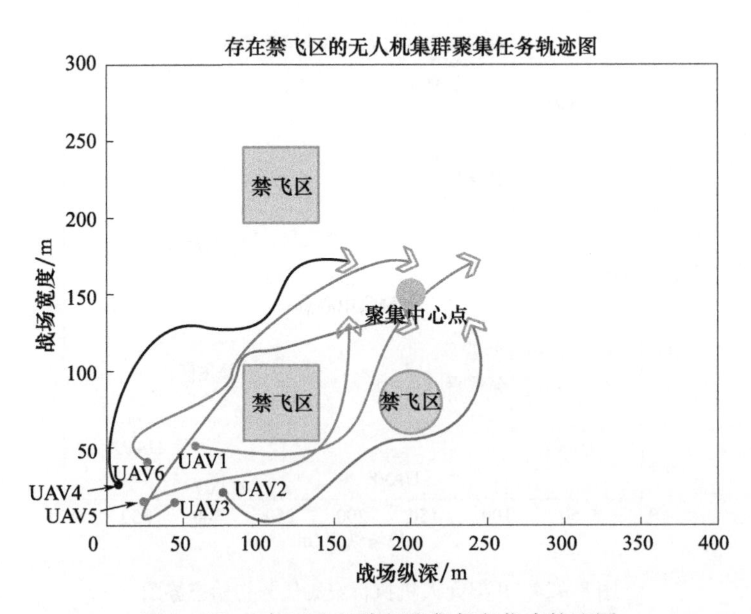

图 8-26　6 架无人机执行聚集任务仿真轨迹图

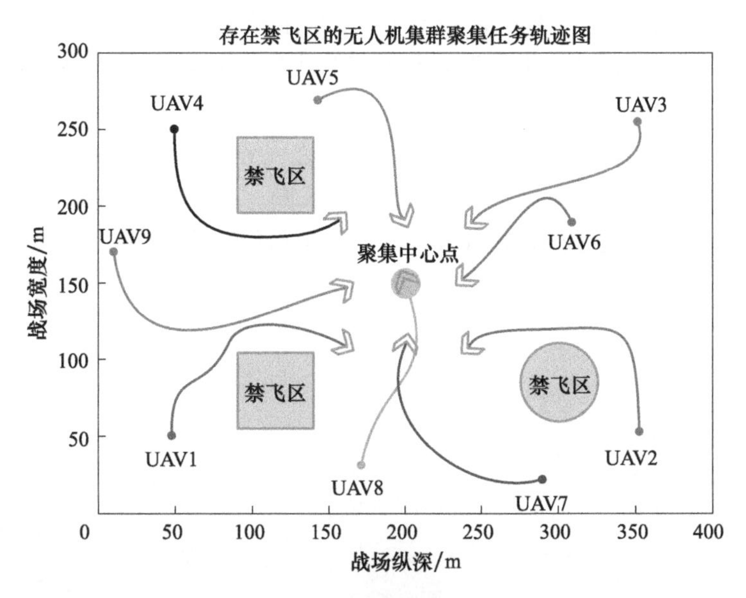

图8－27　9架无人机执行聚集任务仿真轨迹图

从上述仿真效果可以看出，训练完成后的DDQN算法对无人机集群自主执行聚集任务具有良好的效果。训练完成后算法也具有更好的泛化能力，对于数量更多的无人机构成集群的聚集任务也能取得良好的仿真结果。

8.4　无人机集群自主编队保持任务决策

8.4.1　任务场景

无人机集群在执行特定任务的过程中，往往需要保持某种编队队形以便进行更加高效的防御和对抗行为。无人机集群保持链形以安全避障的方式穿梭战场纵深，形成V形以进行敌方火力突围，形成菱形以进行自身阵型有效防御等。所以无人机集群的自主编队队形保持也是无人机未来重要的研究方向之一。本节主要目的是研究应用深度强化学习中的MADDPG算法来实现无人机集群的自主编队保持任务。

无人机的编队保持任务主要是在无人机达到任务区域后如何快速形成预定的编队队形，并保持该形状在战场空域中进行整体飞行。在编队遭遇到禁飞区时，可以有效打乱队形通过禁飞区然后重新组成编队队形并保持飞行。所有无人机处于同一飞行高度,无人机集群自主编队保持任务环境设定为二维连续平面区域。战场环境的攻击纵深设为 L,战场边界宽度设为 M,N 架无人机的任务集群初始位置位于战场环境边界。在编队保持任务中,无人机需要快速形成预定编队队形并保持编队队形穿过整个战场。在任务执行过程中,若无人机集群个体之间发生碰撞或进入禁飞区均视为任务失败。

无人机集群自主编队保持任务场景如图 8－28 所示。

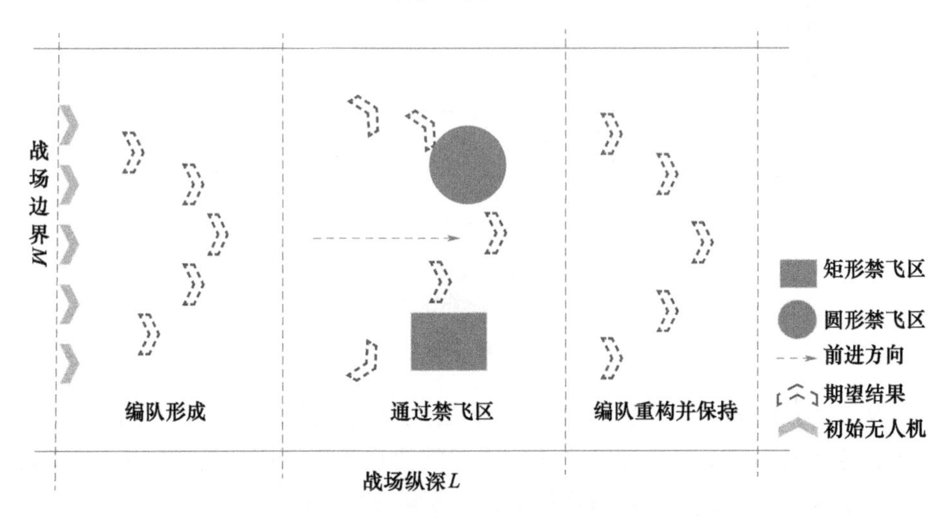

图 8－28　无人机集群自主编队保持任务场景示意图

8.4.2　无人机集群编队的常见队形模型

在无人机集群自主编队保持任务中,针对常见的任务类型设计了链形编队、V 形编队和菱形编队三种编队类型,如图 8－29 所示。

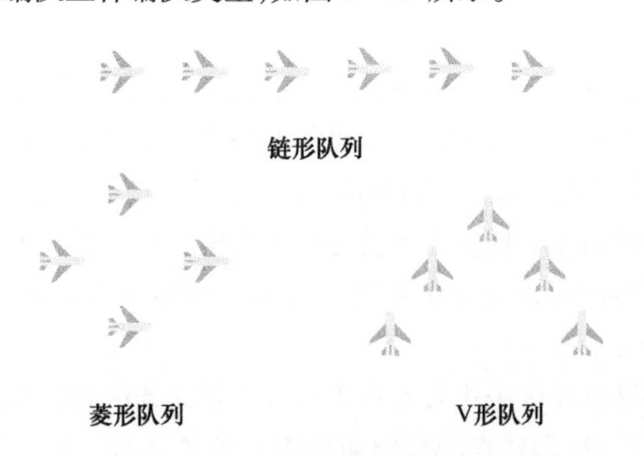

图 8－29　无人机集群常见编队队形示意图

8.4.2.1　链形编队模型

无人机集群链形编队队形模型如图8-30所示。

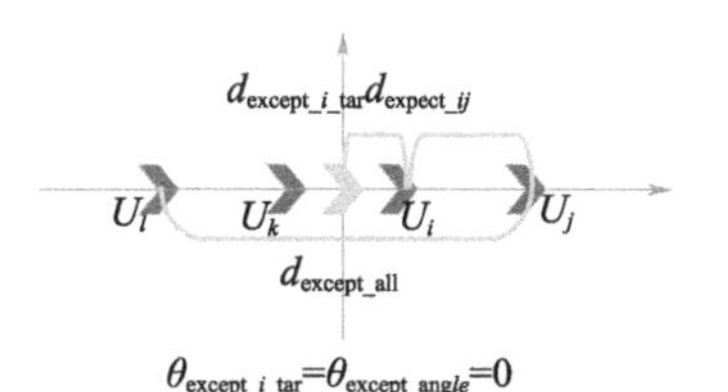

图8-30　无人机集群链形编队模型

由上图可以看出,在链形编队队形中,设定链形期望长度 $d_{\text{except\_}all}$,可得到链形编队中集群内部相邻个体之间的期望距离 $d_{\text{except\_}ij}$。为了便于强化学习算法的训练,在无人机集群进行链形编队运动过程中设定一个虚拟领航者无人机 UAV_{target},集群内部的无人机个体采用邻居参考点法进行跟随运动,并保持期望距离 $d_{\text{except\_}ij}$,考虑到链形编队的转弯特性,还需要保持相邻无人机之间的期望偏差角度 $\theta_{\text{except\_alpha}}$。同时设定集群中每架无人机和虚拟领航者之间的期望距离 $d_{\text{except\_}i\text{\_tar}}$ 和期望角度 $\theta_{\text{except\_}i\text{\_tar}}$。

8.4.2.2　V形编队模型

无人机集群V形编队队形模型如图8-31所示。

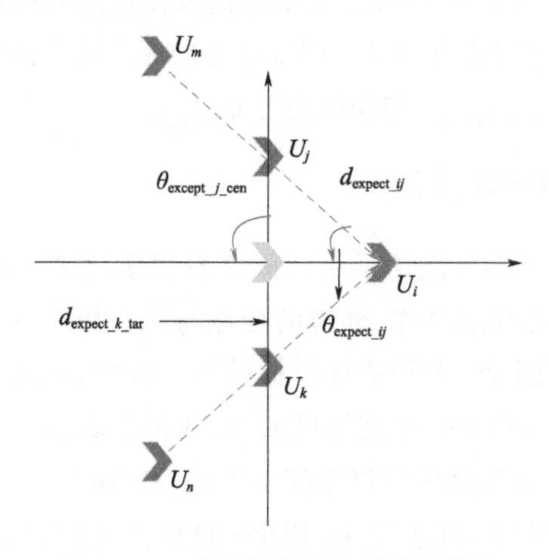

图8-31　无人机集群V形编队模型

由上图可以看出,无人机集群形成V形编队,首先需要设定整体的V形编队的虚拟中心点(x_{center},y_{center}),还需要设置集群中每架无人机和虚拟中心点的期望距离 $d_{\text{except\_}i\text{\_cen}}$ 和期望角度 $\theta_{\text{except\_}i\text{\_cen}}$,根据V形编队的特点,还需要分别设定两条边上的无人机个体参考信息,包括相邻无人机之间的期望距离 $d_{\text{except\_}ij}$ 和期望角度 $\theta_{\text{except\_}ij}$。

8.4.2.3 菱形编队模型

无人机集群菱形编队队形模型如图 8－32 所示。

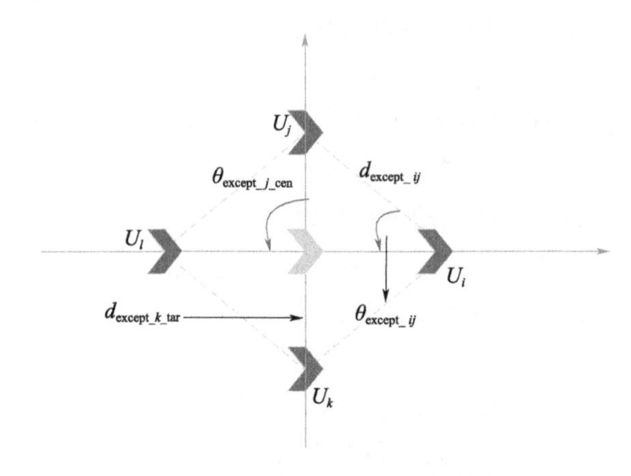

图 8－32 无人机集群菱形编队模型

无人机集群形成菱形编队，需要设定菱形编队的虚拟中心点(x_{center}，y_{center})，集群中每架无人机和虚拟中心点的期望距离 $d_{except\_i\_cen}$ 和期望角度 $\theta_{except\_i\_cen}$，根据菱形编队的特点，还需要分别设定四条边上的无人机个体参考信息，包括相邻无人机之间的期望距离 d_{except_ij} 和期望角度 θ_{except_ij}。

8.4.3 MADDPG 算法

DDPG 算法应用于多智能体系统时面临着很多问题，由于一个智能体做决策时，其他智能体也在采取动作，环境的变化与所有智能体的决策相关，导致了环境的多变性和不稳定性；各智能体目标的不一致性，导致训练效果较差；多智能体系统中，状态空间和动作空间维度较高，对模型表达、函数模拟和计算能力要求较高。多智能体深度确定性策略梯度算法(Multiple－agents Deep Deterministic Policy Gradient，MADDPG)[132] 以 DDPG 算法为基础，优化了“actor－critic”框架，采用“集中式训练，分布式执行”的机制。每一个智能体有着各自独立的“actor”神经网络进行动作行为输出，神经网络的输入采用智能体自身的局部观测信息，而对于“critic”神经网络，所有的智能体采用一个总体共同的神经网络，训练时网络输入采用每个智能体观测信息的总和即全局信息。MADDPG 算法的网络结构模型如图 8－33 所示。

MADDPG 算法中使用 $\theta=[\theta_1,\theta_2,\cdots,\theta_n]$ 表示 n 个智能体策略的参数，$\pi=[\pi_1,$

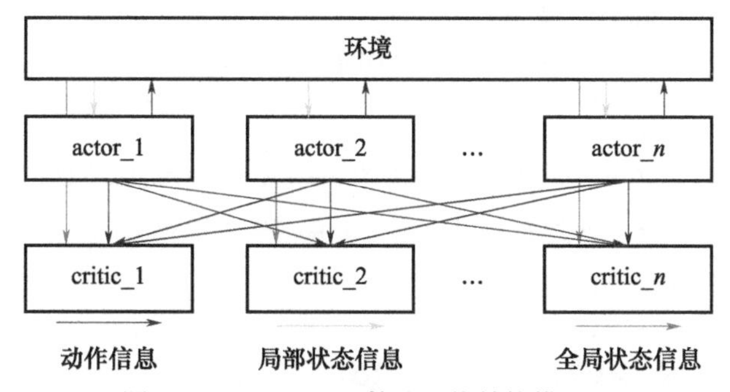

图 8－33　MADDPG 算法网络结构模型图

$\pi_2,\cdots,\pi_n]$表示 n 个智能体的策略。第 i 个智能体的累计期望回报奖励为

$$J(\theta_i) = E_{s \sim \rho^{\pi}, a_i \sim \pi_{\theta_i}}\left[\sum_{t=0}^{\infty} \gamma^t r_i, t \right] \tag{8-15}$$

针对确定性策略 μ_{θ_i}，策略梯度公式为

$$\nabla_{\theta_i} J(\mu_i) = E_{x,a \sim D}[\nabla_{\theta_i} \mu_i(a_i \mid o_i) \nabla_{a_i} Q_i^{\mu}(x, a_1, \cdots, a_n) \mid_{a_i = \mu_i(o_i)}] \tag{8-16}$$

式中：o_i 为第 i 个智能体的观测信息；$Q_i^{\mu}(x,a_1,\cdots,a_n)$为第 i 个智能体集中式的状态函数。

每个智能体独立学习自己的策略函数，可以存在不同的奖励函数，则多个智能体可以有效完成协同任务。MADDPG 算法模型如图 8－34 所示。

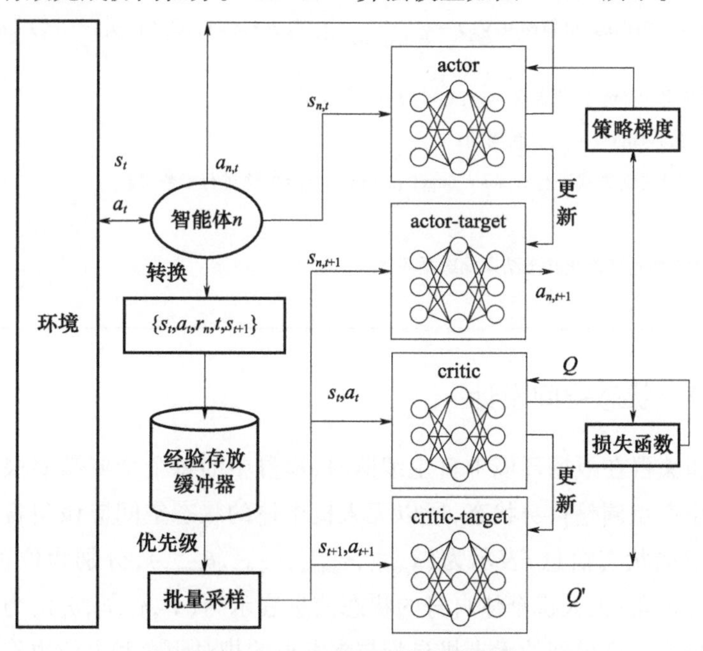

图 8－34　MADDPG 算法模型图

MADDPG 算法流程如表 8 - 3 所列。

表 8 - 3　MADDPG 算法流程

算法：MADDPG 算法流程
设定算法训练轮数 T，状态空间维度 s_dim，行为空间维度 a_dim，批量梯度数量 batch_size
设定折扣因子 γ，学习率 α，网络参数 θ_{actor_eval}、θ_{actor_target} 和 θ_{critic_eval}、θ_{critic_target}
设定记忆回放单元，容量为 N，无人机数量为 n
for 训练轮数 episode = 1，2，…，T：
初始化智能体环境，得到每个无人机的初始状态 $s_{11}, s_{12}, \cdots, s_{1n}$
do 时间 $t = 1$：
将 n 个状态 $s_{t1}, s_{t2}, \cdots, s_{tn}$ 分别输入到 n 个 actor_eval 网络得到无人机行为 $a_{ti} = \mathrm{argmax}(Q(s_{ti}, a_{ti}; \theta_{actor\_eval\_i}))$ 或随机选择动作
每个无人机执行动作 a_{ti}，与环境进行交互，得到新的状态 s_{t+1i} 和奖励 r_i
for 智能体 $i = 1, \cdots, n$：
从记忆回放单元抽取 batch_size 个样本用于训练
critic 网络训练，计算 $y^j = r_i^j + \gamma Q_i^{\mu'}(x'^j, a'_1, \cdots, a'_n) \rvert_{a'_k = \mu'_k(o_k^j)}$
计算损失函数 $\mathrm{Loss} = \frac{1}{batch\_size}\sum_j (y^j - Q_i^{\mu}(x^j, a_1^j, \cdots, a_n^j))^2$，得到相应梯度
使用 RMSProp 优化器对 critic_eval 参数进行更新
actor 网络训练，更新梯度 $\nabla_{\theta_i} J \approx \frac{1}{batch\_size}\sum_j \nabla_{\theta_i}\mu_i(o_i^j)\nabla_{a_i}Q_i^{\mu}(x^j, a_1^j, \cdots, a_n^j) \rvert_{a_i = \mu_i(o_i^j)}$
使用 RMSProp 优化器对 actor_eval 参数进行更新
if 达到“target”网络更新周期：
采用软更新方式进行对 actor_target 和 critic_target 网络进行参数更新
end for
while 无人机达到终止状态结束此次循环
end for

8.4.4　状态空间设计

无人机集群在战场环境中自主编队时，集群中的每个个体需要根据编队的虚拟刚体中心点调整自身状态，所以无人机个体的状态空间应该包含编队虚拟刚体中心点的状态信息，表示为 $(x_{center}, y_{center}, v_{center}, \theta_{center})$，分别为位置坐标，速度大小和方位角；无人机个体自身的状态信息表示为 $(x_i, y_i, v_i, \theta_i)$，为了提升策略学习效率将计算得到的无人机自身与参考点的相对距离和方位也作为状态信息，表示为$(d_{i_center},\theta_{i_center})$。根据所设计的混合型奖励函数，无人机集群自主编队队形飞行过程中个体需要采用邻居跟随法进行目标跟随前进，所以无人机个体状态空间还需要包含跟随无人机的状态信息，表示为(x_j,y_j,v_j,θ_j)，同时计算相对距离和方位信息(d_{ij},θ_{ij})也作为状态信息输入。为了避碰和协同生成编队队形，无人机还需要获取自身邻近的其他无人机的信息以及任务环境中的禁飞区信息。

无人机集群中个体的状态空间构成如图8－35所示。

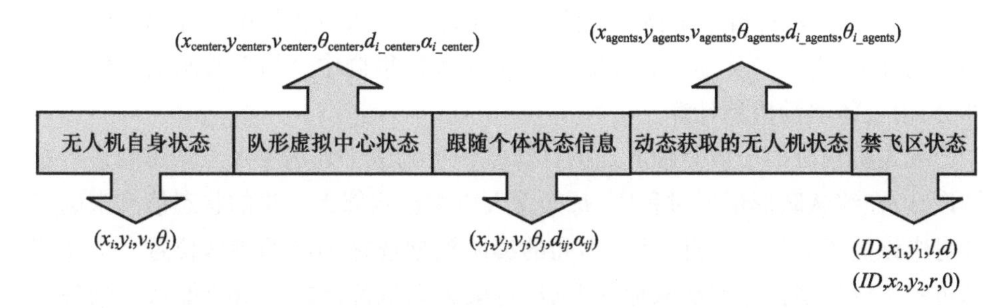

图8－35　无人机集群自主编队任务中的个体状态空间信息

8.4.5　奖励函数设计

在多智能体系统的强化学习算法中，进行奖励分配的方式主要有两种。第一种是将全局奖励进行个体的平均分配，不用考虑每个不同智能体的贡献大小，这样产生的问题是可能存在某些没有贡献的智能体也得到了奖励，最终没有学习到有效策略。第二种是不进行全局奖励的设置，每个智能体单独设计自身奖励机制，不用考虑其他智能体所获得的奖励大小，这样产生的问题是存在某些单个智能体获得最大的奖励，但是难以保证整个多智能体系统达到预定目标。

在传统编队问题求解算法中，根据编队队形控制技术的不同可以将队形控制方法分为领航跟随法，基于行为法和虚拟结构法。领航跟随法的基本原理是在队形控制中选择某个个体作为整体队形的领航者，其他个体作为跟随者。从而将队形控制问题转化为基于领航者的方位和速度跟踪问题。虚拟结构法的队形控制原理是根据所需队形建立相对应的刚体结构，将集群中每一个个体对应到虚拟刚体上的具体位置点。编队队形运动时，每一个智能体时刻保持移动到虚拟刚体上的固定位置。基于行为法的控制原理是整个智能体集群在环境中根据外界环境的状态信息产生刺激响应，从而做出各种行为如编队、避障等，基于行为法需要确定每一个智能体在编队中的位置，目前常用的三种方法分别为中心点参考法、领队参考法和邻居参考点法。

针对无人机集群自主编队保持任务，融合虚拟结构法和基于行为法的思想来分别设定集群中无人机的全局回报和个体回报，即每个个体的奖励分为两部分，包括一个全局奖励和自身的个体奖励，这种混合型奖励机制能够有效地解决全局奖励难分配和个体奖励最大但是全局目标难以达成的问题。混合型奖励函数如下式所示。

$$r_i = r_{\text{all}} + r_{\text{single}} \tag{8-17}$$

式中：r_i 为无人机集群中个体所得的总奖励；r_{all} 为无人机集群中个体总奖励的全局奖励部分，由全局奖励机制分配；r_{single} 为无人机集群中个体总奖励的个体奖励部分，由个体奖励机制计算。

无人机集群中个体奖励 r_{single} 的计算基于行为法中邻居参考点法思想进行整体设计，在编队队形形成过程中，每架无人机根据相邻无人机的状态信息来确定自身应该处于的状态信息，针对不同的编队模型选择不同的参考位置。个体奖励机制主要用来指导编队队形的形成，每架无人机都追求自身所能获得的最大奖励，同时参考相邻无人机的状态到达自身应该所处的位置从而形成编队队形，是编队形成问题中的主要评判标准。邻居参考点法示意图如图 8-36 所示。

图 8-36　邻居参考点法

设计个体奖励 r_{single} 的目的是用来评判集群中无人机是否进行目标跟随，在保持队形的情况下进行整体编队飞行，个体奖励 r_{single} 的计算公式如下。

$$r_{\text{single}} = \beta_{\sin\_d} \left| d_{i\_j} - d_{\exp} \right| + \beta_{\sin\_\alpha} \left| \alpha_{i\_j} - \alpha_{\exp} \right| \tag{8-18}$$

式中：$\beta_{\sin\_d}$，$\beta_{\sin\_\alpha}$ 为个体奖励中距离和方位的权重系数；d_{i_j}，α_{i_j} 为无人机 i 与其他无人机 j 的相对距离和方位；$d_{\exp}$，$\alpha_{\exp}$ 为跟随和被跟随无人机之间的期望距离和方位。

全局奖励 r_{all} 的计算基于虚拟结构法和基于行为法的中心点参考思想进行构建。通过期望形成的编队队形建立对应的虚拟刚体模型，再以虚拟刚体的中心点作为参考形成集群中每架无人机个体的相对位置。在队形形成过程中，判断每架无人机个体是否在队形的相应位置。若无人机个体处于虚拟刚体的相对应位置，则给予正向奖励，否则给予负奖励，能够有效解决当无人机集群中某个个体偏离轨迹，而以此无人机为邻居进行参考的后续无人机均处于非期望位置的问题。具体示意图如图8－37所示。

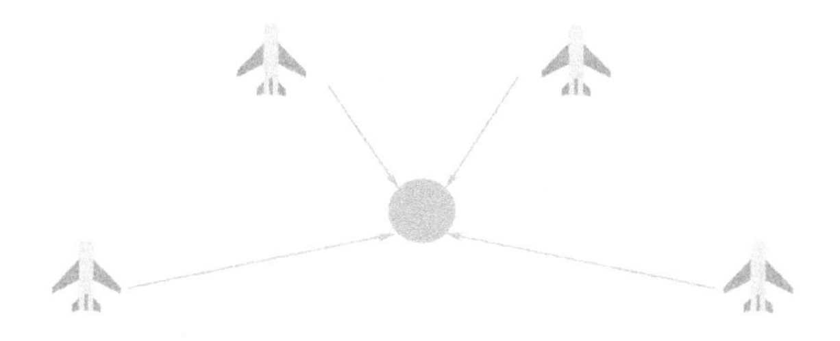

图8－37　中心点参考法

全局奖励r_{all}主要是根据无人机集群中个体与编队几何中心的相对方位和距离来进行评判，避免集群中某些个体获得极大的个体奖励但是没有为编队队形做出贡献而出现的自私策略。全局奖励r_{all}的计算如下所示。

$$r_{\text{all}}=\beta_{\text{all\_}d}\left|d_{i\_\text{center}}-d_{\exp\_i\_\text{center}}\right|+\beta_{\text{all\_}\alpha}\left|\alpha_{i\_\text{center}}-\alpha_{\exp\_i\_\text{center}}\right| \tag{8-19}$$

式中：$\beta_{\text{all\_}d}$，$\beta_{\text{all_}\alpha}$为全局奖励中距离和方位的权重系数；$d_{i_\text{center}}$为当前状态下无人机$i$与编队几何中心点的距离；$d_{\exp_i_\text{center}}$为当前状态下无人机$i$与编队几何中心点的期望距离；$\alpha_{i_\text{center}}$为当前状态下无人机$i$与编队几何中心点的方位；$\alpha_{\exp_i_\text{center}}$为当前状态下无人机$i$与编队几何中心点的期望方位。

在无人机集群自主编队队形保持任务中，除了需要考虑队形因素外，还需要考虑无人机之间的避碰，禁飞区等相关因素。因此，集群中无人机个体i的总奖励函数设计如下式所示。

$$r_i=c_1r_{\text{single}}+c_2r_{\text{all}}+c_3r_{\text{danger}}+c_4r_{\text{bound}}+c_5r_{\text{no\_fly}} \tag{8-20}$$

式中：c_1，c_2，c_3，c_4为各种类型奖励函数的权重占比。式（8－20）中除了个体奖励r_{single}和全局奖励r_{all}外，还包括：r_{danger}为碰撞奖励，当相邻无人机之间的距离小于碰撞距离时，给予一定的负奖励，任务失败；r_{bound}为边界奖励，当任一无人机越过边界，给予一定的负奖励，任务失败；$r_{\text{no_fly}}$为禁飞区奖惩，无人机进入禁飞区给予一定的负奖励，任务失败。

无人机集群编队任务的防碰撞奖励函数如下所示。

$$r_{\text{danger}}=\begin{cases}-30 & d_{ij}\leqslant d_{\text{danger}}\\ \beta_{\text{danger}}(d_{\text{safe}}-d_{ij}) & d_{\text{danger}}<d_{ij}\leqslant d_{\text{safe}}\\ 0 & \text{其他}\end{cases} \tag{8-21}$$

式中：β_{danger}为权重系数；d_{safe}为代表相邻无人机之间的期望安全距离；d_{danger}为代

表相邻无人机之间的实际碰撞距离。

无人机集群编队任务的边界奖励函数如下所示。

$$r_{\text{bound}} = \begin{cases} -100 & \text{无人机飞出边界} \\ 0 & \text{其他} \end{cases} \tag{8-22}$$

无人机集群编队任务的禁飞区奖励函数如下所示。

$$r_{\text{no\_fly}} = \begin{cases} -100 & \text{无人机飞入禁飞区} \\ 0 & \text{其他} \end{cases} \tag{8-23}$$

8.4.6 仿真与分析

针对无人机集群的自主编队保持任务，MADDPG 算法模型中设计了 5 层网络，如图 8－38 所示。

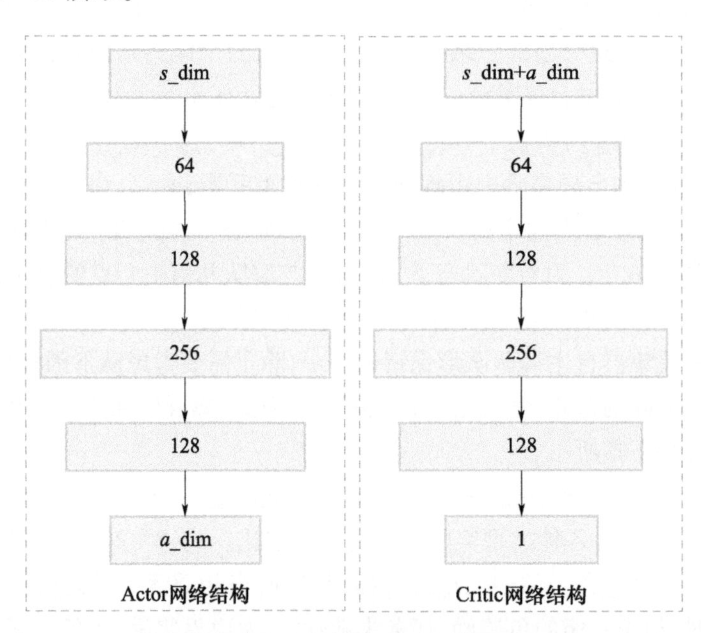

图 8－38　MADDPG 算法中神经网络结构

其中 s_dim 为无人机集群自主编队任务状态空间大小，a_dim 为离散化的无人机行为控制量个数，actor 和 critic 神经网络按照梯度前向传播方向各层的神经元个数分别为(64,128,256,128,a_dim)和(64,128,256,128,1)，actor 网络输出无人机个体的行为控制变量，critic 网络输出对 actor 网络决策行为的价值评判，用于网络更新。神经网络中所有隐藏层均使用 ReLU 非线性激活函数，输出层使用 Tanh 激活函数。

神经网络的训练过程采用渐进训练的方式，即在训练过程中先进行无禁飞区任务环境下不同编队类型的无人机集群自主编队任务训练，训练效果满足要求后，逐渐递增到多个禁飞区的训练环境进行训练，以确保训练结果。

无人机集群在无禁飞区环境下针对链形编队、V形编队和菱形编队训练完成后的仿真效果如图8－39所示。

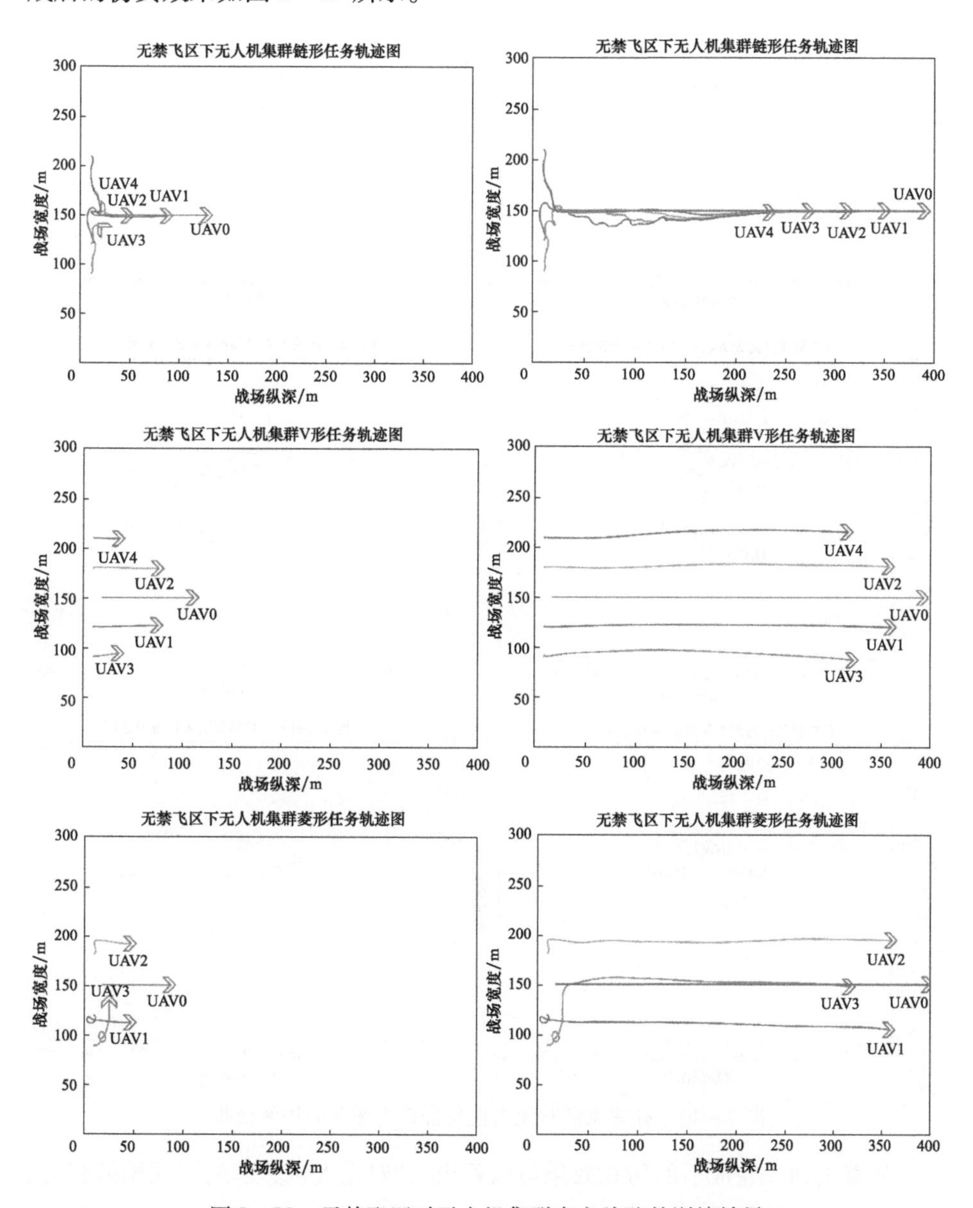

图8－39 无禁飞区时无人机集群自主编队的训练效果

可以看到，针对无禁飞区环境下的自主编队任务算法取得了良好的仿真效果，在此基础上，为算法添加禁飞区，增加任务场景的复杂性。算法训练完成后的仿真效果如图 8－40 所示。

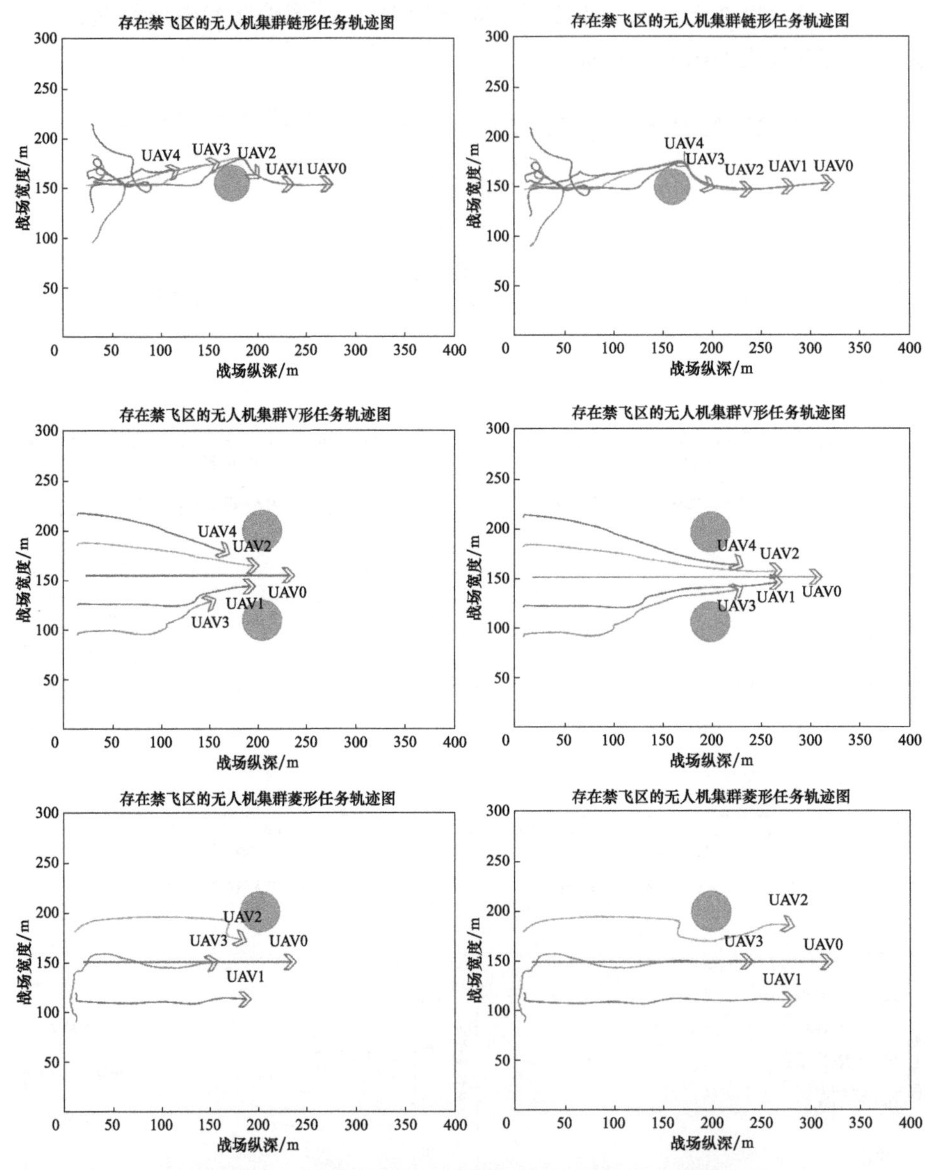

图 8－40　有禁飞区时无人机集群自主编队的训练效果

从算法训练完成后的仿真效果可以看出，针对无人机集群的不同编队任务，算法均能有效的完成任务，性能表现良好。在任务开始后，无人机集群能够快速形成相应的编队队形，然后，在整个任务区域的行进过程中，无人机集群能够合理地进行策略变化以避开禁飞区，然后进行编队重构并保持队形行进。验证了MADDPG算法对无人机集群自主编队飞行任务的有效性。

8.5　无人机集群协同围捕任务决策

8.5.1　任务场景

在未来的智能化战场中，无人机集群协同作战应用将会是一种新型的作战方式，使用多架自主、智能、低成本的无人机组成集群任务系统，对敌方来袭目标或者不明目标执行驱离，围捕等协同任务具有重要的应用前景和现实意义。本小节的主要目的是研究应用深度强化学习中的TD3算法来完成无人机集群的协同围捕任务。

如图8－41所示，当敌方目标或不明目标进入我方空域时，我方派出多架无人机组成集群对目标进行追击合围驱离或打击任务，从而将目标驱离出我方空域。

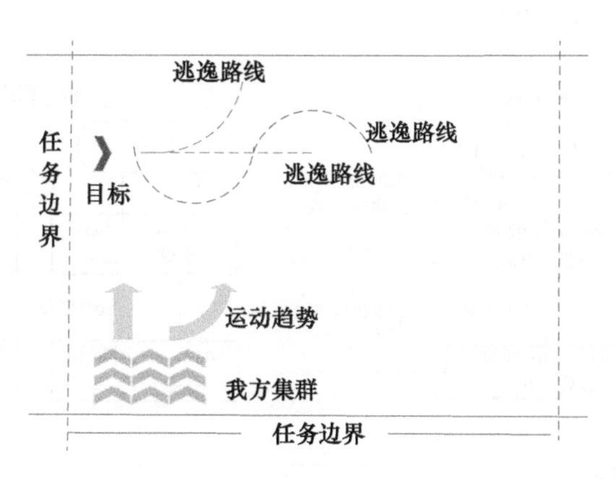

图8－41　无人机集群协同围捕任务场景示意图

为了提高任务环境的通用性和任务的真实性，目标来袭的初始位置和速度随机生成。在协同围捕任务中，无人机集群需要到达目标周围并形成围捕队形才算任务成功，若无人机集群个体之间发生碰撞或目标逃离任务区域均视为任务失败。

8.5.2 TD3 算法

TD3（Twin Delayed Deep Deterministic Policy Gradient Algorithm，双延迟深度确定性策略梯度）算法[133]是在 DDPG 算法的基础上发展而来的深度强化学习算法。有效解决了在演员评论家即“actor – critic”的框架中对 Q 函数的过估计所导致的学习稳定性较差的问题。

DeepMind 团队在 2016 年发布了深度确定性策略梯度网络（Deep Deterministic Policy Gradient，DDPG）算法。该算法利用深度 Q 网络（Deep Q – Network，DQN）算法在神经网络模型中引入了“估计、现实”两个神经网络，在解决连续的动作空间模型问题时，有着很好的效果，但是在算法训练过程中 Q 值过高估计和易陷入局部最优的问题依然存在。TD3 算法采用双 Q 学习的机制，对于“critic”网络算法中存在两对结构完全相同的“eval”和“target”价值网络，在每回合策略网络的更新时只选取 Q 值较小的一对“critic”神经网络用来进行策略更新，以缓解 Q 值的过高估计现象。TD3 算法的网络结构如图 8 – 42 所示。

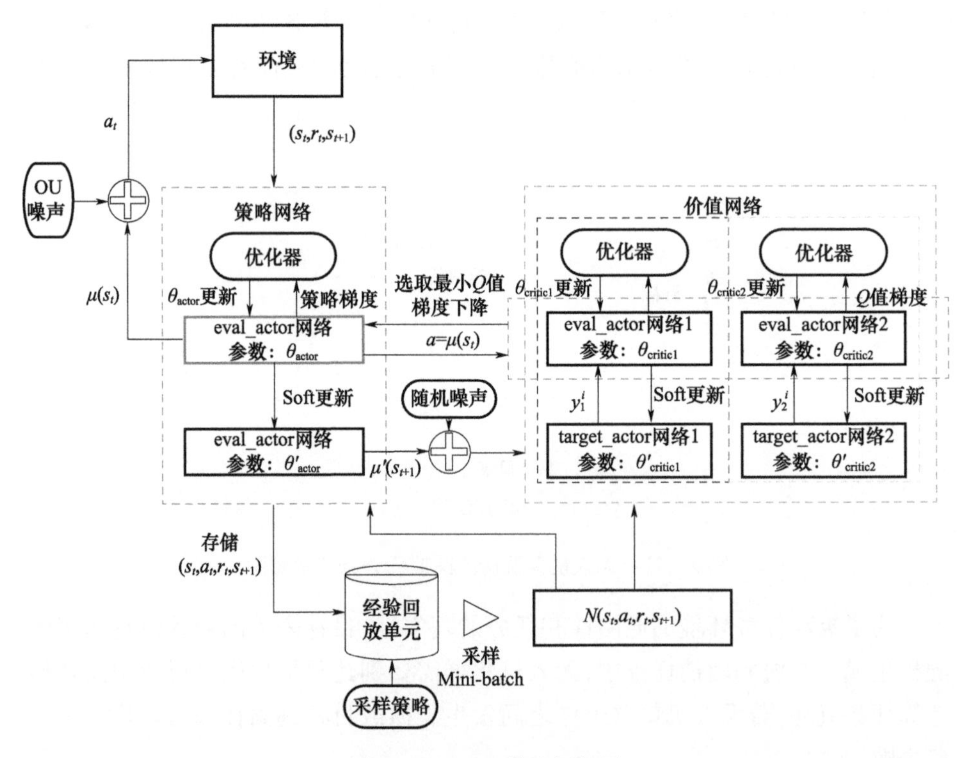

图 8 – 42 TD3 算法框架图

与 DDPG 算法相比，TD3 算法的主要特点体现在以下几点。

（1）双 Critic 网络技术。

DDPG 算法与 DQN 算法都是通过估计 Q 值来寻找最优策略，在强化学习中，更新 Q 网络目标值的方式为

$$y = r + \gamma \max_{a'} Q(s', a') \tag{8-24}$$

由于样本存在噪声 ε，真实情况下，有误差的动作价值估计的最大值通常会比真实值更大。

$$E_{\varepsilon}[\max_{a'}(Q(s', a') + \varepsilon)] \geqslant \max_{a'} Q(s', a') \tag{8-25}$$

这就不可避免地降低了估值函数的准确度，根据贝尔曼方程，使用后续状态对估值进行更新，每一次更新策略时，不准确的估值会导致错误的累加。这些累加的错误会导致某一个不好的状态被高估，最终导致策略无法到达最优，并可能无法收敛。为了解决过估计问题，TD3 算法在 DDPG 算法的基础上使用了两套“critic”网络表示不同的 Q 值，通过选取最小的值作为更新的目标，从而抑制持续地过高估计。TD3 算法“critic”网络的结构如图 8-43 所示：

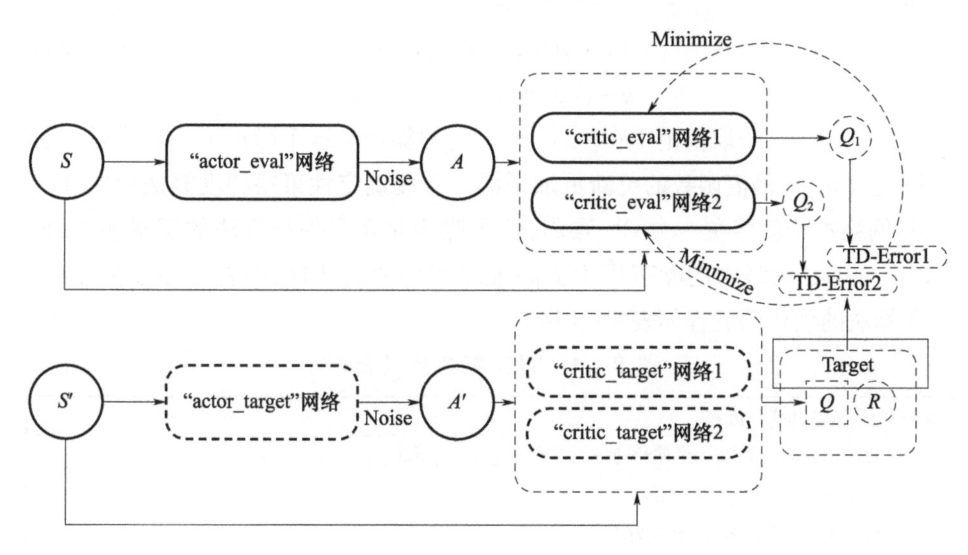

图 8-43　TD3 算法中“critic”网络结构图

在 TD3 算法中，更新 Q 网络目标值的方式为

$$y = r + \gamma \min(Q_1, Q_2) \tag{8-26}$$

（2）“actor_eval”网络延迟更新。

TD3 算法在“actor_eval”网络中采用了延迟更新策略。演员－评论家框架中的演员网络和评论家网络在参数更新时是互相作用的，一旦估值函数在训练

过程中出现误差,策略函数在进行参数更新时会采用这个带有一定误差的估值,而策略函数更新后的参数又会反过来影响估值函数的训练,进而出现估值函数与实际情况可能会出现较大的差异,甚至让算法的训练过程难以收敛。

针对该问题,TD3 算法在对神经网络参数进行更新时采用双延迟策略,通过设置一个固定周期让"actor_eval"网络参数进行更新,在周期内保持参数不变,从而可以将估计误差在网络的策略更新前降至最低,保证足够小的 TD - error。与此同时,利用软更新策略更新目标网络参数,具体更新方式如下所示。

$$\theta_{\text{target}}{}' \leftarrow \tau\theta_{\text{target}} + (1-\tau)\theta_{\text{target}}{}' \tag{8-27}$$

(3)目标策略的平滑正则化。

确定性策略梯度算法中一个固有的问题就是估值函数的过拟合现象。TD3 算法中为了解决此问题,引入了一种正则化策略用于平滑目标策略网络。在强化学习中,对于相似的动作行为应该有着相似的价值评估,即希望每一个动作估值附近比较平滑,实际操作中给"actor_target"网络加上一个小的噪声,如下所示。

$$y = r + \gamma Q_{\theta'}(s', \pi_{\phi'}(s') + \varepsilon) \tag{8-28}$$

$$\varepsilon \sim \text{clip}(N(0,\sigma), -c, c) \tag{8-29}$$

式中 ε 为一个取值范围在$[-c,c]$之间的噪声。这个噪声可以看作是一种正则化方式,使得值函数的更新更加平滑。深度确定性策略梯度算法中"actor_eval"网络本身就存在一个 OU 噪声,这个噪声是用来保证算法的探索能力,而"actor_target"网络中的噪声用于提高策略网络的健壮性,两者是相互独立的。TD3 算法的伪代码流程如表 8-4 所列。

表 8-4　TD3 算法的伪代码

算法:TD3 算法伪代码流程
初始化"critic"和"actor"神经网络的参数θ_{critic1},θ_{critic2}和θ_{actor}
初始化折扣因子 γ,学习率 α
初始化记忆回放单元,容量为 N
for 训练轮次 episode = 1,2,…,T:
初始化智能体环境,得到初始状态s_1
do 时间 $t=1$:
将当前状态s_t输入"actor_eval"网络得到无人机行为$a_t = \text{argmax}(Q(s_t, a_t; \theta_{\text{actor}}))$
对神经网络输出的行为a_t加入噪声:$a_{t\_\text{noise}} = a_t + \text{Noise}$
无人机执行行为a_t,与环境进行交互,观测新的状态s_{t+1}和奖励 r
将样本信息元组(s_t, a, r, s_{t+1})存储到记忆回放单元之中

续表

算法:TD3 算法伪代码流程
if 进行训练阶段:
从记忆回放单元中通过 $TD_{error} = reward(s_t, a_t) + \gamma \cdot v'(s_{t+1}, a_{t+1}) - v(s_t, a_t)$ 进行价值判断,进行优先级采样,得到 batch_size 个训练样本
$a \leftarrow \pi_\theta(s_t) + \varepsilon, \varepsilon \sim clip(N(0, \bar{\sigma}), -c, c)$
$y \leftarrow r + \gamma \cdot \min_{i=1,2} Q_{\theta_{critici'}}(s_{t+1}, a_t)$
更新 critic 网络参数:$\theta_{critici} \leftarrow argmin_{\theta_{critici}} N^{-1} \sum (y - Q_{\theta_{critici}}(s_{t+1}, a_t))^2$
计算"actor"网络的损失函数 $Loss = -mean(v(s,a))$,得到相应梯度
使用 RMSProp 优化器对"actor_eval"参数进行更新
if 达到"target"网络更新周期:
采用"soft_update"方式进行"actor_target"和"critic_target"网络的参数更新
更新噪声函数 *Noise* 的分布情况
while 智能体达到终止状态结束此次循环
endfor

8.5.3 状态空间设计

无人机集群协同围捕任务中,无人机首先需要获得自身的状态信息,表示为$(x_i, y_i, v_i, \theta_i)$,其中$(x_i, y_i)$为无人机位置,$v_i$ 为速度,θ_i 为速度方位角。

其次,无人机集群在任务执行过程中,不仅需要防止个体之间发生碰撞,还要在目标合围时考虑相邻无人机之间的距离,所以每架无人机的状态空间还要包括相邻无人机的状态信息,表示为$(x_j, y_j, v_j, \theta_j)$。

最后,无人机集群在任务执行过程中,每个个体需要实时了解目标的状态信息,所以无人机状态信息空间中还需要包括目标的状态信息,表示为$(x_{target}, y_{target}, v_{target}, \theta_{target}, d_{i_tar}, \alpha_{i_tar})$,包括目标的位置信息,速度信息和相对状态。无人机个体的状态空间信息如图 8-44 所示。

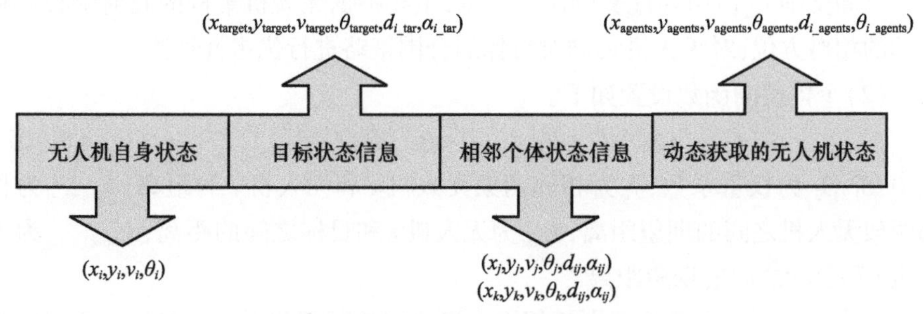

图 8-44 协同围捕任务中无人机个体的状态空间信息

8.5.4 奖励函数设计

在无人机集群协同围捕任务中，无人机集群在完成对目标合围的基础上还需要保证个体与个体之间、个体与目标之间的有效距离，因此，设计如下的混合型奖励机制来指导算法的训练过程。

$$r_i = c_1 r_{\text{single}} + c_2 r_{\text{all}} + c_3 r_{\text{danger}} + c_4 r_{\text{bound}} \tag{8-30}$$

式中：r_{single}为无人机通过个体奖励模块所得到的奖惩值；r_{all}为无人机通过全局奖励模块所得到的奖惩值；r_{danger}为碰撞奖惩值，当相邻无人机之间的距离小于碰撞距离时，给予一定的负回报，任务失败；r_{bound}为边界奖惩值，当任一个体越过边界，给予一定的负回报，任务失败；c_1, c_2, c_3, c_4 为各种类型奖励的权重占比。

混合型奖励机制模型如图 8－45 所示。

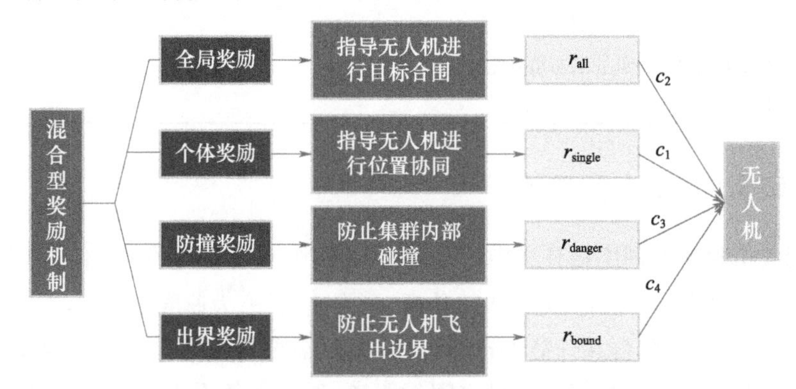

图 8－45　协同围捕任务中混合型奖励机制模型

（1）全局奖励函数设置如下。

$$r_{\text{all}} = \beta_{\text{all}}(d_{\text{center\_tar}} - d'_{\text{center\_tar}}) \tag{8-31}$$

式中：β_{all}为权重系数；$d_{\text{center_tar}}$为当前时刻下无人机集群中心点与目标之间的距离；$d'_{\text{center_tar}}$为下一时刻无人机集群中心点与目标之间的距离。

全局奖励 r_{all} 由引导性奖励函数表示，主要根据无人机集群的几何中心点和目标的相对方位，对无人机集群对目标的合围策略进行优劣性评判。

（2）个体奖励函数设置如下。

$$r_{\text{single}} = \beta_1 \left| d_{ij} - d_{\text{expect\_}ij} \right| + \beta_2 \left| d_{i\text{\_tar}} - d_{\text{expect\_}i\text{\_tar}} \right| \tag{8-32}$$

式中：β_1, β_2 为权重系数；d_{ij}为相邻两架无人机 i 和无人机 j 的距离；$d_{\text{expect_}ij}$为相邻两架无人机之间的期望距离；$d_{i\text{_tar}}$为无人机 i 和目标之间的距离；$d_{\text{expect_}i\text{_tar}}$为无人机 i 和目标之间的期望距离。

个体奖励 r_{single} 主要是根据相邻无人机之间的距离和无人机与目标之间的距

离来进行策略评,从而完成对目标围捕时的位置协同。

(3)防撞奖励函数设置如下。

$$r_{\text{danger}} = \begin{cases} -30 & d_{ij} \leqslant d_{\text{danger}} \\ \beta_{\text{danger}}(d_{\text{safe}} - d_{ij}) & d_{\text{danger}} < d_{ij} \leqslant d_{\text{safe}} \\ 0 & \text{其他} \end{cases} \tag{8-33}$$

式中:β_{danger}为权重系数;d_{safe}为相邻无人机个体之间的期望安全距离;d_{ij}为相邻无人机i和无人机j之间的实际距离。

防撞奖励r_{danger}主要对两架无人机之间是否保持安全距离进行评判,当距离小于安全距离时代表有可能发生碰撞,给予一定的负奖励。

(4)边界奖励函数设置如下。

$$r_{\text{bound}} = \begin{cases} -100 & \text{无人机飞出边界} \\ 0 & \text{其他} \end{cases} \tag{8-34}$$

边界奖励函数r_{bound}主要是对无人机是否飞出边界的行为进行评判,当无人机飞出边界时,给予负奖励,此回合结束,任务失败。

8.5.5 仿真与分析

针对无人机集群的协同围捕任务,在TD3算法模型中设计了5层网络,如图8-46所示。

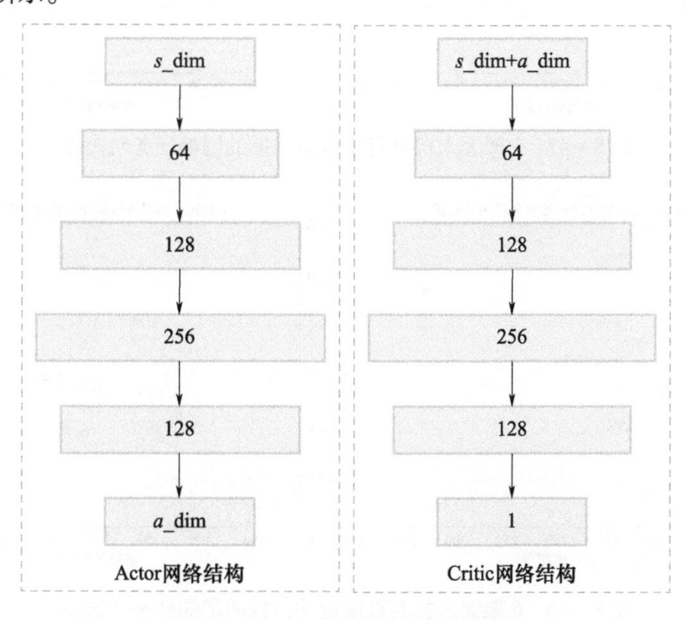

图8-46 TD3算法中神经网络结构

其中 s_dim 为无人机协同围捕任务状态空间大小，a_dim 为离散化的无人机行为控制量个数，actor 和 critic 神经网络按照梯度前向传播方向各层的神经元个数分别为(64,128,256,128,a_dim)和(64,128,256,128,1)，actor 网络输出无人机个体的行为控制变量，critic 网络输出对 actor 网络决策行为的价值评判，用于网络更新。神经网络中所有隐藏层均使用 ReLU 非线性激活函数，输出层使用 Tanh 激活函数。

神经网络的训练过程采用渐进训练的方式，即在训练过程中先采用匀速直线运动的目标进行任务训练，训练效果满足要求后，逐渐给目标增加一些对抗性运动进行训练，以确保训练结果。训练完成后的仿真效果分别如所示。

(1)目标做匀速直线运动时的仿真效果。

从训练完成后的仿真效果可以看出，针对做简单直线运动的目标，不同数量构成的无人机集群能有效地完成围捕任务，表现良好。

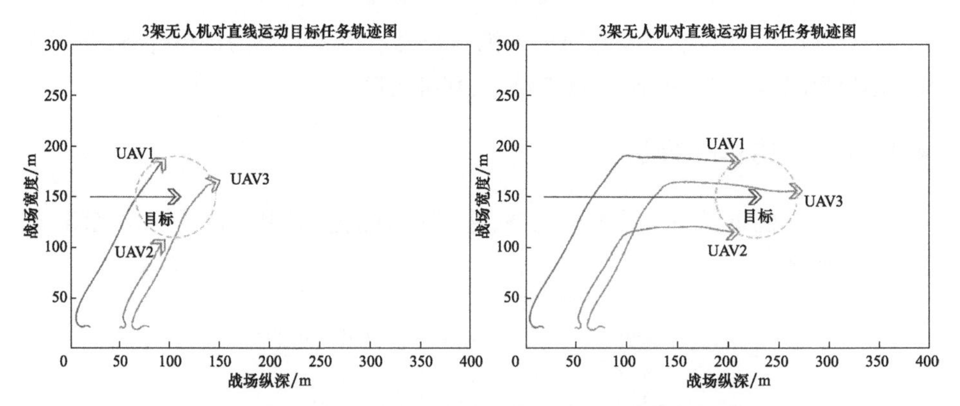

图 8-47　3 架无人机对直线运动目标的围捕任务轨迹图

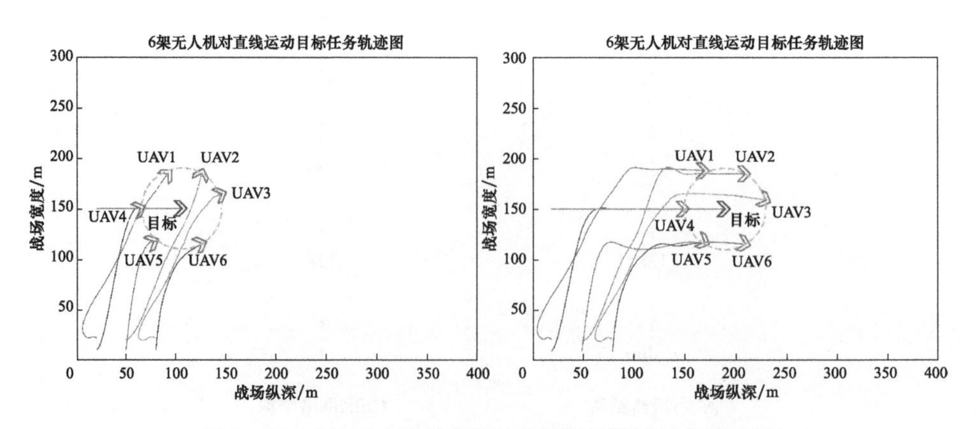

图 8-48　6 架无人机对直线运动目标的围捕任务轨迹图

（2）目标做机动运动时的仿真效果。

从算法训练完成后的仿真效果可以看出，针对无人机集群协同围捕任务，TD3 算法均能有效的完成任务，性能表现良好。实验结果验证了 TD3 算法对无人机集群协同围捕任务的有效性。

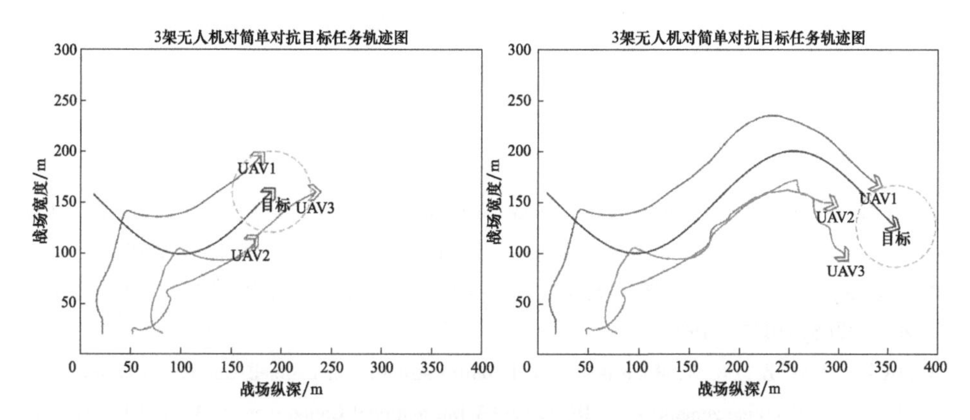

图 8－49　3 架无人机对机动运动目标的围捕任务轨迹图

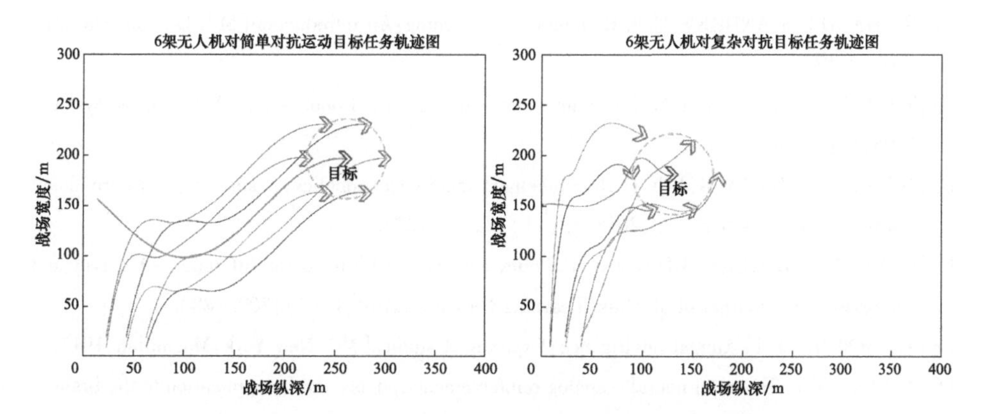

图 8－50　6 架无人机对机动运动目标的围捕任务轨迹图

参考文献

[1]CAMBONE S A. Unmanned aircraft systems roadmap 2005—2030[R]. Washington D. C. ,the United States:United States. dept. of Defense. Office of the Secretary of Defense,2005.

[2]陈宗基,魏金钟,王英勋,等．无人机自主控制等级及其系统结构研究[J]. 航空学报,2011,32(6):1075 - 1083.

[3]JIA Z ,DONG Z ,LIU Y. Mode design and control structure of manned/unmanned aerial vehicles cooperative engagement[C]//IEEE/CSAA International Conference on Aircraft Utility Systems (AUS). IEEE,2016:124 - 129.

[4]RICHARD S S,ANDREW G B. Reinforcement learning:An introduction[M]. London:The MIT Press,2017.

[5]THRUM S,MITCHELL T M. Life long robot learning [J]. Robotics and Autonomous System,1995,15:25 - 46.

[6]JENS K,J ANDREW B,JAN P. Reinforcement learning in robotics:A survey[J]. International Journal of Robotics Research,2013,32(11):1238 - 1274.

[7]CHRISTOPH D,GERHARD N,JAN P. Policy evaluation with temporal differences:A survey and comparison[J]. Journal of Machine Learning Research,2014,15(3):809 - 883.

[8]THORNDIKE E L. Animal intelligence:Experiment studies[M]. New York:Macmillan,1911.

[9]MINSKY M L. Theory of neural - analog reinforcement systems and its application to the brain - model problem[D]. USA:Princeton University,1954:25 - 29.

[10]WALTZ M D,FU K S. A heuristic approach to reinforcement learning control system[J]. IEEE Transaction on Automatic Control,1965,10(4):390 - 398.

[11]KOIVO A J. List of publications:Richard Bellman[J]. IEEE Transactions of Automatic Control,1981,26(5):1213 - 1223.

[12] BOLTYANSKII V G, GAMKRELIDEZ R V, PONTRYAGIN L S. On the theory of optimal processes [J]. Dokl. Akad. Nauk USSR,1956,110(1):7 - 10.

[13]KLOPF A H. Brain function and adaptive systems:A heterostatic theory[R]. Bedford,USA:Air Force Cambridge Research Laboratories,1972:18 - 21.

[14]SUTTON R S. Single channel theory:A neuronal theory of learning[J]. Brain Theory Newslet-

ter,1978,3(3-4):72-75.

[15]KLOPF A H. A neuronal model of classical conditioning[J]. Psychobiology,1988,16(2):85-125.

[16]BELLMAN R E. A Markov decision progress[J]. Journal of Mathematical Mechanics,1957,6(5):679-684.

[17]HOWARD R A. Dynamic programming and Markov processes[M]. New York:Wiley,1960.

[18]BELLMAN R E. Dynamic programming[M]. Princeton University Press,1957.

[19]WERBOS P J. Advanced forecasting methods for global crisis warning and models of intelligence[J]. General Systems Yearbook,1977,22:25-38.

[20]WERBOS P J. Applications of advances in nonlinear sensitivity analysis[M]//System Modeling and Optimization. Berlin:Springer Berlin Heidelberg,1970.

[21]WERBOS P J. Building and understanding adaptive systems:A statistical/numerical approach to factory automation and brain research[J]. IEEE Transactions on Systems,Man,and Cybernetics,1987,17(1):7-20.

[22]王鼎．基于学习的鲁棒自适应评判控制研究进展[J]．自动化学报,2019,45(06):1031-1043.

[23]孙景亮,刘春生．基于自适应动态规划的导弹制导律研究综述[J]．自动化学报,2017,43(07):1101-1113.

[24]METROPOLIS N,ULAM S. The Monte Carlo method[J]. Journal of the American Statistical Association,1949,44(247):335-341.

[25]RICHARD S SUTTON. Learning to predict by the methods of temporal difference[J]. Machine learning,1988,3:9-44.

[26]何斌,刘全,张琳琳,等．一种加速时间差分算法收敛的方法[J/OL]．自动化学报:1-10[2020-04-10]. https://doi. org/10. 16383/j. aas. c190140.

[27]刘全,章鹏,钟珊,等．连续空间中的一种动作加权行动者评论家算法[J]．计算机学报,2017,40(6):1252-1264.

[28]张小川,唐艳,梁宁宁．采用时间差分算法的九路围棋机器博弈系统[J]．智能系统学报,2012,7(3):278-282.

[29]班晓娟,曾广平,涂序彦．基于自学习的人工鱼感知系统设计与实现[J]．电子学报,2004(12):2041-2045.

[30]SONDIK E J . The optimal control of partially observable Markov processes over the infinite horizon:Discounted costs[J]. Operations Research,1978,26(2):282-304.

[31]ANTHONY C,MICHAEL L L,NEVIN L Z. Incremental pruning:A simple,fast,exact method for partially observable markov decision processes[C]//Proceeding of Proceedings of the 13th conference on Uncertainty in artificial intelligence,Morgan Kaufmann Publishers Inc. ,1997,54-61.

[32]郑红燕,仵博,冯延蓬,等．基于信念点裁剪策略树的 POMDP 求解算法[J]．信息与控

制,2013,42(01):53 - 57.

[33]MICHAEL L L. The Witness algorithm:Solving partially observable Markov decision processes [D]. Brown University,Providence,RI,1994.

[34]章宗长,陈小平. 杂合启发式在线 POMDP 规划[J]. 软件学报,2013,24(07):1589 - 1600.

[35]JOELLE P,GEOFFREY J G,SEBASTIAN T. Point - based value iteration:An anytime algorithm for POMDPs[C]//IJCAI - 03,Proceedings of the Eighteenth International Joint Conference on Artificial Intelligence,Acapulco,Mexico,August 9 - 15,2003:1025 - 1032.

[36]MATTHIJS T J S,VLASSIS N A. Perseus:Randomized point - based value iteration for POMDPs[J]. JAIR,2005,24:195 - 20.

[37]TREY S,REID S. Heuristic search value iteration for POMDPs[C]. Proceedings of 20th Conference on Uncertainty in Artificial Intelligence,2004:520 - 527.

[38]KURNIAWATI H. SARSOP:Efficient point - based POMDP planning by approximating optimally reachable belief spaces[C]. Proc. Robotics:Science and Systems,2008:65 - 72.

[39]STÉPHANE R,PINEAU J,et al. Online planning algorithms for POMDPs[J]. Journal of artificial intelligence research,2008,32(1):663 - 704.

[40]STÉPHANE R,CHAIB - DRAA B. AEMS:An anytime online search algorithm for approximate policy refinement in large POMDPs[C]//Proceedings of the 20th International Joint Conference on Artificial Intelligence. Hyderabad,India,2007:2592 - 2598.

[41]RICHARD W. BI - POMDP:Bounded,incremental partially - observable Markov - model planning[C]//Proceedings of Recent Advances in AI Planning. Springer,1997:440 - 451.

[42]BROWNE C B,POWLEY E,WHITEHOUSE D,et al. A survey of Monte Carlo tree search methods[J]. IEEE Transactions on Computational Intelligence and AI in Games,2012,4(1):1 - 43.

[43]CHASLOT G,BAKKES S,SZITA I,et al. Monte - carlo tree search:A new framework for game AI[C]//Proceedings of the 4th Artificial Intelligence and Interactive Digital Entertainment Conference,AIIDE 2008,216 - 217.

[44]SILVER D,VENESS J. Monte - Carlo planning in large POMDPs[C]. Advances in Neural Information Processing Systems,2010:2164 - 2172.

[45]BRAND D ,KROON S. Sample evaluation for action selection in Monte Carlo tree search[C]. Southern African Institute for Computer Scientist & Information Technologists Conference on Saicsit Empowered by Technology,ACM,Centurion,South Africa,2014.

[46]YAN X,HU S,MAO Y,et al. Deep multi - view learning methods:A review[J]. Neurocomputing,2021,448:106 - 129.

[47]LAURIOLA I,LAVELLI A,AIOLLI F. An introduction to deep learning in natural language processing:Models,techniques,and tools[J]. Neurocomputing,2022,470:443 - 456.

[48]LI C,ZHANG S,QIN Y,et al. A systematic review of deep transfer learning for machinery fault diagnosis[J]. Neurocomputing,2020,407:121 - 135.

[49]JIA S,JIANG S,LIN Z,et al. A survey:Deep learning for hyperspectral image classification with few labeled samples[J]. Neurocomputing,2021,448:179 – 204.

[50]NIU Z,ZHONG G,YU H. A review on the attention mechanism of deep learning[J]. Neurocomputing,2021,452:48 – 62.

[51]KUUTTI S,BOWDEN R,JIN Y,et al. A survey of deep learning applications to autonomous vehicle control[J]. IEEE Transactions on Intelligent Transportation Systems,2020,22(2):712 – 733.

[52]OTTER D W,MEDINA J R,KALITA J K. A survey of the usages of deep learning for natural language processing[J]. IEEE transactions on neural networks and learning systems,2020,32(2):604 – 624.

[53]AHMAD F,ABBASI A,LI J,et al. A deep learning architecture for psychometric natural language processing[J]. ACM Transactions on Information Systems (TOIS),2020,38(1):1 – 29.

[54]SONG Z. English speech recognition based on deep learning with multiple features[J]. Computing,2020,102(3):663 – 682.

[55]NASSIF A B,SHAHIN I,ATTILI I,et al. Speech recognition using deep neural networks:A systematic review[J]. IEEE Access,2019,7:19143 – 19165.

[56]ZHENG C,DENG X,FU Q,et al. Deep learning – based detection for COVID – 19 from chest CT using weak label[J]. MedRxiv,2020.

[57]BLACK K M,LAW H,ALDOUKHI A,et al. Deep learning computer vision algorithm for detecting kidney stone composition[J]. BJU International,2020,125(6):920 – 924.

[58]KJELL K. Deep reinforcement learning as control method for autonomous UAVs[D]. University Politecnica de Catalunya Barcelinatech,2018.

[59]ETEMAD M,ZARE N,SARVMAILI M,et al. Using deep reinforcement learning methods for autonomous vessels in 2D environments[C]//Advances in Artificial Intelligence. Canadian AI 2020. Lecture Notes in Computer Science. Springer,Cham,2020,12109.

[60]MNIH V,KAVUKCUOGLU K,SILVER D,et al. Human – level control through deep reinforcement learning[J]. Nature,2015,518(7540):529 – 533.

[61]SUTTON R S,PRECUP D, SINGH S. Between MDPs and semi – MDPs:A framework for temporal abstraction in reinforcement learning[J]. Artificial Intelligence,112(1 – 2):181 – 211.

[62]PARR R,RUSSELL S. Reinforcement learning with hierarchies of machines[C]. Conference on Advances in Neural Information Processing Systems. MIT Press,1998,1043 – 1049.

[63]DIETTERICH T G. Hierarchical reinforcement learning with the MAXQ value function decomposition[J]. Journal of Artificial Intelligence Research,1999,13:227 – 303.

[64]HERNANDEZ – LEAL P,KAISERS M,BAARSLAG T,and et al. A survey of learning in multiagent environments:Dealing withnon – stationarity[J/OL]. Available:arXiv:1707. 09183,2017.

[65]ARDI T,TAMBET M,DORIAN K,et al. ,Multiagent cooperation and competition with deep re-

inforcement learning[J]. PLoS ONE,2017,12(4):e0172395.

[66]KRAEMER L,BANERJEE B. Multi-agent reinforcement learning as a rehearsal for decentralized planning[J]. Neurocomputing,2016,190:82-94.

[67]GUPTA J K,EGOROV M,KOCHENDERFER M J. Cooperative multiagent control using deep reinforcement learning[C]. In Proc. Int. Conf. Autonomous Agents and Multiagent Systems. AAMAS 2017,2017,5:66-83.

[68]陈明福,王超,施军．多站无源雷达作用距离和覆盖范围分析[J]．现代雷达,2020,42(2):7-11,15.

[69]杨啟明,徐建城,田海宝,等．基于IMM的无人机在线路径规划决策建模[J]．西北工业大学学报,2018,36(2):323-331.

[70]万开方,高晓光,李波,等．基于部分可观察马尔可夫决策过程的多被动传感器组网协同反隐身探测任务规划[J]．兵工学报,2015,36(04):731-743.

[71]ZHANG H,XIE W. Constrained auxiliary particle filtering for bearings-only maneuvering target tracking[J]. Journal of Systems Engineering and Electronics,2019,30(04):684-695.

[72]熊志刚,黄树彩,苑智玮,等．三维空间纯方位多目标跟踪PHD算法[J]．电子学报,2018,46(06):1371-1377.

[73]JIANG Z,HUYNH D Q. Multiple pedestrian tracking from monocular videos in an interacting multiple model framework[J]. IEEE Transactions on Image Processing,2018,27(3):1361-1375.

[74]GAO B,GAO S,ZHONG Y,et al. Interacting multiple model estimation-based adaptive robust unscented Kalman filter[J]. International Journal of Control Automation & Systems,2017,15(5):2013-2025.

[75]LI D,SUN J. Robust interacting multiple model filter based on student's t-distribution for heavy-tailed measurement noises[J]. Sensors,2019,19(22):4830.

[76]EDWARDS E S,ALBERTO J R,et al. A four-model based IMM algorithm for real-time visual tracking of high-speed maneuvering targets[J]. Journal of Intelligent & Robotic Systems,2019,95(2):761-775.

[77]RAGI S,CHONG E K P. Decentralized control of unmanned aerial vehicles for multitarget tracking[C]. 2013 International Conference on Unmanned Aircraft Systems,2013,260-268.

[78]MILLER S A,HARRIS Z A,CHONG E K P. A POMDP Framework for coordinated guidance of autonomous UAVs for multitarget tracking[J]. Eurasip Journal on Advances in Signal Processing,2009(1):1-17.

[79]RAGI S,CHONG E K P. UAV path planning in a dynamic environment via partially observable markov decision process[J]. IEEE Transactions on Aerospace & Electronic Systems,2013,49(4):2397-2412.

[80]ZHENG Z,LIU Y,ZHANG X. The more obstacle information sharing,the more effective real-time path planning? [J]. Knowledge-Based Systems,2016,114:36-46.

[81]ANTHONY S. The focused D* algorithm for realtime replanning[C]//Proc. of IJCAI - 95, 1995. Proceedings of the 14th International Joint Conference on Artificial intelligence, 1995, 2: 1652 - 1659.

[82]LIKHACHEV M, KOENIG S. Lifelong planning for mobile robots[C]. International Seminar on Advances in Plan - Based Control of Robotic Agents, 2001, 10: 140 - 156.

[83]KOENIG S, LIKHACHEV M. D* lite[C]. Eighteenth National Conference on Artificial Intelligence, 2002, 8: 476 - 483.

[84]LI J, LIU Y. Deep reinforcement learning based adaptive real - time path planning for UAV [C]//2021 8th International Conference on Dependable Systems and Their Applications (DSA), 2021: 522 - 530.

[85]TAI L, PAOLO G, LIU M. Virtual - to - real deep reinforcement learning: Continuous control of mobile robots for mapless navigation[C]//2017 IEEE/RSJ International Conference on Intelligent Robots and Systems (IROS). IEEE, 2017: 31 - 36.

[86]FEDERICO V, FEDERICO M, FRANCESCO P, et al. Distributed reinforcement learning for flexible UAV swarm control with transfer learning capabilities[C]//Proceedings of the 6th ACM Workshop on Micro Aerial Vehicle Networks, Systems, and Applications, 2020, 8(10): 1 - 6.

[87]VENTURINI F, MASON F, PASE F, et al. Distributed reinforcement learning for flexible and efficient UAV swarm control[J]. IEEE Transactions on Cognitive Communications and Networking, 2021, 7(3): 955 - 969.

[88]YAN C, XIANG X, WANG C. Towards real - time path planning through deep reinforcement learning for a UAV in dynamic environments[J]. Journal of Intelligent & Robotic Systems, 2020, 98: 207 - 309.

[89]CHEN X, AI Y. Multi - UAV path planning based on improved neural network[C]. 2018 Chinese Control And Decision Conference (CCDC), Shenyang, China, 2018, 354 - 359.

[90]GUO N, LI C, GAO T, et al. A fusion method of local path planning for mobile robots based on LSTM neural network and reinforcement learning[J]. Mathematical Problems in Engineering, 2021, 2021(10): 1 - 21.

[91]ZHAO F, YANG W, YANG Z, et al. UAV three - dimensional dynamic route planning and guidance control research[J]. Computer Engineering and Applications, 2014, 50(2): 58 - 64.

[92]GUO Y, WANG X. UAV path planning based on improved quantum particle swarm algorithm [J]. Ship & Ocean Engineering, 2016, 45(01): 99 - 102.

[93]HUSMANN M, KOLKENBROCK M, KETELHUT D A. Fuzzy logic control of the support of a lightweight robot during rehabilitation[J]. IFAC Papers Online, 2019, 52(19): 211 - 216.

[94]MOHAMED N, MOHAMED B, LAKHMISSI C, et al. Mobile robot visual navigation based on fuzzy logic and optical flow approaches[J]. International Journal of System Assurance Engi-

neering and Management,2019,10(2):1654 – 1667.

[95]LECUN Y,BENGIO Y,HINTON G. Deep learning[J]. Nature,2015,521(7553):436 – 444.

[96]MNIH V,KAVUKCUOGLU K,SILVER D,et al. Human – level control through deep reinforcement learning[J]. Nature,2015,518(7540):529 – 533.

[97]SILVER D,HUANG A,MADDISON C J,et al. Mastering the game of Go with deep neural networks and tree search[J]. Nature,2016,529(7587):484 – 489.

[98]JOUFFE L. Fuzzy inference system learning by reinforcement methods[J]. IEEE Transactions on Systems Man and Cybernetics Part C (Applications and Reviews),1998,28(3):338 – 355.

[99]WANG X S,CHENG Y H,YI J Q. A fuzzy actor – critic reinforcement learning network[J]. Information Sciences,2007,177(18):3764 – 3781.

[100]DAI X,LI C K,RAD A B. An approach to tune fuzzy controllers based on reinforcement learning for autonomous vehicle control[J]. IEEE Transactions on Intelligent Transportation Systems,2005,6(3):285 – 293.

[101]国海峰,侯满义,张庆杰,等. 基于统计学原理的无人作战飞机鲁棒机动决策[J]. 兵工学报,2017,38(01):160 – 167.

[102]FRED A,GIRO C,MICHAEL F,et al. Automated maneuvering decisions for air – to – air combat[C]//AIAA Guidance,Navigation and Control Conference. Monterey,CA,USA,1987.

[103]TOM S,JOHN Q,IOANNIS A,et al. Prioritized experience replay[J]. arXiv:1511.05952,2015.

[104]SUN T Y,TSAI S J,LEE Y N,et al. The study on intelligent advanced fighter air combat decision support system[C]//2006 IEEE International Conference on Information Reuse and Integration. Waikoloa,Hawaii,US:IEEE,2006:39 – 44.

[105]SMITH R E,DIKE B A,MEHRA R K,et al. Classifier systems in combat:Two – sided learning of maneuvers for advanced fighter aircraft[J]. Computer Methods in Applied Mechanics & Engineering,2000,186(2):421 – 437.

[106]LILLICRAP T P,HUNT J J,PRITZEL A,et al. Continuous control with deep reinforcement learning[J]. arXiv:1509.02971,2015.

[107]ROBERT L S. Fighter combat – tactics and maneuvering[M]. Naval Institute Press Annapolis,Maryland,1985.

[108]REN W,BEARD R W. Consensus seeking in multiagent systems under dynamically changing interaction topologies[J]. IEEE Transactions on Automatic Control,2005,50(5):655 – 661.

[109]陈晔,张鑫,金鑫,等. 一种多智能体协同信息一致性算法[J]. 航空学报,2017,38(12):214 – 226.

[110]SUTTON R S,MCALLESTER D,SINGH S,et al. Policy gradient methods for reinforcement learning with function approximation[C]. 13th Annual Neural Information Processing Systems Conference,NIPS 1999,1057 – 1063.

[111]ZHANG Y,CHEN G,YU D,et al. Highway long short – term memory RNNs for distant speech

recognition[C]. IEEE International Conference on Acoustics, Speech and Signal Processing (ICASSP), 2016: 5755 - 5759.

[112] SU Y, KUO C J. On extended long short - term memory and dependent bidirectional recurrent neural network[J]. Neurocomputing, 2019, 356: 151 - 161.

[113] WANG Y C, SHAN G L, TONG J. Solving sensor - target assignment problem based on cooperative memetic PSO algorithm [J]. Systems Engineering and Electronics, 2013, 35(5): 1000 - 1007.

[114] 朱德法,单连平,管莹莹. 基于改进粒子群算法的多机协同目标分配[J]. 火力与指挥控制,2015,40(08):38 - 41.

[115] 刘波,张选平,王瑞,等. 基于组合拍卖的协同多目标攻击空战决策算法[J]. 航空学报,2010,31(7):1434 - 1444.

[116] 佘敏建,嵇慧明,韩其松,等. 基于合作协同进化的多机空战目标分配[J]. 系统工程与电子技术,2020,42(06):1290 - 1300.

[117] CHEN X, ZHAO F, HU X. The air combat task allocation of cooperative attack for multiple unmanned aerial vehicles[J]. International Journal of Control & Automation, 2016, 9(9): 307 - 318.

[118] WU H, LI H, XIAO R, et al. Modeling and simulation of dynamic ant colony's labor division for task allocation of UAV swarm[J]. Physica a Statistical Mechanics & Its Applications, 2018, 491: 127 - 141.

[119] TAL S, STEVE R, DAVE G. Assigning micro UAVs to task tours in an urban terrain[J]. IEEE Transactions on Control Systems Technology, 2007, 15(4): 601 - 612.

[120] PENG P, WEN Y, YANG Y, et al. Multiagent bidirectionally - coordinated Nets: Emergence of Human - level Coordination in Learning to Play StarCraft Combat Games[J]. arXiv: 1703.10069v4, 2017.

[121] DAVID S, GUY L, NICOLAS H, et al. Deterministic policy gradient algorithms[C]. 31st International Conference on Machine Learning, ICML 2014: 605 - 619.

[122] 王俊敏,姜青山,罗泽明. 预警机指挥编队协同空战分层决策模型[J]. 海军航空工程学院学报,2014,29(5):491 - 496.

[123] 付跃文,王元诚,陈珍,等. 基于多智能体粒子群的协同空战目标决策研究[J]. 系统仿真学报,2018,30(11):4151 - 4157.

[124] 文永明,石晓荣,黄雪梅,等. 一种无人机集群对抗多耦合任务智能决策方法[J]. 宇航学报,2021,42(4):504 - 512.

[125] 程先峰,严勇杰. 基于 MAXQ 分层强化学习的有人机/无人机协同路径规划研究[J]. 信息化研究,2020,46(1):13 - 19.

[126] 吴宜珈,赖俊,陈希亮,等. 强化学习算法在超视距空战辅助决策上的应用研究[J]. 航空兵器,2021,28(2):55 - 61.

[127] POPE A P, IDE J S, MIĆOVIĆ D, et al. Hierarchical reinforcement learning for air - to - air combat[C]. 2021 International Conference on Unmanned Aircraft Systems (ICUAS). IEEE,

2021:275 – 284.

[128]惠俊鹏,汪韧,俞启东. 基于强化学习的再入飞行器“新质”走廊在线生成技术研究[J].航空学报,2021,42:25960.

[129]中国电子科技集团公司认知与智能技术重点实验室. MaCA 环境说明[R]. 北京:中国电子科技集团公司第五十一研究所,2019:1 – 20.

[130]XIDI X,ZHAN L,DONGSHENG Z,et al. A deep reinforcement learning method for mobile robot collision avoidance based on double DQN[C]//2019 IEEE 28th International Symposium on Industrial Electronics (ISIE),Vancouver,BC,Canada,2019:2131 – 2136.

[131]KEYU W,HAN W,MAHDI A E,et al. BND * – DDQN:Learn to steer autonomously through deep reinforcement learning[J]. IEEE Transactions on Cognitive and Developmental Systems,2021,13(2):249 – 261.

[132]LOWE R,WU Y,TAMAR A ,et al. Multi – agent actor – critic for mixed cooperative – competitive environments[C]//Proceedings of the 31st International Conference on Neural Information Processing Systems,2017:6382 – 6393.

[133]FUJIMOTO S,HOOF H,MEGER D. Addressing function approximation error in actor – critic methods[C]//Proceedings of the 35th International Conference on Machine Learning,2018:1587 – 1596.

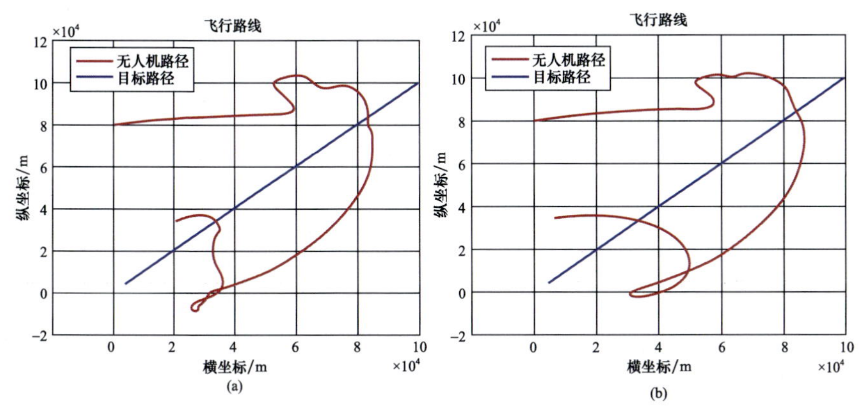

图 3－7　远距离单目标跟踪态势轨迹图

(a) $H=2$;(b) $H=3$。

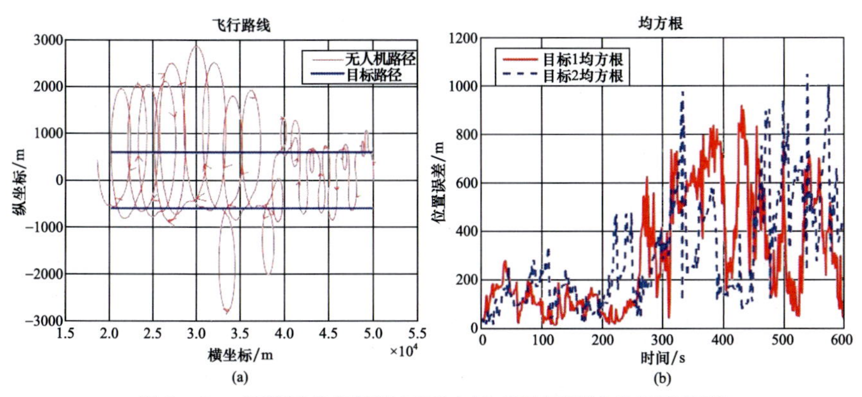

图 3－9　有限行动集算法下无人机对双目标被动跟踪情况

(a)态势轨迹图;(b)位置误差 RMS。

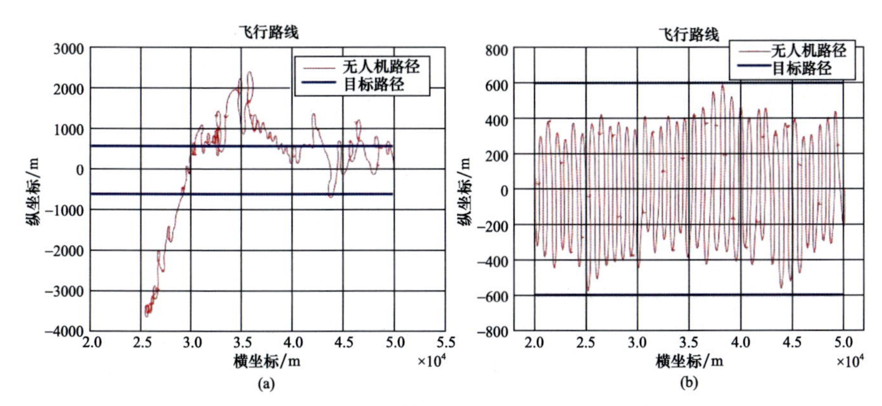

图 3－10　基于 NBO 算法的无人机双目标跟踪路径

(a)非线性观测;(b)线性观测。

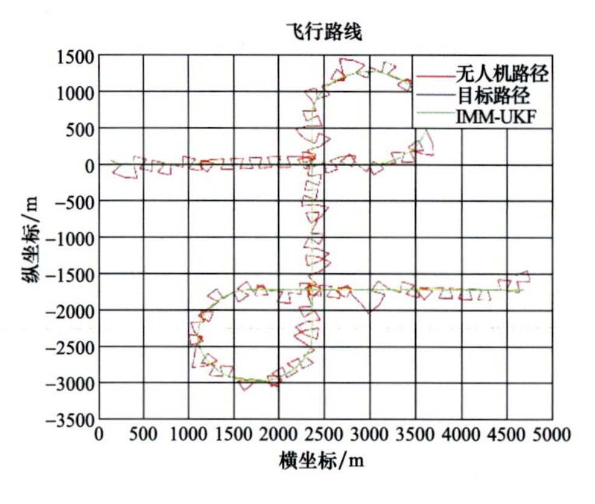

图 3-11　目标状态估计和无人机路径规划

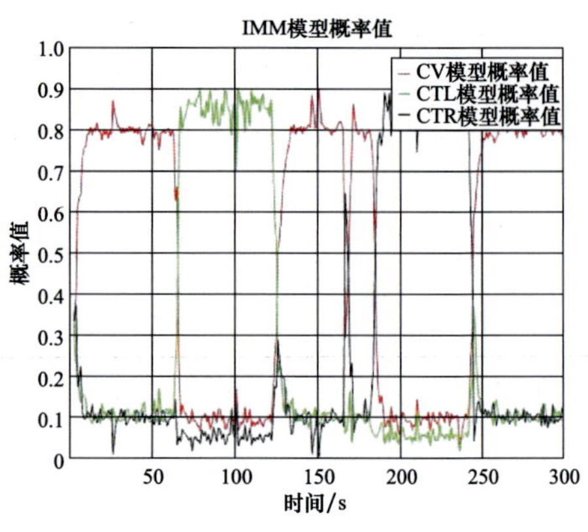

图 3-14　仿真过程中各个模型的概率值

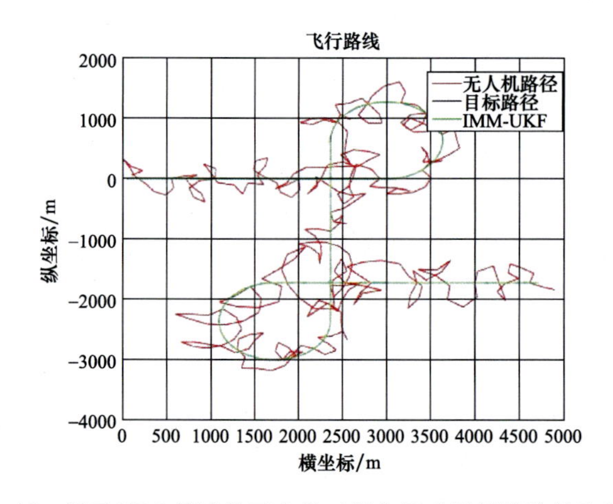

图 3-16　基于 NBO 算法的无人机对复杂运动目标跟踪的飞行轨迹

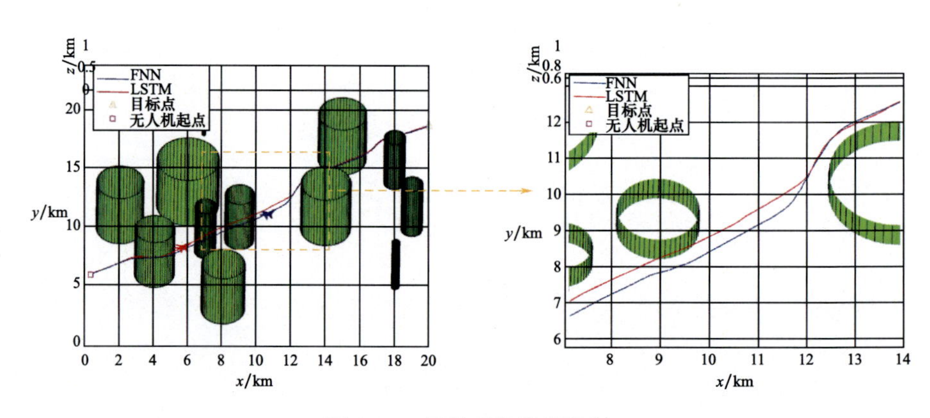

图 4-7　原始环境路径规划

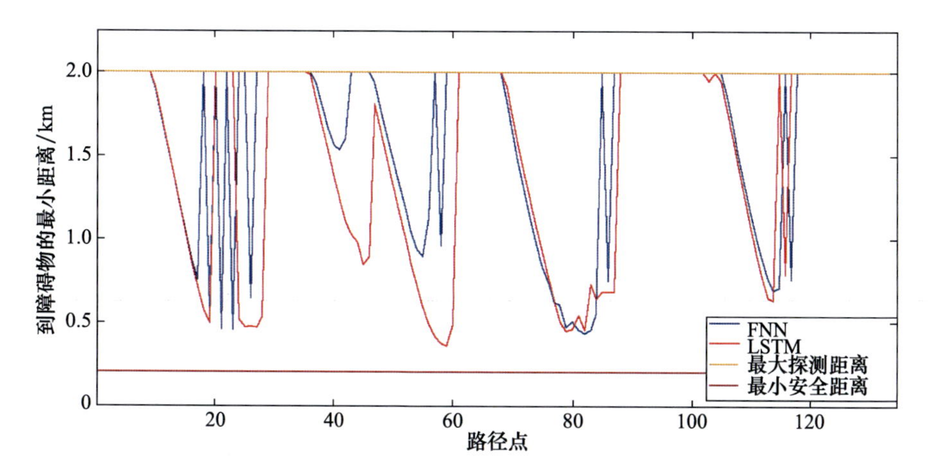

图 4-8　路径点与障碍物距离变化

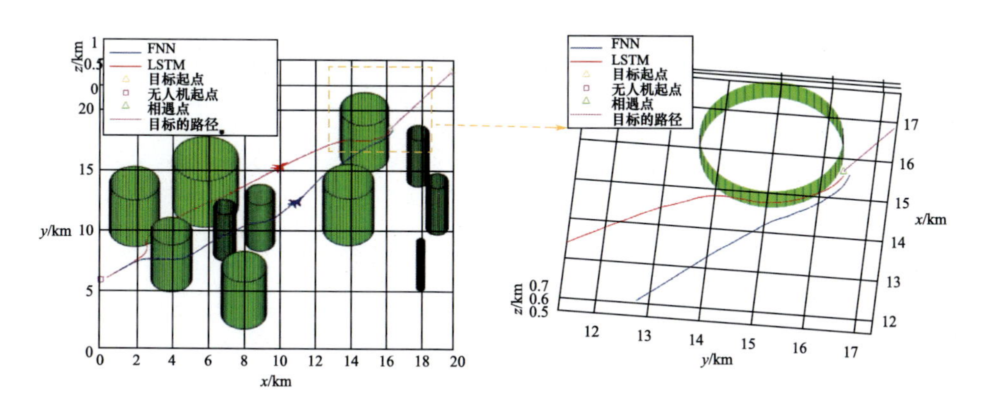

图 4-9　动态路径规划

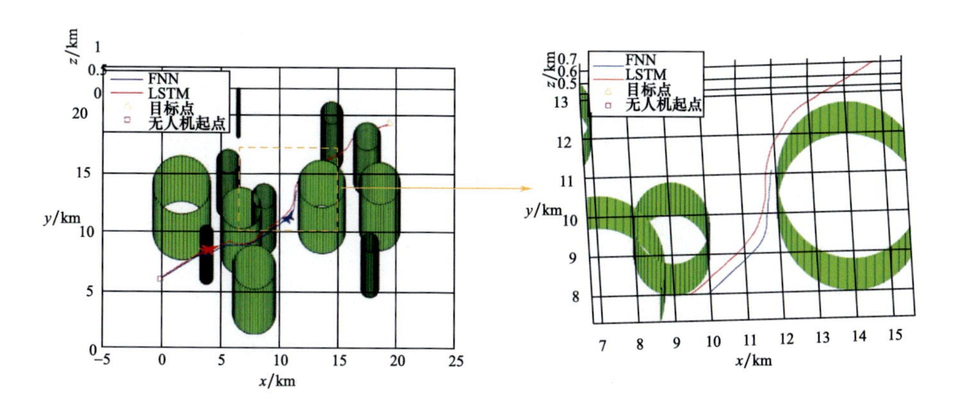

图 4-10　陌生环境下的路径规划

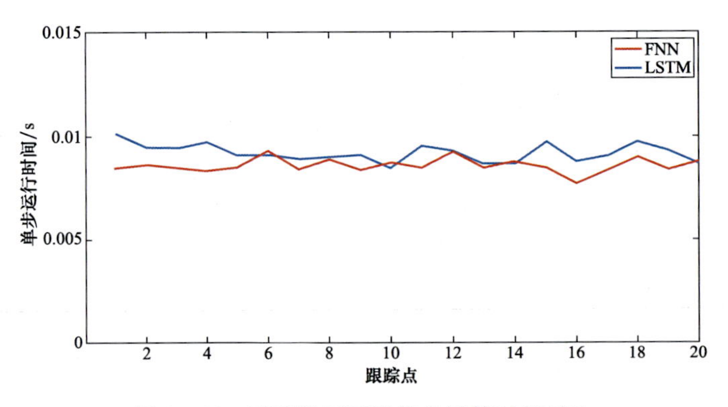

图 4－11　两种神经网络单步计算时长对比

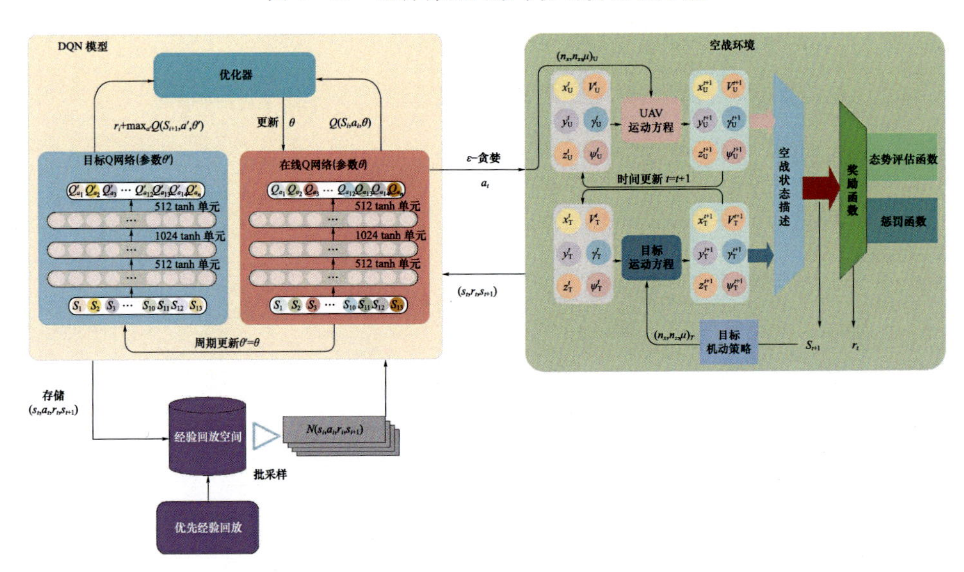

图 5－15　基于 DQN 算法的无人机空战机动决策模型

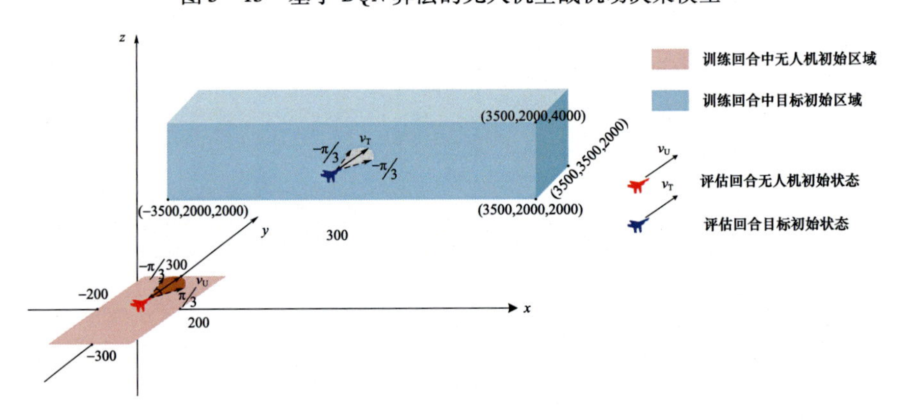

图 5－18　基础训练项目 1 的初始状态设定

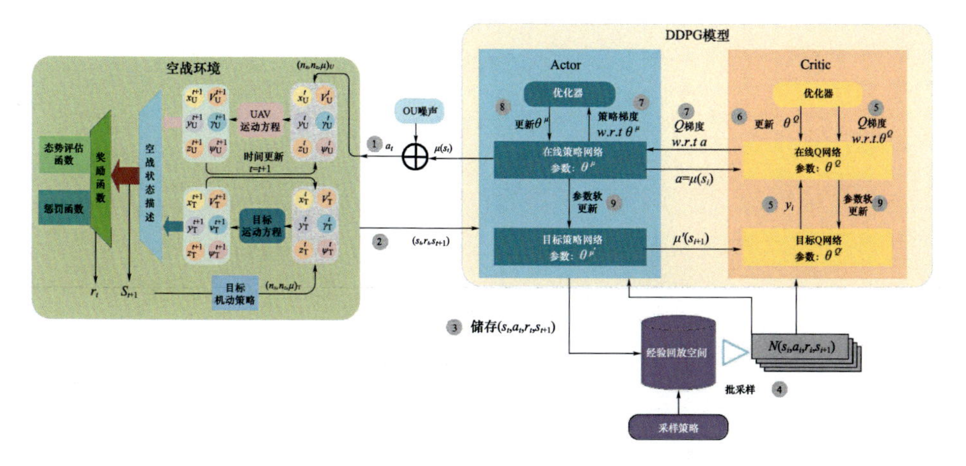

图 5-31　基于 DDPG 算法的无人机空战自主机动决策模型的运行流程

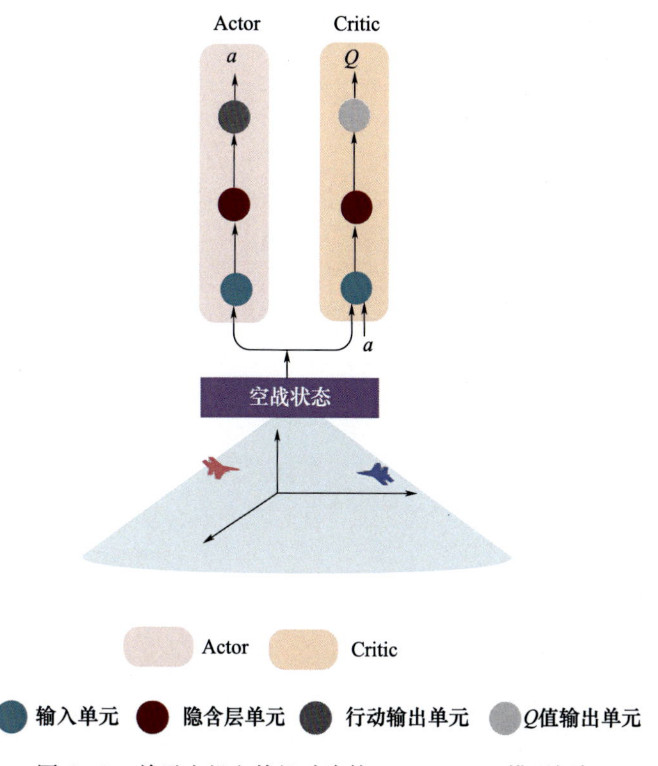

图 6-9　单无人机空战机动决策 Actor-Critic 模型框架

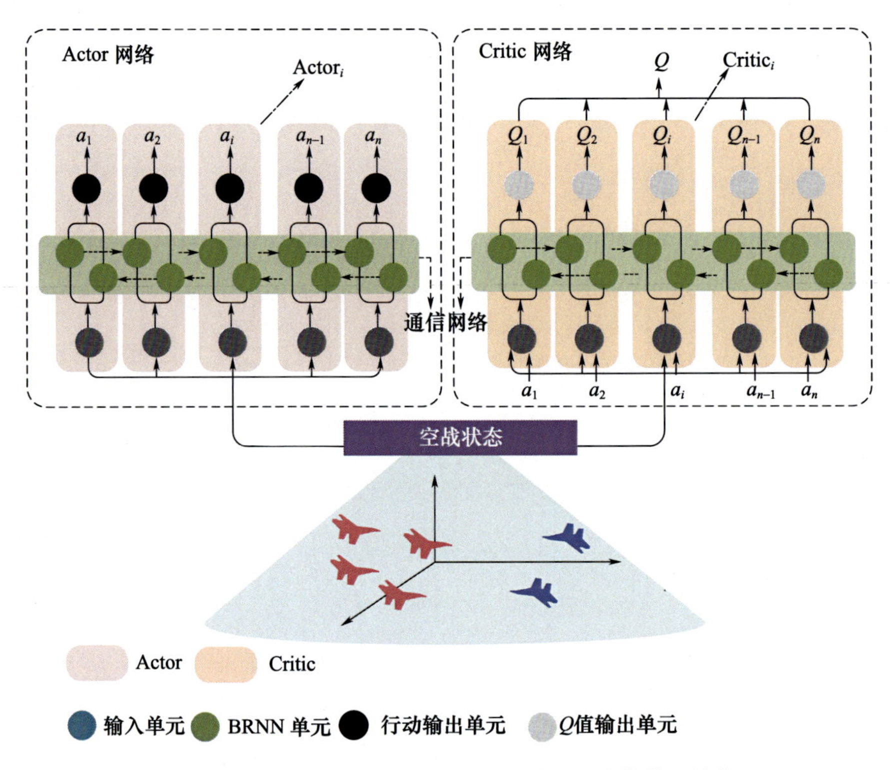

图 6－10 基于 BRNN 的多无人机空战机动决策模型结构

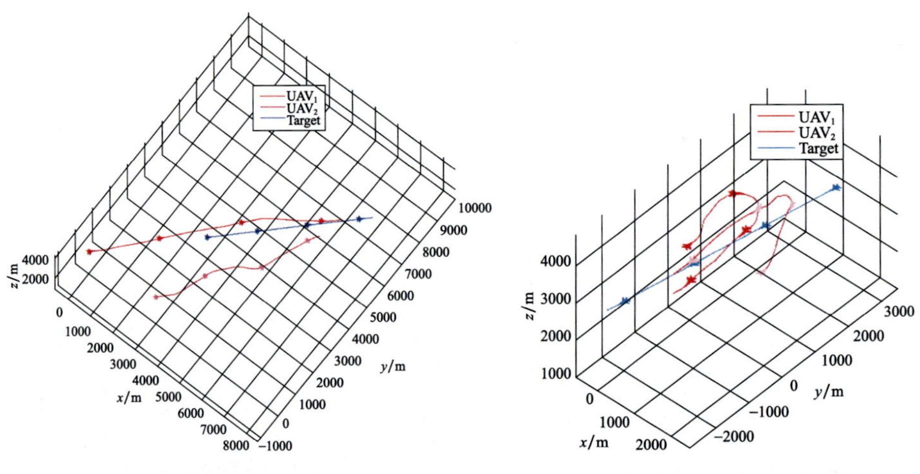

图 6－11 优势初始状态下的 2 对 1 基础训练机动轨迹图

图 6－12 均势初始状态下的 2 对 1 基础训练机动轨迹图

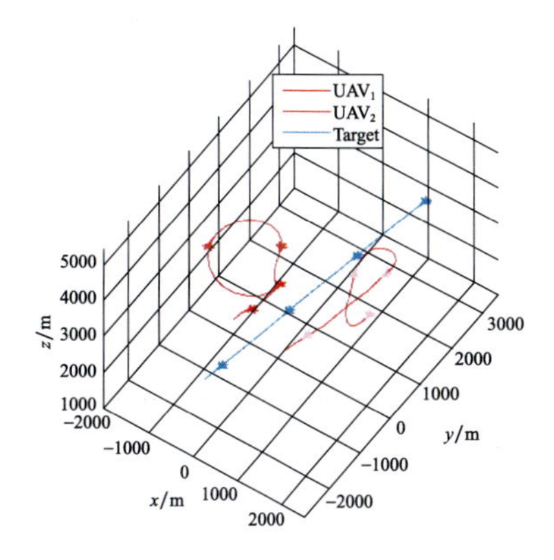

图 6－13　劣势初始状态下的 2 对 1
基础训练机动轨迹图

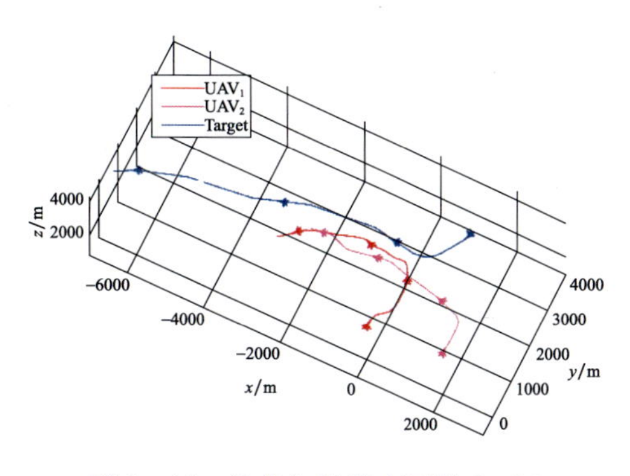

图 6－14　均势初始状态下的 2 对 1
对抗训练机动轨迹图

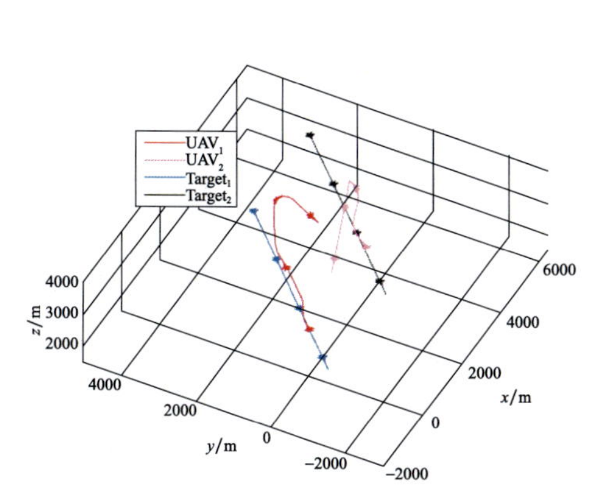

图 6－15　均势初始状态下的 2 对 2
基础训练机动轨迹图

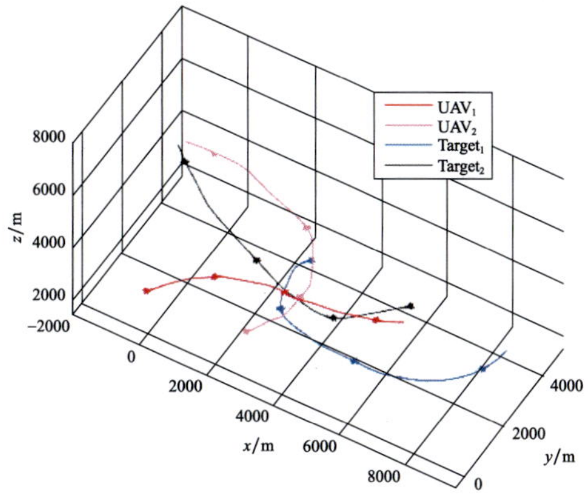

图 6－16　均势初始状态下的 2 对 2
对抗训练机动轨迹图

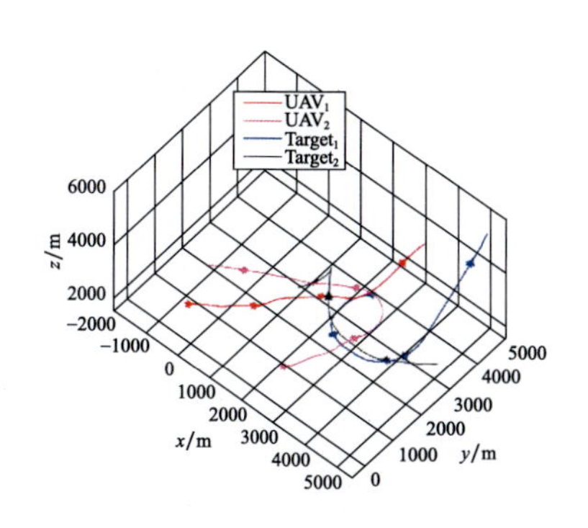

图 6－24　机动策略更新前人机
2 对 2 对抗机动轨迹

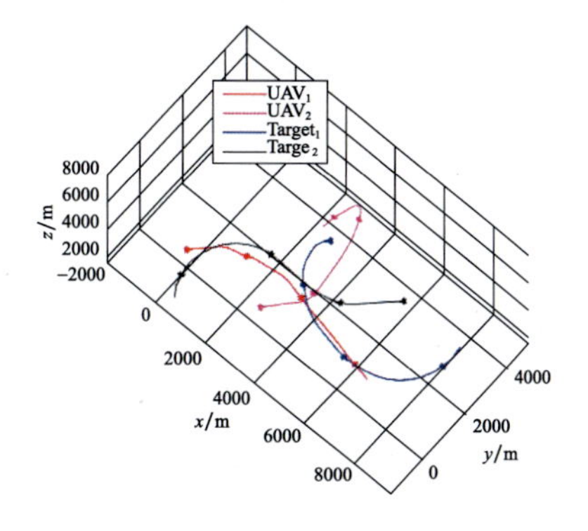

图 6－25　机动策略自学习更新后人机
2 对 2 对抗机动轨迹

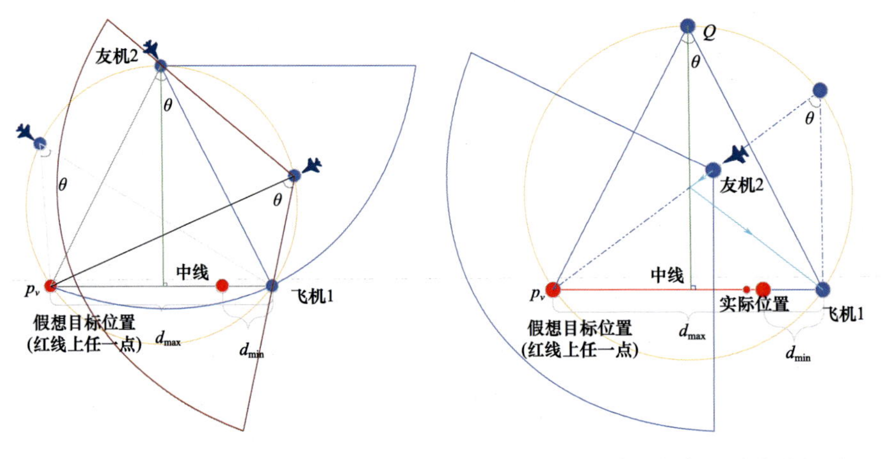

图 7－3　友机位于判断圆域外分析图　　　图 7－4　友机位于判断圆域内分析图

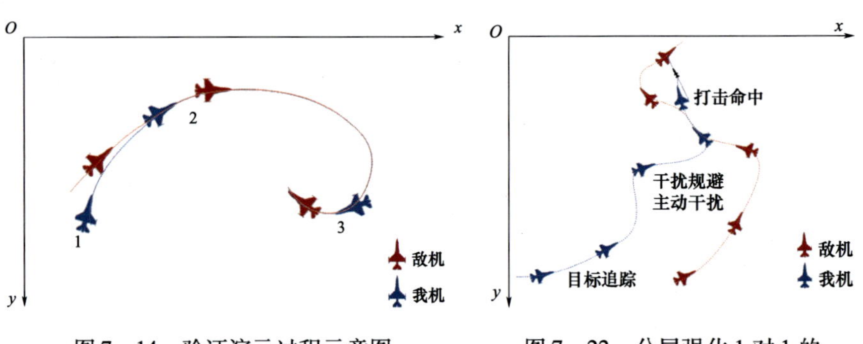

图 7－14　验证演示过程示意图　　　图 7－22　分层强化 1 对 1 的仿真验证示意图

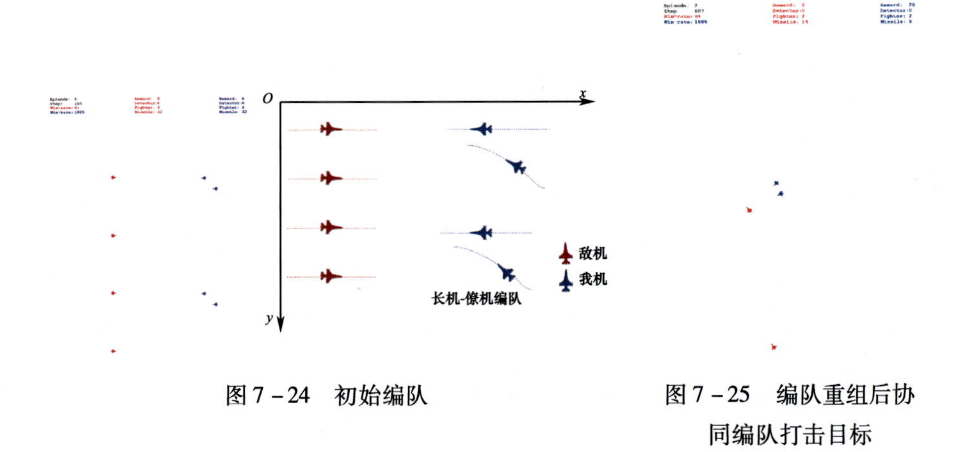

图 7－24　初始编队　　　图 7－25　编队重组后协同编队打击目标